普通高等学校艺术设计专业“十三五”规划教材

建筑制图与识图

主编　江依娜　蒋粤闽

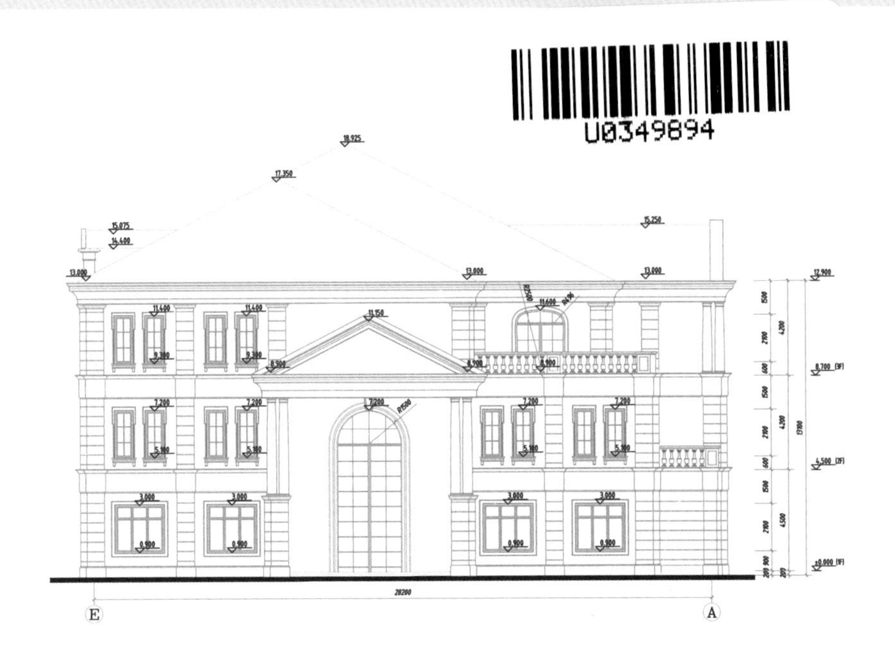

江苏大学出版社
JIANGSU UNIVERSITY PRESS
镇　江

图书在版编目(CIP)数据

建筑制图与识图 / 江依娜，蒋粤闽主编. — 镇江 ：
江苏大学出版社，2019.1
ISBN 978-7-5684-0960-5

Ⅰ. ①建… Ⅱ. ①江… ②蒋… Ⅲ. ①建筑制图—识
图—高等学校—教材 Ⅳ. ①TU204.21

中国版本图书馆 CIP 数据核字(2018)第 240206 号

建筑制图与识图
Jianzhu Zhitu Yu Shitu

主　　编/江依娜　蒋粤闽
责任编辑/吴蒙蒙
出版发行/江苏大学出版社
地　　址/江苏省镇江市梦溪园巷 30 号(邮编：212003)
电　　话/0511-84446464(传真)
网　　址/http://press.ujs.edu.cn
排　　版/镇江市江东印刷有限责任公司
印　　刷/南京孚嘉印刷有限公司
开　　本/787 mm×1 092 mm　1/16
印　　张/13.5
字　　数/276 千字
版　　次/2019 年 1 月第 1 版　2019 年 1 月第 1 次印刷
书　　号/ISBN 978-7-5684-0960-5
定　　价/59.50 元

如有印装质量问题请与本社营销部联系(电话:0511-84440882)

前言 Foreword

工程项目的施工必须根据设计图纸展开。工程图纸是按照一定的原理、规划和方法绘制而形成的。工程图纸能准确地表达房屋建筑及构配件的形状、大小、材料组成、构造方法、有关施工技术要求等内容。同时，工程图纸也是表达设计意图、交流技术思想、研究设计方案、审批建设项目、指导和组织施工、对工程进行质量检查和验收、编制工程预算和决算、确定工程造价的重要依据。因此，工程图纸被称为“工程技术界的语言”。

近年来，中国城镇化步伐不断加快，新的建筑材料和构配件也不断出现，同时，建筑设计国家标准、各种规范也相继修订或出台。

随着科学技术的发展，制图工具、制图仪器也在不断升级换代。特别是，随着数字技术在各领域、各行业的广泛应用，以及工程项目对制图精度要求的提高，利用计算机对图形图像进行数字化处理已经成为工程图纸绘制的必然选择。利用计算机可以进行复杂的力学计算，可以绘制各种工程图样。换句话说，计算机在工程领域的广泛应用，为快速、准确地绘制工程图纸提供了支撑平台。

为了适应这种全新的时代要求，使高校教材建设与行业发展紧密结合，我们以最新的国家标准和行业标准为基本规范，充分调查研究当前高校建筑与环境艺术设计等设计专业的教学情况后，编写了这本《建筑制图与识图》。在编写过程中，结合土木工程类相关知识，真正让读者能较为全面系统地了解建筑制图与识图的相关内容。本书在保持知识体系完整和严谨的基础上，内容安排方面力求简练，结构方面追求紧凑。因此，内容精炼、重难点突出、难易适当、图文并茂、实例典型是本书的几个显著特点。

本书既可作为高等院校房屋建筑工程、工程造价管理、建筑装饰技术、房地产企业管理、环境艺术设计专业的教材，也可作为函授、自考辅导用书或建筑相关从业人员的学习参考书。

在编写过程中，编者参考了大量优秀教材或著作，部分列于本书最后的参考文献。编者在此向这些资料的作者表示崇高的敬意和诚挚的谢意！

由于编者水平有限，书中疏漏和不妥之处在所难免，恳请读者批评指正！

编　者

2018 年 10 月

目 录

绪 论 / 001

0.1 图的作用 / 001

0.2 图的发展历程 / 002

0.3 本课程的学习任务 / 004

第1章 建筑制图基础知识与技能 / 005

1.1 建筑制图基础知识 / 005

1.1.1 图纸幅面规格 / 005

1.1.2 图线 / 006

1.1.3 图纸分类与内容 / 007

1.1.4 字体 / 008

1.1.5 比例 / 009

1.1.6 符号 / 009

1.1.7 定位轴线 / 012

1.1.8 尺寸标注 / 013

1.1.9 标高 / 014

1.2 常用几何图形的画法 / 014

1.2.1 正多边形的画法 / 015

1.2.2 椭圆的画法 / 015

1.2.3 斜度和锥度 / 016

1.2.4 圆弧连接 / 017

1.3 徒手绘图的技巧 / 018

1.3.1 徒手绘图的目的 / 018

1.3.2 常用绘图工具 / 019

1.3.3 徒手制图步骤及要求 / 023

1.3.4 徒手绘图的基本要领 / 024

1.3.5 徒手绘图的基本技能 / 024

1.3.6 徒手绘图实例 / 026

第2章 投影基础 / 031

2.1 投影基本知识 / 031

2.1.1 投影方法 / 031

2.1.2 多面投影体系 / 032

2.1.3 直线和平面的投影特点 / 033

2.2 点与直线的投影 / 034

2.2.1 点的投影 / 034

2.2.2 直线的投影 / 037

2.2.3 一般直线的实长及倾角 / 041

2.3 空间平面的投影 / 042

2.3.1 平面的投影特性 / 043

2.3.2 平面上的点和线 / 046

第3章 轴测图 / 049

3.1 基本知识 / 050

3.1.1 轴测图的形成 / 050

3.1.2 轴测投影的性质 / 051

3.1.3 轴测投影的分类 / 051

3.2 正等轴测图的画法 / 051

3.2.1 轴间角和轴向变形系数 / 051

3.2.2 平面体正等轴测图的画法 / 052

3.2.3 曲面体的正等轴测图画法 / 055

3.2.4 组合体的正等轴测画法 / 059

3.3 斜二轴测图的画法 / 060

3.3.1 轴间角和轴向变形系数 / 061

3.3.2 组合体的斜二测画法 / 061

第 4 章 建筑施工图的识读 / 064

4.1 概　述 / 064

4.1.1 房屋建筑的组成 / 064

4.1.2 施工图的产生 / 066

4.1.3 施工图的分类 / 066

4.1.4 施工图的编排顺序 / 067

4.1.5 识图应注意的几个问题 / 067

4.2 设计总说明及建筑总平面图 / 068

4.2.1 设计总说明 / 068

4.2.2 建筑总平面图 / 069

4.2.3 总平面图识图示例 / 071

4.3 建筑平面图 / 072

4.3.1 建筑平面图的形成及种类 / 072

4.3.2 建筑平面图的有关规定和要求 / 074

4.3.3 建筑平面图识图示例 / 077

4.3.4 局部（盥洗室）平面图 / 082

4.3.5 建筑平面图的绘图步骤 / 082

4.4 建筑立面图 / 084

4.4.1 建筑立面图的形成、命名及图示内容 / 084

4.4.2 建筑立面图的有关规定及要求 / 086

4.4.3 建筑立面图识图示例 / 086

4.4.4 建筑立面图的绘图步骤 / 091

4.5 建筑剖面图 / 092

4.5.1 建筑剖面图的形成及图示内容 / 092

4.5.2 建筑剖面图的有关规定和要求 / 094

4.5.3 建筑剖面图识图示例 / 094

4.5.4 建筑剖面图的绘图步骤 / 096

4.6 建筑详图 / 097

4.6.1 外墙剖面详图 / 098

4.6.2 楼梯详图 / 101

4.6.3 楼梯平面图、楼梯剖面图的绘图步骤 / 108

第 5 章 结构施工图的识读 / 111

5.1 概　述 / 111

5.1.1 结构施工图的分类及内容 / 111

5.1.2 结构施工图中的有关规定 / 112

5.1.3 钢筋混凝土结构图的图示方法 / 114

5.2 钢筋混凝土结构基本知识 / 114

5.2.1 钢筋混凝土简介 / 114

5.2.2 混凝土的等级、钢筋的品种

与代号 / 115
5.2.3 钢筋的分类和作用 / 115
5.2.4 钢筋的弯钩和保护层 / 116
5.2.5 钢筋的一般表示方法 / 117
5.3 钢筋混凝土结构施工图识读 / 118
5.3.1 基础图 / 118
5.3.2 配筋图 / 121

第6章 设备施工图的识读 / 136
6.1 室内给水排水施工图 / 136
6.1.1 室内给水排水施工图的特点 / 137
6.1.2 室内给水排水施工图的内容 / 139
6.1.3 画图步骤 / 143
6.2 室内采暖施工图 / 144
6.2.1 采暖施工图的组成 / 145
6.2.2 室内采暖施工图的内容 / 146
6.2.3 画图步骤 / 150
6.3 建筑电气施工图 / 150
6.3.1 概述 / 151
6.3.2 室内电气照明平面图识读 / 156
6.3.3 室内电气照明系统图 / 157

第7章 计算机辅助制图 / 159
7.1 CAD 软件简介 / 159
7.1.1 CAD 常用绘图命令 / 159
7.1.2 CAD 常用修改命令 / 165
7.2 实例操作：室内设计 / 172
7.2.1 设计任务 / 172
7.2.2 操作步骤 / 172
7.3 实例操作：家具设计 / 194
7.3.1 设计任务 / 194
7.3.2 操作步骤 / 194
7.4 实例操作：园林设计 / 198
7.4.1 设计任务 / 198
7.4.2 操作步骤 / 198

参考文献 / 209

绪　论

0.1　图的作用

在建筑工程中，无论是建造工厂、住宅、剧院还是其他建筑，从设计到生产施工，各阶段都离不开工程图样（简称工程图）。在设计阶段，设计人员用工程图来表达对某项工程的设计思想（图 0-1，图 0-2）；审批工程设计方案时，工程图是研究和审批的对象，也是技术人员交流设计思想的工具（图 0-3）；在生产施工阶段，工程图是施工的根据，是编制施工计划、编制工程项目预算、准备生产施工所需的材料及施工组织所必须依据的技术资料。

工程图实际上是一种工程上专用的图解文字。任何一项工程，都不可能只用文字就可以描述清楚。一套图纸可以借助一系列图形、符号及数字、字母的标注和必要的文字说明来表示建筑物的形状、大小、各部分的相互位置关系，以及建造中所需的材料及数量、施工技术要求。所以工程图被喻为“工程界语言”。对于从事建筑工程的人来说，不懂这门“语言”，就是一个“图盲”，在工作中将寸步难行。

图形的概念很宽泛，它既包括描述图形，也包括自然图形。构成图形的要素主要包括点、线、面、体等几何要素。从实际形态来看，图形包括人类视觉观察的景物图、人造装置拍摄获得的图、手工或机器绘制的各类图、由文字方法描述的图等。

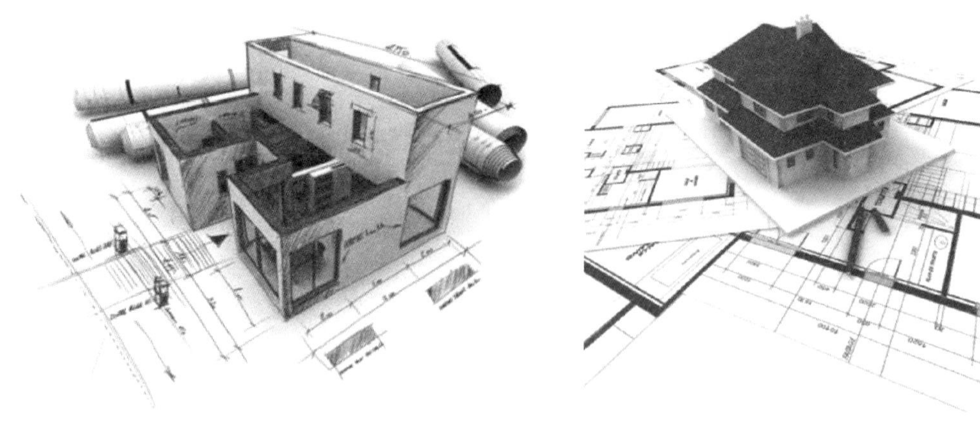

图 0-1　建筑图纸 1

图 0-2　建筑图纸 2

图 0-3　工程图用于交流设计思想

0.2　图的发展历程

原始人类在生活劳动中因交流思想的需要，一方面发展语言，一方面画出简单图形，来表达意图。当人类进入奴隶社会后，随着社会的进步与发展，首先有数学家欧几里德的《几何原理》，继而有托勒密的讲述绘制地图方法的《地理学》。公元前一世纪罗马建筑学家威特鲁威在所著的《建筑十书》（图 0-4）中就应用了平面、立体、剖视等图法。

图 0-4 《建筑十书》

随着西欧殖民掠夺的繁盛和资本主义制度的建立，资产阶级的新思想、新文化也逐步创立。走在前列的艺术家们面临的最大技术问题就是如何把三维的现实形态绘制到二维平面图上。德国艺术家亚尔倍·丢勒提出的几何思想就是考虑线形在两两垂直的平面中的正投影。笛卡儿提出的平面坐标系统，实际上也提出了平行投影的概念，给画法几何学的创立准备了理论基础。

中国的工程图学可考历史悠久。春秋战国时期的《考工记》中记述了当时手工业生产技术资料。1977 年，从河北平山县战国时期王墓里发现了采用正投影法绘制的建筑平面图。北宋李诫所著的《营造法式》附有大量图样，包括平面图、轴测图和透视图。图 0-5 和图 0-6 所示分别为传统四合院轴测图和古城平面图。

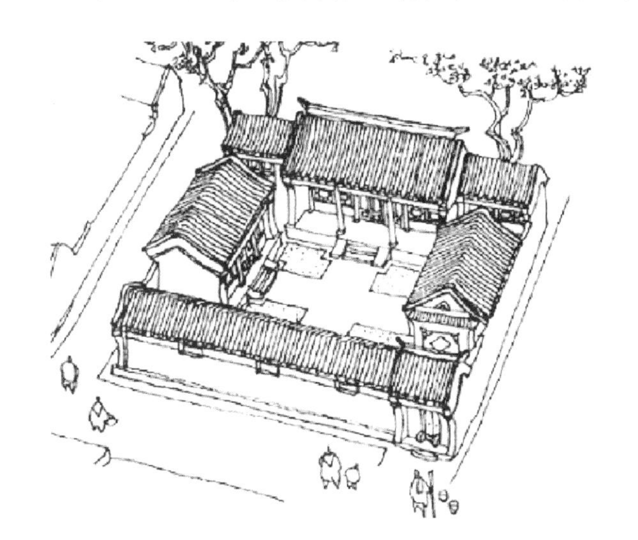

图 0-5 传统四合院轴测图

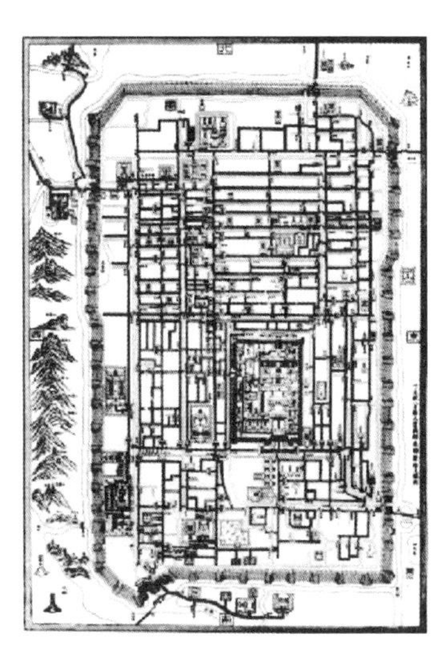

图 0-6 古城平面图

0.3 本课程的学习任务

在学习建筑制图与识图之前，首先应该明确学习任务。建筑制图与识图课程的主要任务有以下四项：

① 学习各种投影法的基本理论及其应用（正投影法、斜投影法），主要是正投影法的应用；

② 学习建筑工程制图国家标准规定；

③ 学习建筑工程图的图示方法、图示内容，培养绘制和阅读工程图的能力；

④ 培养在绘制和阅读工程图的过程中，认真细致、一丝不苟的工作作风。

第 1 章　建筑制图基础知识与技能

1.1　建筑制图基础知识

1.1.1　图纸幅面规格

图纸幅面及图框尺寸应符合表 1-1 的规定。一般 A0 ~ A3 图纸宜横式使用，必要时也可立式使用，其布置形式见图 1-1。

表 1-1　幅面及图框尺寸　mm

截面代号 / 尺寸代号	A0	A1	A2	A3	A4
$b \times l$	841 × 1189	594 × 841	420 × 594	297 × 420	210 × 297
c	10			5	
a	25				

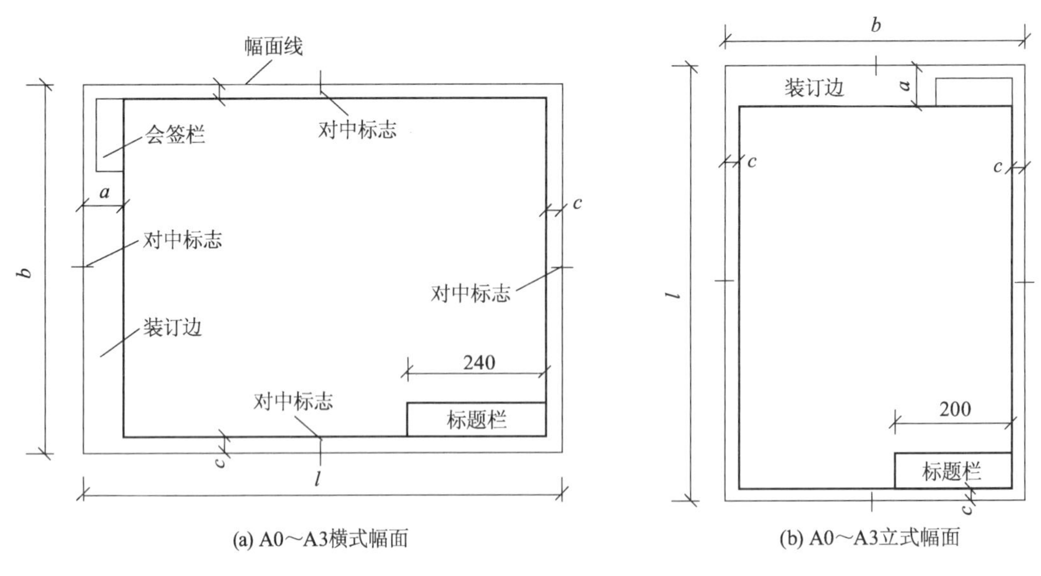

图 1-1　图纸幅面

1.1.2　图线

图线的宽度 b，应根据图样的复杂程度和比例选用（图 1-2），并且符合表 1-2 的规定。

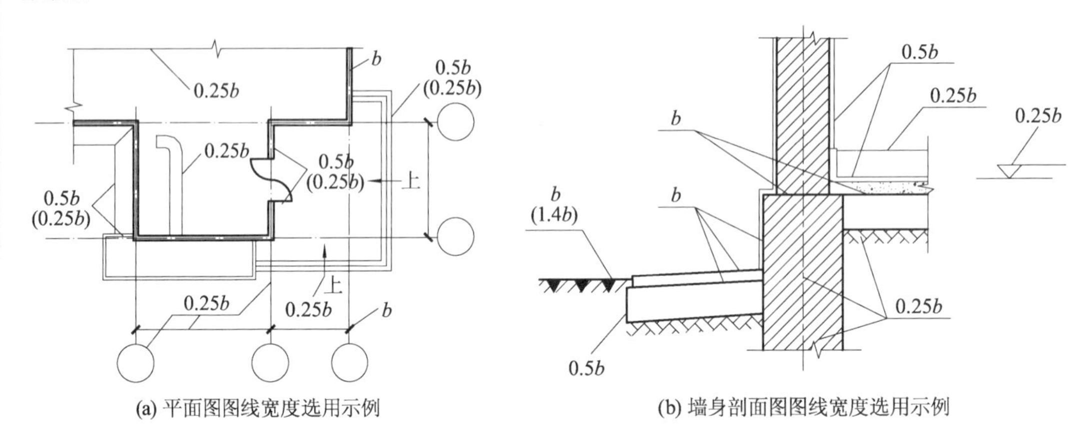

图 1-2　图线的选用

表 1-2　图线

名称	线型	线宽	用途
粗实线	━━━━━━	b	1. 平面图和剖面图中被剖切的主要建筑构造（包括构配件）的可见轮廓线； 2. 建筑立面图或室内立面图的可见外轮廓线； 3. 建筑构造详图中被剖切的主要部分可见轮廓线和可见外轮廓线； 4. 建筑构配件详图中的构配件的可见外轮廓线； 5. 平、立、剖面图的剖切符号

续表

名称	线型	线宽	用途
中实线	————————	0.5b	1. 平、剖面图中被剖切的次要建筑构造（包括构配件）的可见轮廓线； 2. 建筑平、立、剖面图中建筑构配件的可见轮廓线； 3. 建筑构造详图及建筑构配件详图中的一般可见轮廓线
细实线	————————	0.25b	小于0.5b的图形线、尺寸线、尺寸界线、图例线、索引符号、引出线、标高符号、较小图形中的中心线等
中虚线	— — — — —	0.5b	1. 建筑构造及建筑构配件中不可见的轮廓线； 2. 平面图中的起重机（吊车）轮廓线； 3. 拟扩建的建筑物轮廓线
细虚线	- - - - - - - - - -	0.25b	图例填充线、家具线
粗单点长画线	—— · —— · ——	b	起重机（吊车）轨道线
细单点长画线	—·—·—·—·—·—	0.25b	中心线、对称线、定位轴线
折断线	———\/———	0.25b	不需要画全的断开界线
波浪线	～～～	0.25b	不需要画全的断开界线 构造层次的断开界线

注：地平线的线宽可用1.4b。

1.1.3 图纸分类与内容

建筑设计过程中图纸主要分为总图、平面图、立面图、剖面图四大类。

1. 总图

建筑总图主要用于表示建筑在基地上的布置位置及交通、消防流线组织，停车位、广场等的功能分区关系，还用于表现建筑的层数、容积率、建筑密度、绿化率等各项经济指标。在设计建筑物时，首先要对项目用地进行充分理解，搞清建筑物应该布置的位置和朝向、基底面积（所有建筑底层面积的总和）的大小、建筑的退让红线等限制条件，才能进入下一步的单体建筑的设计。

2. 平面图

平面图的方向宜与总图方向一致。平面图的长边宜与横式幅面图纸的长边一致。在同一张图纸上绘制多于一层的平面图时，各层平面图宜按层数由低向高的顺序从左至右或从下至上布置。

平面图应在建筑物的门窗洞口处水平剖切俯视（屋顶平面图应在屋面以上俯视），图内应包括剖切面及投影方向可见的建筑构造，以及必要的尺寸、标高等，如需表示高窗、洞口、通气孔、槽、地沟及起重机等不可见部分，则应以虚线绘制。

在平面图上，应注写房间的名称或编号。编号注写在直径为6mm细实线绘制的圆圈内，并在同张图纸上列出房间名称表。在建筑物 ±0.000 标高的平面图上应绘制指北针，并放在明显位置，所指的方向应与总图一致。

3. 立面图

立面图应包括投影方向可见的建筑外轮廓线和墙面线脚、构配件、墙面做法及必要的尺寸和标高等。

在立面图上，相同的门窗、阳台、外檐装修、构造做法等可在局部重点表示，绘出其完整图形，其余部分只画轮廓线。外墙表面分格线应表示清楚。应用文字说明各部位所用面材及色彩。

有定位轴线的建筑物，宜根据两端定位轴线号编注立面图名称，例如：①~⑩立面图、(A) ~ (F) 立面图。无定位轴线的建筑物可按平面图各面的朝向确定名称。

4. 剖面图

剖面图的剖切部位，应根据图纸的用途或设计深度，在平面图上选择能反映全貌、构造特征的有代表性的部位剖切。剖切符号可用阿拉伯数字、罗马数字或拉丁字母编号。

剖面图内应包括剖切面和投影方向可见的建筑构造、构配件，以及必要的尺寸、标高等。

建筑平面、立面、剖面图中的尺寸分为总尺寸、定位尺寸、细部尺寸三种。绘图时，应根据设计深度和图纸用途确定所需注写的尺寸。标注平面图各部位的定位尺寸时，注写与其最邻近的轴线间的尺寸；标注剖面图各部位的定位尺寸时，注写其所在层次内的尺寸。

在建筑平面、立面、剖面图上，宜标注室内外地坪、楼地面、地下层地面、阳台、平台、檐口、屋脊、女儿墙、雨棚、门、窗、台阶等处的标高。平屋面等不易标明建筑标高的部位可标注结构标高，并予以说明。结构找坡的平屋面，屋面标高可标注在结构板面最低点，并注明找坡坡度。

1.1.4 字体

图样及说明中的汉字，宜采用长仿宋体，宽度与高度的关系应符合表1-3的规定。

表1-3 长仿宋体字高宽关系 mm

字高	20	14	10	7	5	3.5
字宽	14	10	7	5	3.5	2.5

1.1.5 比例

图纸的比例，应为图形与实物相对应的线性尺寸之比。比例宜注写在图名的右侧，字的基准线应取平；比例的字高宜比图名的字高小一号或二号（图1-3）。

平面图 1∶100　　⑥1∶20

图1-3　比例的注写

不同比例的平面图、剖面图，其抹灰层、楼地面、材料图例的省略画法，应符合下列规定：

① 比例大于1∶50时，应画出抹灰层与楼地面、屋面的面层线，并宜画出材料图例；

② 比例等于1∶50时，宜画出楼地面、屋面的面层线，抹灰层的面层线应根据需要而定；

③ 比例小于1∶50时，可不画出抹灰层，但宜画出楼地面、屋面的面层线；

④ 比例为1∶100～1∶200时，可画简化的材料图例（如砌体墙涂红、钢筋混凝土涂黑等），但宜画出楼地面、屋面的面层线；

⑤ 比例小于1∶200时，可不画材料图例，剖面图的楼地面、屋面的面层线可不画出。

1.1.6 符号

1. 剖切符号

（1）剖视的剖切符号

剖视的剖切符号应由剖切位置线及投射方向线组成，均应以粗实线绘制，且不应与其他图线相接触。剖切位置线的长度宜为6～10mm；投射方向线应垂直于剖切位置线，长度应短于剖切位置线，宜为4～6mm。编号宜采用阿拉伯数字，按顺序由左至右、由下至上连续编排，并应注写在剖视方向线的端部。需要转折的剖切位置线，应在转角的外侧加注与该符号相同的编号（图1-4a）。

建筑剖面图的剖切符号宜注在±0.000标高的平面图上。

（2）断面的剖切符号

断面的剖切符号应只用剖切位置线表示，并应以粗实线绘制，长度宜为6～10mm。编号所在的一侧应为该断面的剖视方向（图1-4b）。

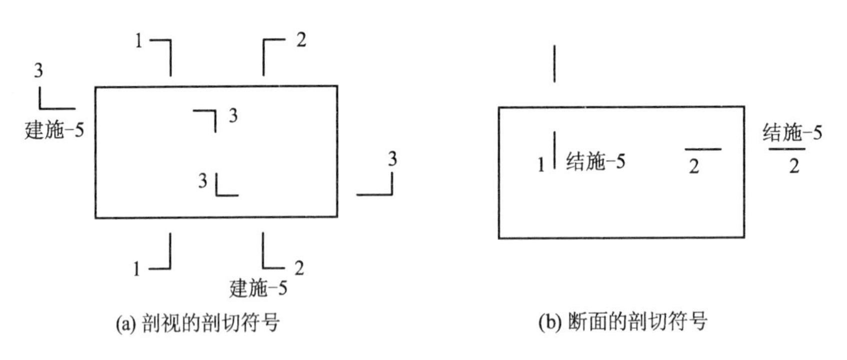

(a) 剖视的剖切符号　　(b) 断面的剖切符号

图 1-4　剖切符号

2. 索引符号与详图符号

（1）索引符号

图中的某一局部或构件，如需另见详图，应以索引符号索引。索引符号是由直径为10mm 的圆和水平直径组成，圆及水平直径均应以细实线绘制（图 1-5）。

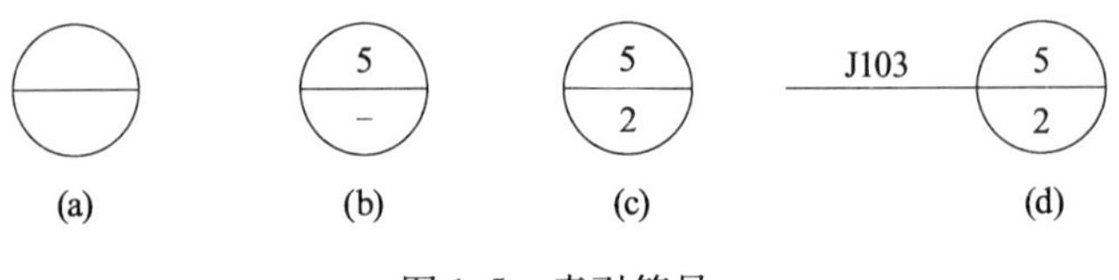

图 1-5　索引符号

索引符号如用于索引剖视详图，应在被剖切的部位绘制剖切位置线，并以引出线引出索引符号，引出线所在的一侧应为投射方向（图 1-6）。

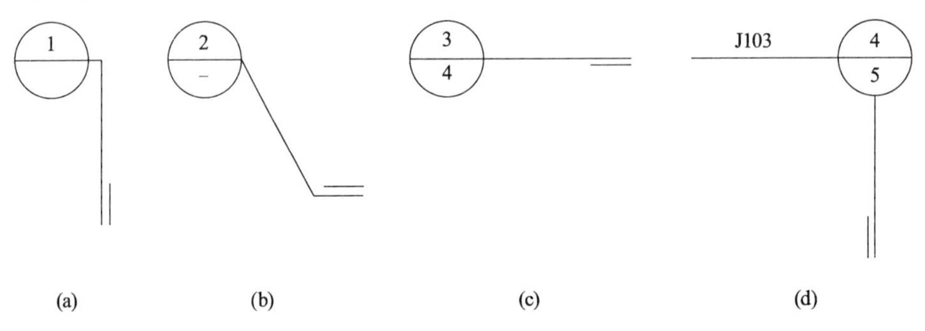

图 1-6　用于索引剖面详图的索引符号

（2）详图符号

详图的位置和编号，应以详图符号表示。详图符号的圆直径为 14mm 以粗实线绘制（图 1-7）。

(a) 与被索引图样同在一张图纸内的详图符号　　(b) 与被索引图样不在同一张图纸内的详图符号

图 1-7　详图符号

3. 引出线

引出线应以细实线绘制，宜采用水平方向的直线，或与水平方向成30°，45°，60°、90°的直线，并经上述角度再折为水平线（图1-8）。

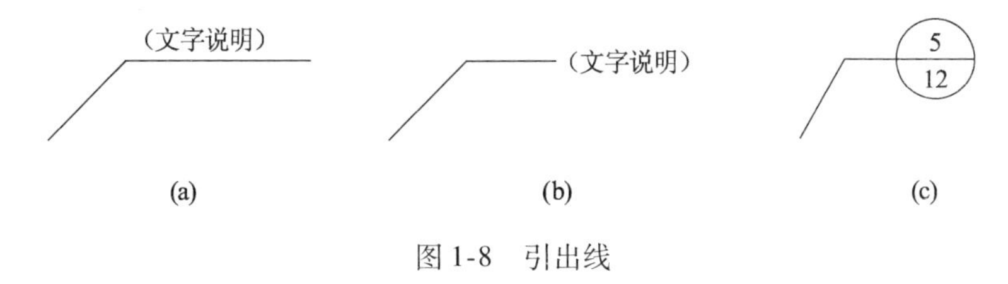

图1-8　引出线

多层构造引出线，应通过被引出的各层。文字说明宜注写在水平线的上方，或注写在水平线的端部，说明的顺序应由上至下，并应与被说明的层次对应一致；如层次为横向排序，则由上至下的说明顺序应与左至右的层次对应一致（图1-9）。

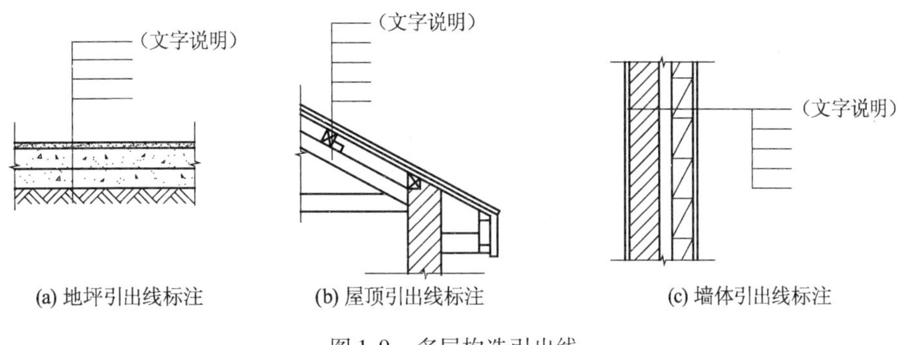

图1-9　多层构造引出线

4. 其他符号

(1) 对称符号

对称符号由对称线和两端的两对平行线组成。对称线用细点画线绘制，平行线用细实线绘制（图1-10）。

(2) 连接符号

连接符号应以折断线表示需连接的部位。两部位相距过远时，折断线两端靠图样一侧应标注大写拉丁字母表示连接编号。两个被连接的图样必须用相同的字母编号（图1-11）。

(3) 指北针

指北针的形状如图1-12所示，其圆的直径宜为24mm，用细实线绘制；指针尾部的宽度宜为3mm，指针头部应注“北”或“N”字。

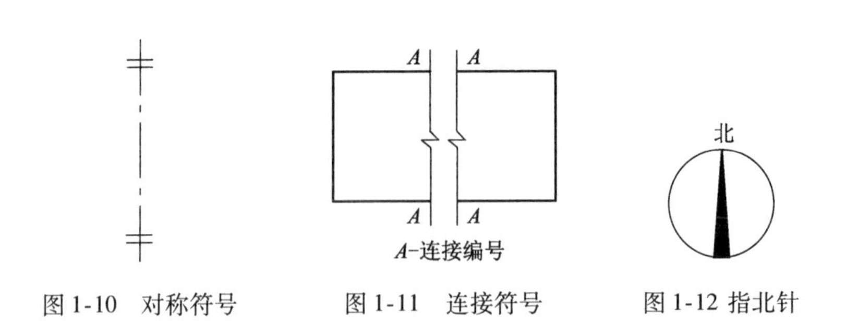

图 1-10　对称符号　　图 1-11　连接符号　　图 1-12 指北针

1.1.7　定位轴线

定位轴线应用细点画线绘制，端部的圆用细实线绘制，直径为 8 ~ 10mm。平面图上定位轴线的编号，宜标注在图样的下方与左侧。横向编号应用阿拉伯数字，从左至右顺序编写；竖向编号应用大写拉丁字母，从下至上顺序编写（图 1-13）。字母 I，O，Z 不得用作轴线编号。如字母数量不够使用，可增用双字母或单字母加数字注脚，如 A_A，B_A，…，Y_A 或 A_1，B_1，…，Y_1。

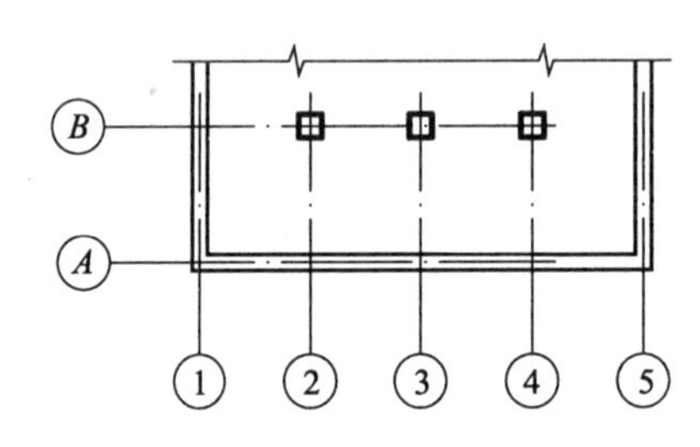

图 1-13　定位轴线编号顺序

组合较复杂的平面图中定位轴线也可采用分区编号，编号的注写形式应为“分区号—该分区编号”（图 1-14）。

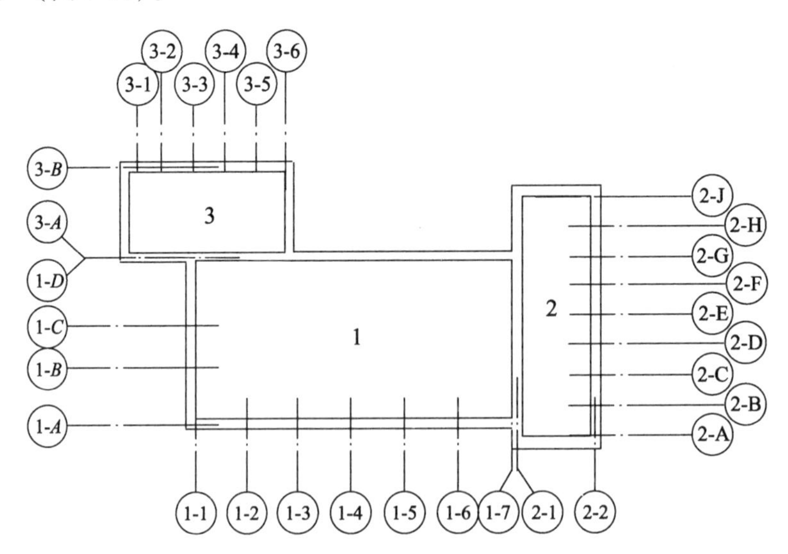

图 1-14　定位轴线的分区编号

折线形平面图中定位轴线的编号可按图 1-15 的形式编写。

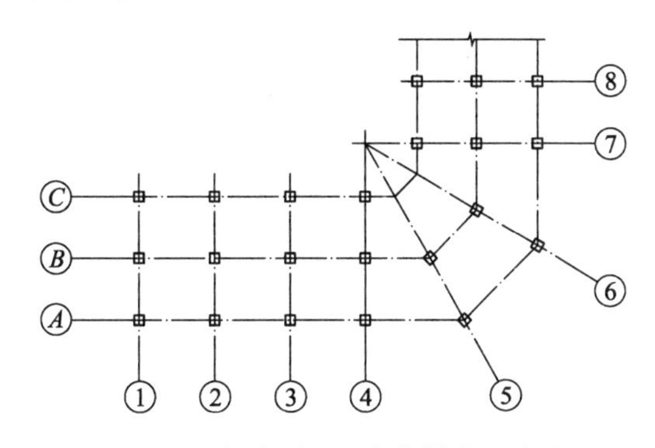

图 1-15 折线形平面定位轴线的编号

1.1.8 尺寸标注

图样上的尺寸，包括尺寸界线、尺寸线、尺寸起止符号和尺寸数字（图 1-16）。

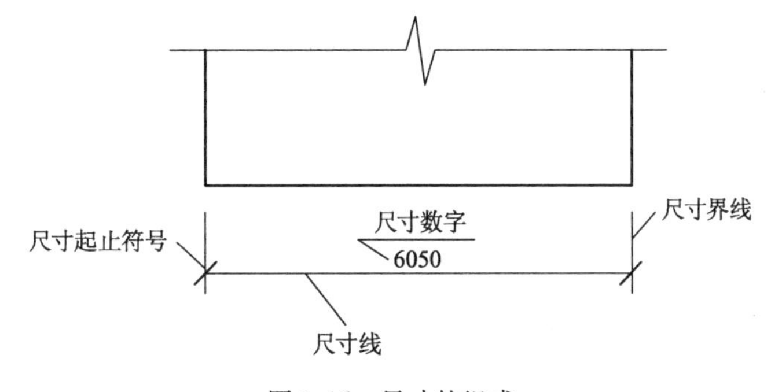

图 1-16 尺寸的组成

① 尺寸界线：用细实线绘制，一般与被注长度垂直，图样轮廓线可用作尺寸界线。

② 尺寸线：用细实线绘制，应与被注长度平行，图样本身的任何图线均不得用作尺寸线。

③ 尺寸起止符号：一般用中粗斜短线绘制，其倾斜方向应与尺寸界线成顺时针 45°角，长度宜为 2 ~ 3mm。

④ 尺寸数字：一般应依据其方向注写在靠近尺寸线的上方中部。如没有足够的注写位置，最外边的尺寸数字可注写在尺寸界线的外侧，中间相邻的尺寸数字可错开注写（图 1-17）。

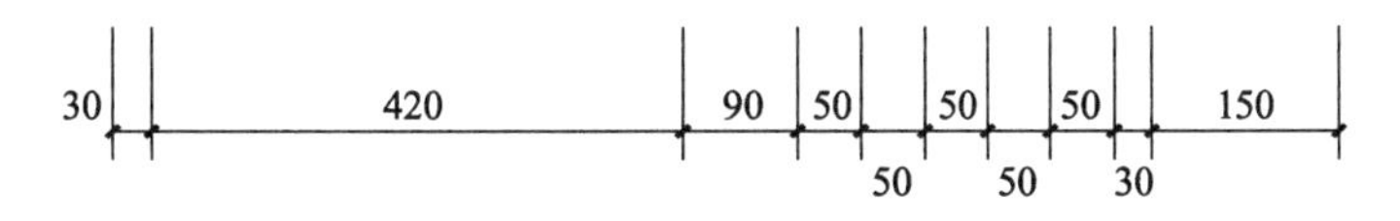

图 1-17 尺寸数字的注写位置

图样轮廓线以外的尺寸界线，距图样最外轮廓之间的距离，不宜小于 10mm。平行排列的尺寸线的间距，宜为 7 ~ 10mm，并应保持一致。总尺寸的尺寸界线应靠近所指部位，中间的分尺寸的尺寸界线可稍短，但其长度应相等（图 1-18）。

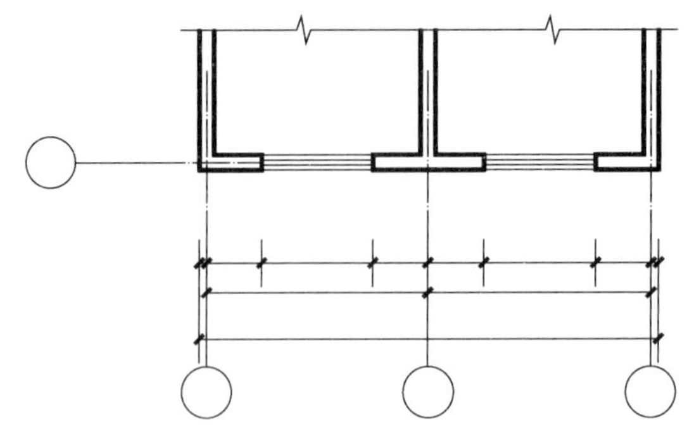

图 1-18　尺寸的排列

1.1.9　标高

标高符号应以等腰直角三角形表示，用细实线绘制（图 1-19a），如标注位置不够，也可按图 1-19b 所示形式绘制。标高符号的尖端应指至被注高度的位置，尖端一般应向下，也可向上（图 1-19c）。

标高数字应以米为单位，注写到小数点以后第三位。在总平面图中，可注写到小数点以后第二位。零点标高应注写成 ±0.000，正数标高不注“+”，负数标高应注“-”，如 3.000，-0.600。标高数字应注写在标高符号的左侧或右侧。在图样的同一位置需表示几个不同标高时，标高数字可按图 1-19d 的形式注写。

总平面图室外地坪标高符号，宜用涂黑的三角形表示（图 1-19e）。

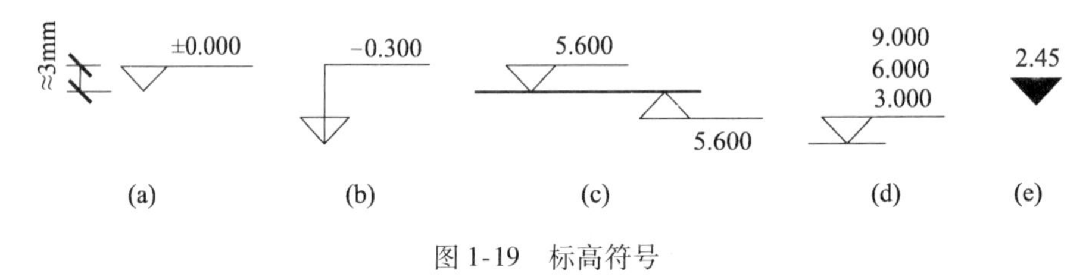

图 1-19　标高符号

1.2　常用几何图形的画法

在建筑图纸设计中通常与各种几何图形相关。各种建筑的轮廓形状一般都是由不同的几何图形构成的，熟练掌握几何作图的方法，将会提高绘图的速度和质量。几何作图的内容较多，在此仅介绍常用的正多边形、椭圆的画法，斜度和锥度及圆弧连接的作图方法。

1.2.1　正多边形的画法

1. 正六边形

正六边形的作图方法如图 1-20 所示。

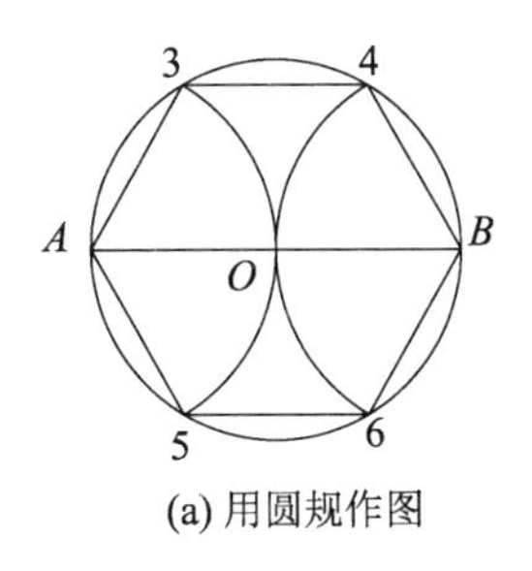

(a) 用圆规作图

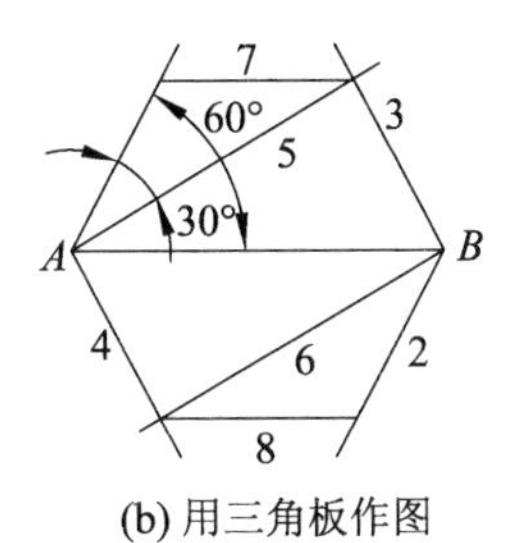

(b) 用三角板作图

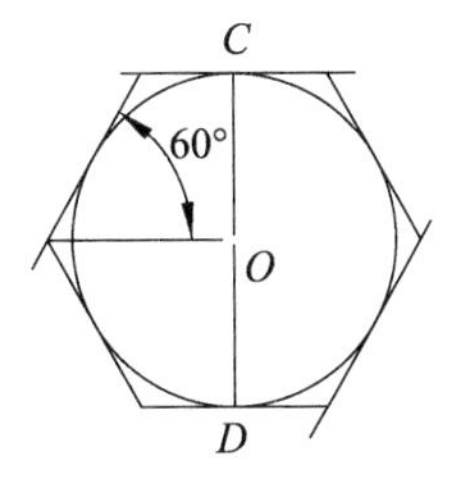

(c) 用三角板及圆规作图

图 1-20　正六边形的作图

2. 正五边形

已知外接圆直径 *AB* 作正五边形，其作图方法如图 1-21 所示。

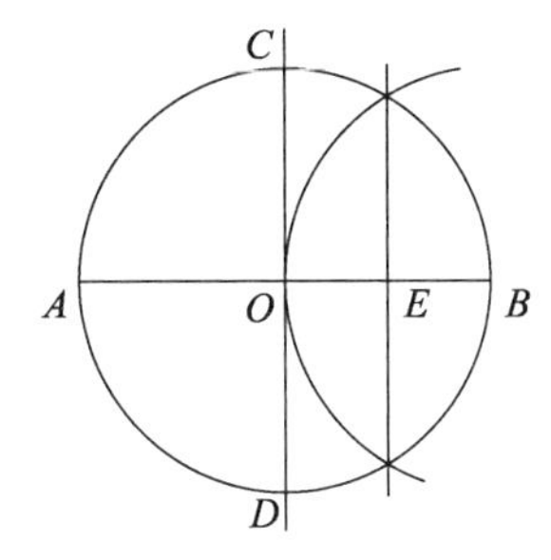

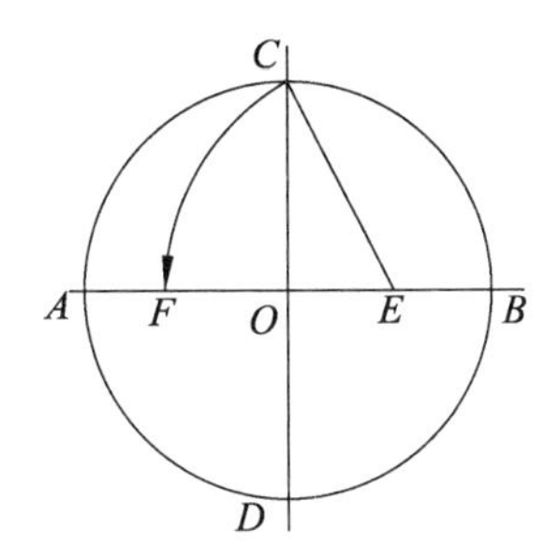

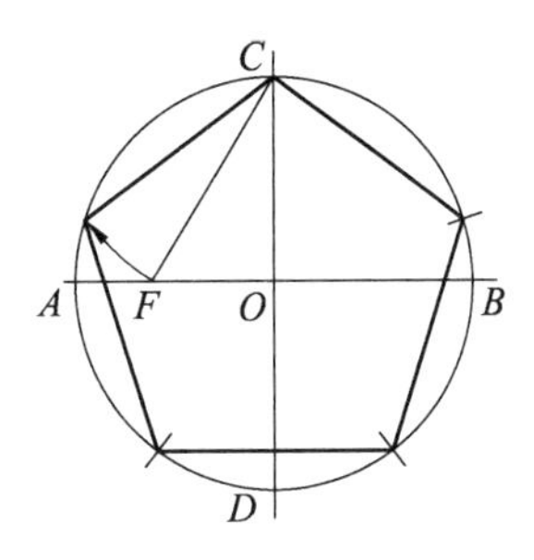

图 1-21　正五边形的作图

3. 正 *n* 边形

已知外接圆直径 *AB* 作正 *n* 边形的方法，如图 1-22 所示。

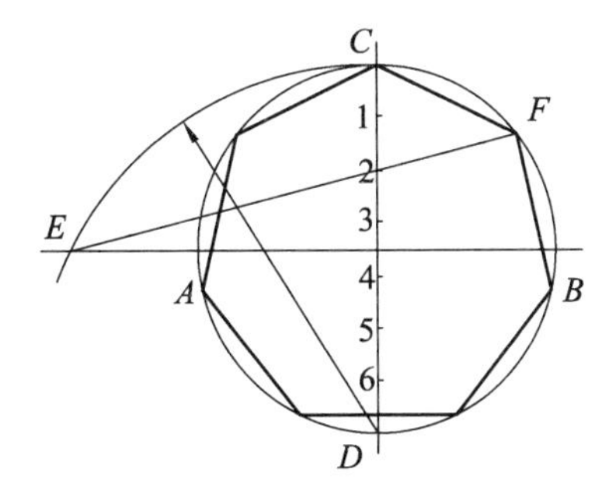

图 1-22　正 *n* 边形的作法

1.2.2　椭圆的画法

椭圆有各种不同的画法，在此仅介绍已知长、短轴，完成椭圆的精确画法和近似画法。其具体的作图方法见表 1-4。

表 1-4　椭圆的画法

精确画法（已知长、短轴）	
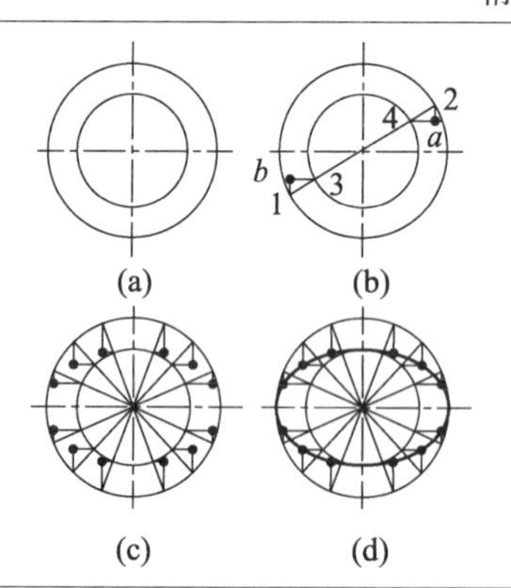 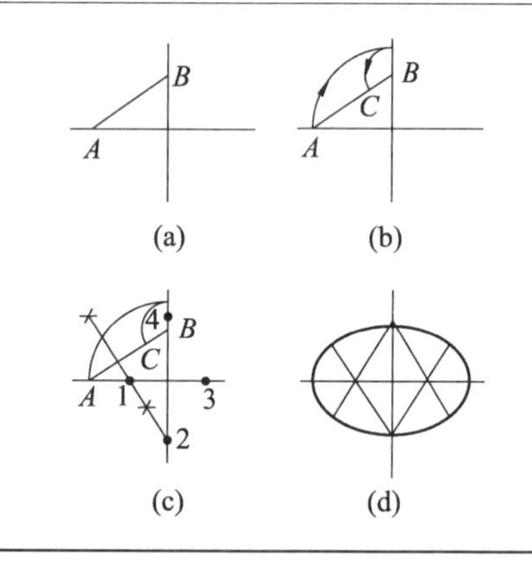	画图步骤： (a) 以椭圆中心为圆心，分别以长轴、短轴长度为直径，作两个同心圆 (b) 作一任意直径线，与大圆交于 1，2 两点，与小圆交于 3，4 两点，分别过点 1，2 引垂线，过点 3，4 引水平线，它们的交点 a，b 即椭圆上的点 (c) 按步骤（b）的方法重复作图，求出椭圆上的一系列点 (d) 光滑连接各点
近似画法（已知长、短轴）	
(a) (b) (c) (d)	画图步骤： (a) 连接长半轴端点 A 和短半轴端点 B (b) 在 BA 上取 BC =（长轴 − 短轴）/2 (c) 作 AC 的中垂线，交长半轴于点 1，交短半轴于点 2，取点 1，2 的对称点 3，4（于中心对称） (d) 分别以点 1，3 为圆心，直线 $A1$ 为半径作圆弧，起、止于中垂线，再以点 2，4 为圆心，直线 $B2$ 为半径作圆弧，起、止于中垂线，四段圆弧近似地代替椭圆圆弧

1.2.3　斜度和锥度

1．斜度

斜度是指一直线对另一直线或一平面对另一平面的倾斜程度。其斜度符号、作图步骤及标注形式如图 1-23 所示。

斜度的大小可用两直线或两平面夹角的正切值表示，即斜度 = $\tan\alpha = H/L$，并常以 $1:n$ 的比例形式标注。标注时注意符号的斜线方向与斜度方向要一致。

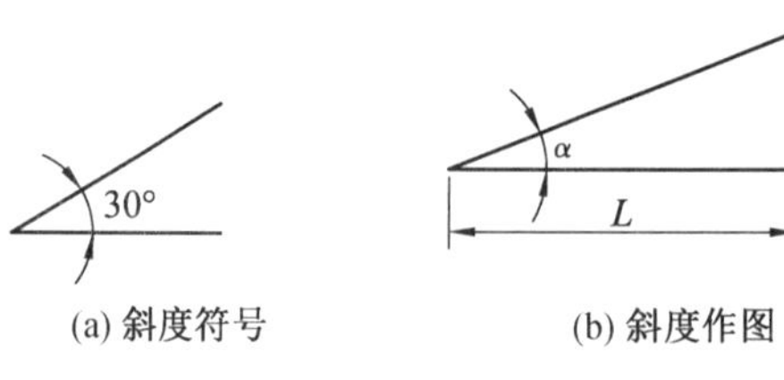

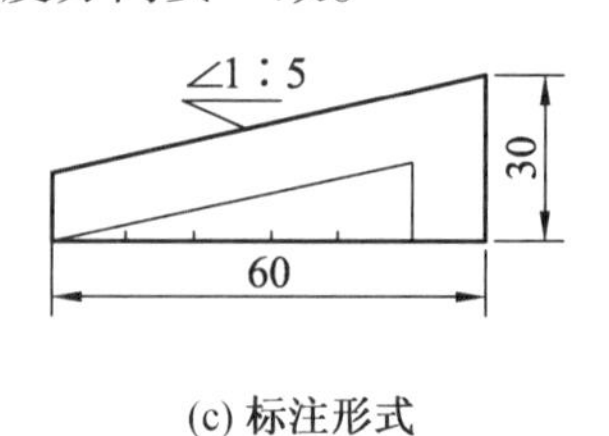

(a) 斜度符号　　(b) 斜度作图　　(c) 标注形式

图 1-23　斜度

2. 锥度

锥度是指正圆锥的底圆直径与圆锥高度之比。锥度的大小可用圆锥线与轴线夹角的正切的两倍表示，即锥度 $=2\tan\alpha=D/L$，在图样中常以 $1:n$ 的比例形式标注。其作图步骤、锥度符号及标注形式如图 1-24 所示。标注时要注意符号斜线的方向与锥度方向要一致。

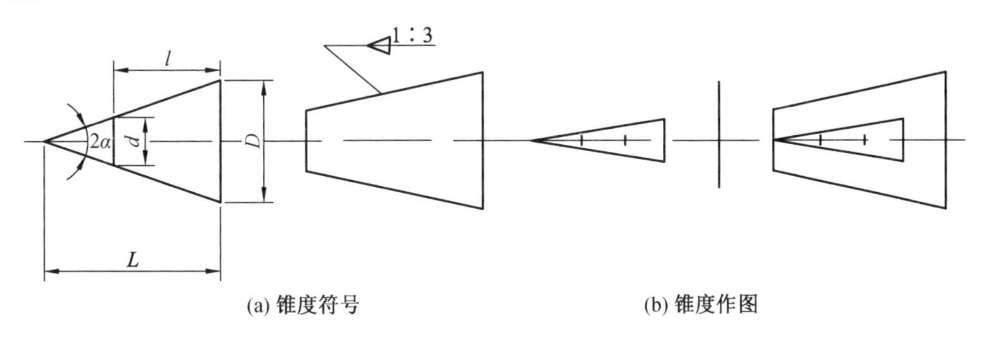

(a) 锥度符号　　(b) 锥度作图

图 1-24　锥度

1.2.4　圆弧连接

在绘制几何图形时常会遇到圆弧与直线、圆弧与圆弧的光滑过渡的情况。这种光滑过渡就是平面几何中的相切，也就是用圆弧把已知线段光滑地连接起来，即相切。这在制图中被称为圆弧连接，其圆弧为连接弧，切点为连接点。

圆弧连接的关键：在已知连接弧半径和连接线段时，求出连接弧的圆心和连接点。

1. 圆弧连接的作图原理

已知与直线相切的圆弧半径为 R，其圆心轨迹是一条距已知直线为 R 且与已知直线平行的直线。如从选定的圆心向已知直线作垂线，其垂足就是切点，如图 1-25a 所示。

已知圆弧的圆心为 O_1、半径为 R_1，与其相切的圆弧半径为 R，其圆心轨迹为已知弧的同心圆。该圆半径 R_x 要根据相切情形而定：当两圆外切时，$R_x=R_1+R$，如图 1-25b 所示，两圆弧的切点即连心线与已知圆弧的交点；当两圆内切时，$R_x=R_1-R$，如图 1-25c 所示，两圆弧的切点即连心线的延长线与已知圆弧的交点。

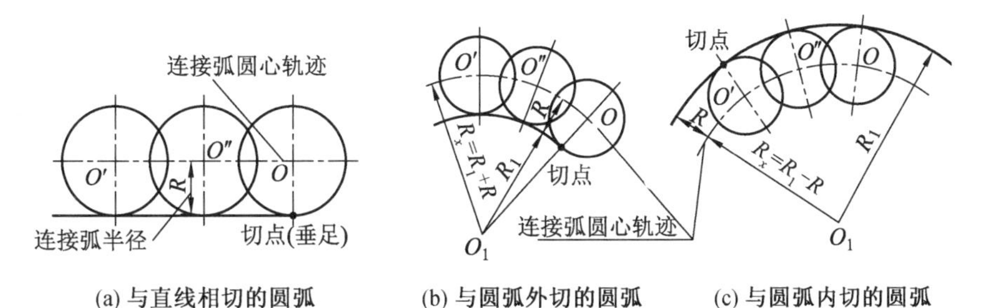

(a) 与直线相切的圆弧　(b) 与圆弧外切的圆弧　(c) 与圆弧内切的圆弧

图 1-25　圆弧连接的作图原理

2. 圆弧连接的方法

在表 1-5 中，列举了 4 种圆弧连接的作图方法和步骤。

表 1-5　圆弧连接方法

连接要求	作图方法和步骤		
	1. 求圆心 O	2. 求切点 K_1，K_2	3. 画连接圆弧
连接两相交直线	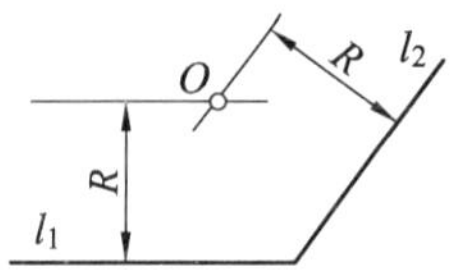	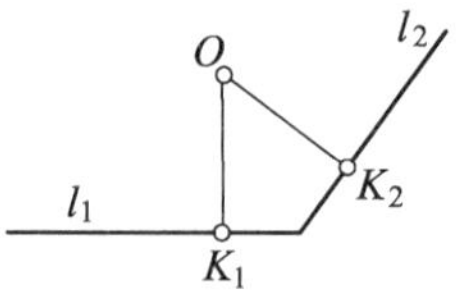	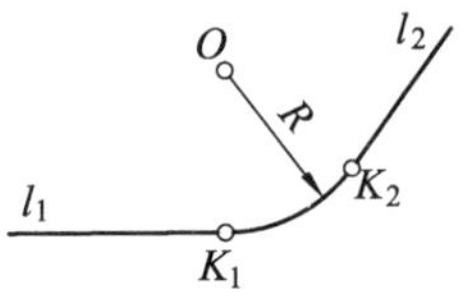
连接一直线和一圆弧	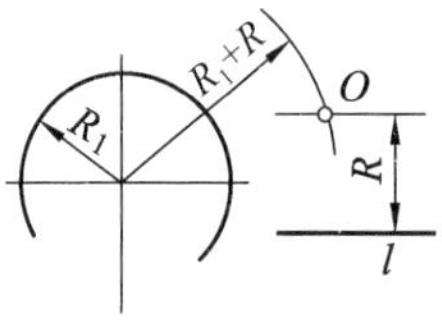	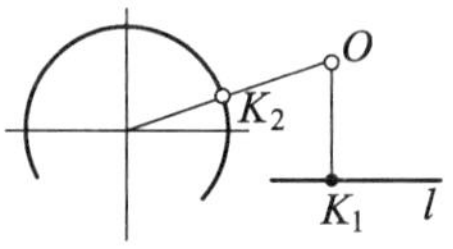	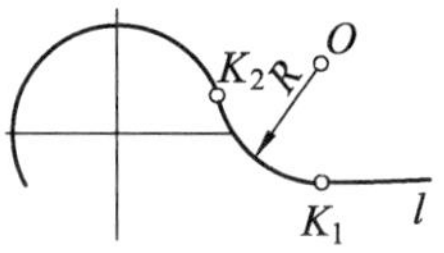
外接两圆弧	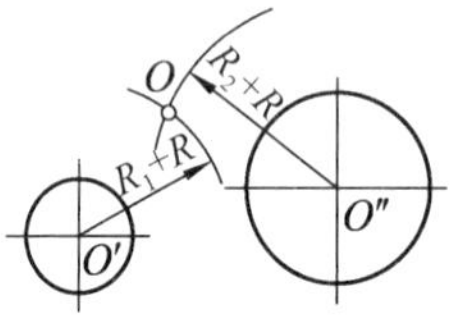	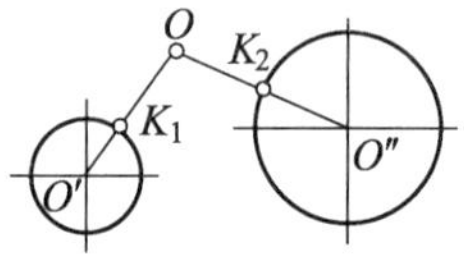	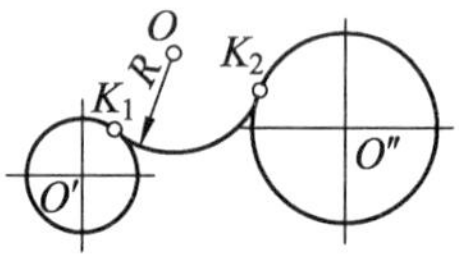
内接两圆弧	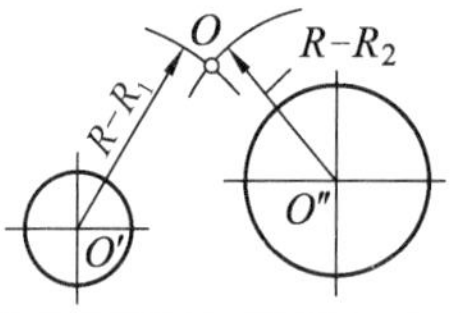	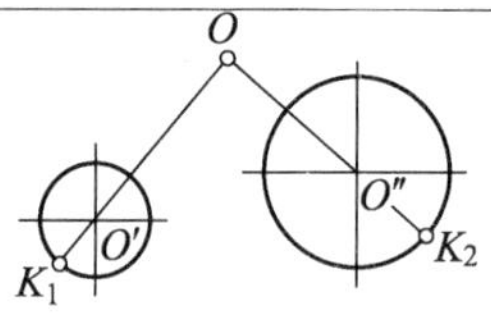	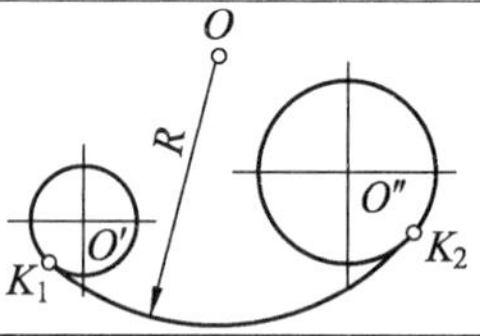

1.3　徒手绘图的技巧

徒手绘图就是不用尺规，仅采用铅笔和纸等工具，依靠目测的尺寸比例，徒手绘制图样，绘得的图样称为草图。要达到准确快速的徒手绘图，除多练习之外，还需要掌握一些徒手绘图的基本方法。

1.3.1　徒手绘图的目的

对于工程技术人员来说，除了会用仪器画图、计算机绘图以外，还必须具备徒手绘制草图的能力。绘制草图通常适用于以下场合：

① 设计新的设备时，常需用草图勾画出设计方案，以表达设计人员的构思。

② 修配或仿制机器时，需在现场徒手测绘出草图，再依据草图绘制正规图。

③ 参观或技术交流时，也需要随时徒手画出草图，以方便思想交流和讨论。

1.3.2 常用绘图工具

学习制图，首先要了解各种绘图工具和仪器的性能，熟练掌握它们的正确使用方法，这样才能保证绘图质量，加快绘图速度。下面介绍几种常用制图工具、仪器和用品及其使用方法。

1. 制图工具

（1）图板

图板是画图时用来作垫板的，要求板面平整光洁，左面的硬木边为工作边（导边），必须保持平直，以便与丁字尺配合画出水平线。图板常用的规格有 0 号图板、1 号图板、2 号画板，分别适用于相应图号的图纸，四周还略有宽余（图 1-26）。

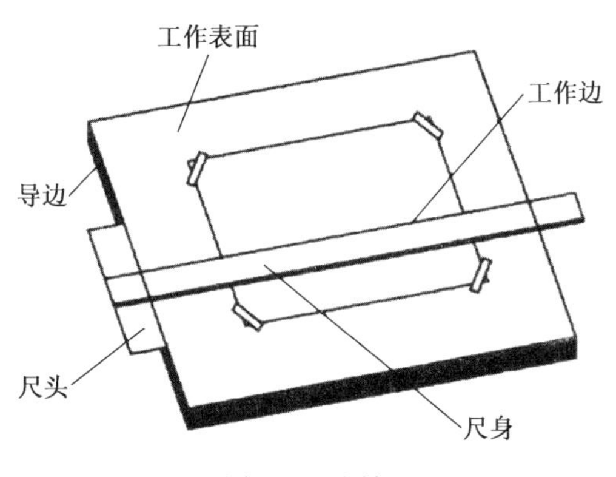

图 1-26　图板

（2）丁字尺

丁字尺由相互垂直的尺头和尺身构成。尺头的内侧边缘和尺身的工作边必须平直光滑。丁字尺是用来画水平线的。画线时左手把住尺头，使它始终贴住图板左边，然后上下推动，直至丁字尺工作边对准要画线的地方，再从左至右画出水平线，如图 1-27 所示。

不得把丁字尺头靠在图板的右边、下边或上边画线，也不得用丁字尺的下边画线。

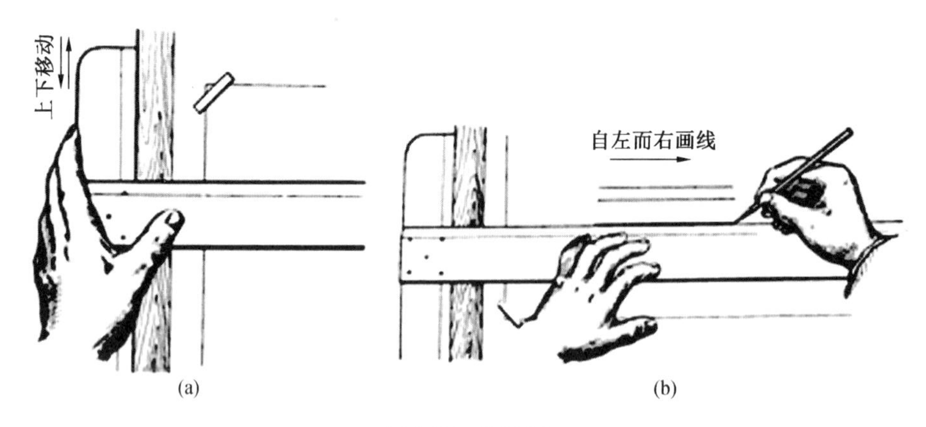

图 1-27　丁字尺

（3）三角板

一副三角板有 30°－60°－90°和 45°－45°－90°两块，与丁字尺配合使用可以画出竖直线或 30°，45°，60°，15°，75°等的倾斜线。如图 1-28 所示，画线时，先推丁字尺到线的下方，将三角板放在线的右方，并使它的一直角边靠贴在丁字尺的工作边上，然后移动三角板，直至另一直角边靠贴竖直线，再用左手轻轻按住丁字尺和三角板，右手持铅笔，自下而上画出竖直线。

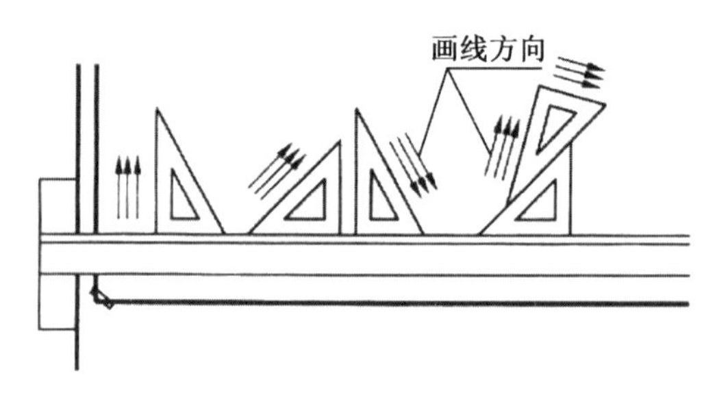

图 1-28　三角板

（4）比例尺

比例尺是刻有不同比例的直尺。绘图时不必通过计算，可以直接用它在图纸上量取物体的实际尺寸。常用的比例尺是在三个棱面上刻有六种比例的三棱尺。尺上刻度所注数字的单位为米（图 1-29）。

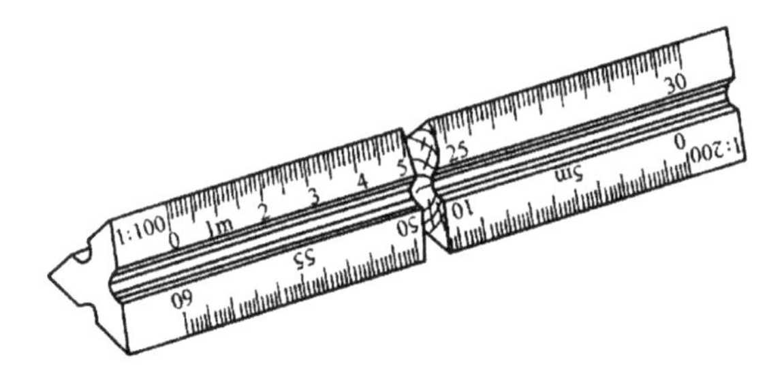

图 1-29　比例尺

（5）曲线板

曲线板是用来画非圆曲线的，其使用方法如图 1-30 所示。首先按相应作图法作出曲线上的一些点；再用铅笔徒手把各点依次连成曲线；然后找出曲线板上与曲线相吻合的一段，画出该段曲线；最后同样找出下一段，注意前后两段应有一小段重合，曲线才显得圆滑。依次类推，直至画完全部曲线。

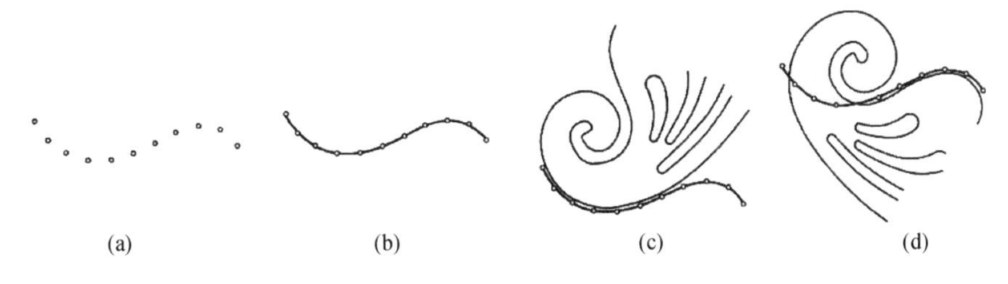

图 1-30　曲线板

2. 制图仪器

（1）圆规

圆规是画圆或圆弧的仪器。圆规在使用前应先调整针脚，使针尖略长于铅芯（或墨线笔头），铅芯应磨削呈 65°的斜面，斜面向外。画圆或圆弧时，可由左手食指来帮助针尖扎准圆心，调整两脚距离，使其等于半径长度；从圆的中心线开始，顺时针转动圆规，同时使圆规朝前进方向稍微倾斜，圆和圆弧应一次画完，如图 1-31 所示。

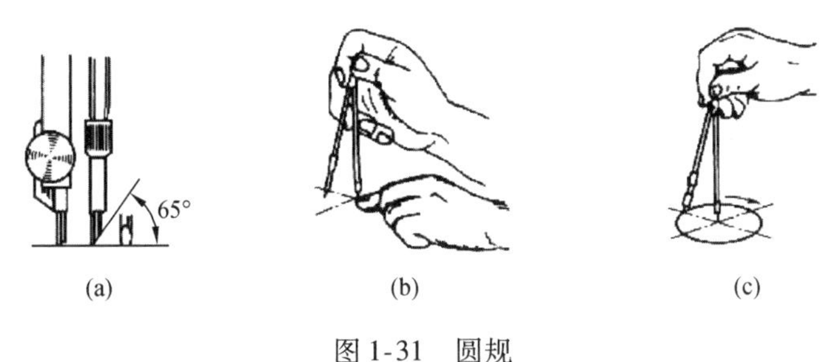

图 1-31　圆规

（2）分规

分规是截量和等分线段的仪器，它的两针必须等长，如图 1-32 所示。

图 1-32　分规

(3) 直线笔

直线笔又叫鸭嘴笔，是描图上墨的仪器，如图 1-33 所示。直线笔的握笔方法如图 1-34 所示，使用时的注意事项如图 1-35 所示。

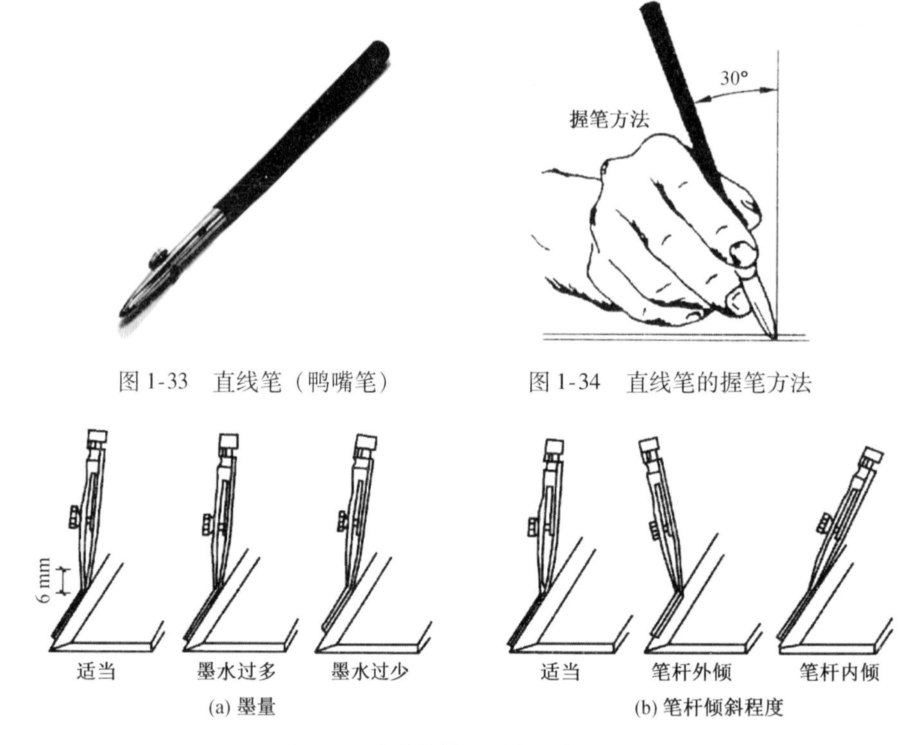

图 1-33　直线笔（鸭嘴笔）

图 1-34　直线笔的握笔方法

图 1-35　直线笔使用时应注意的问题

(4) 绘图墨水笔

绘图墨水笔又叫针管笔，它能像普通钢笔那样吸墨水、储存墨水，描图时不需频频加墨，如图 1-36 所示。管尖的管径从 0. 1mm 到 1. 0mm，有多种规格，视要求选用。绘图墨水笔使用和携带均较方便。必须注意的是，每一支笔只可画一种线宽，用后洗净才能存放盒内。

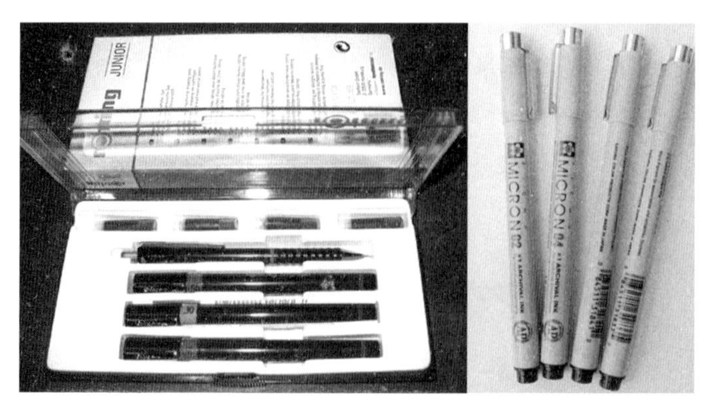

图 1-36　绘图墨水笔

3. 制图用品

常用的制图用品有铅笔、小刀、橡皮、绘图墨水、胶带纸、毛刷、建筑模板、擦线板等。

1.3.3 徒手制图步骤及要求

为保证建筑装饰工程绘图质量，提高绘图速度，除严格遵守国家制图标准，正确使用绘图工具与绘图仪器外，还应注意绘图的步骤与要求。

1. 做好准备工作

绘制建筑装饰工程图前应做好充分的准备工作，以确保制图工作顺利进行，制图准备工作主要包括以下几点：

① 收集并认真阅读相关文件资料，对所绘图样的内容、目的和要求做认真的分析，做到心中有数。

② 准备好所用的工具和仪器，并将工具、仪器擦拭干净。

③ 将图纸固定在图板的左下方，使图纸的左方和下方留有一个丁字尺的宽度。

2. 画底图

底图应用较硬的铅笔如2H，3H等绘制，经过综合、取舍，以较淡的色调在图纸上衬托图样具体形状和位置。画底图应符合下列要求：

① 根据制图规定先画好图框线和标题栏的外轮廓。

② 根据所绘图样的大小、比例、数量进行合理的图面布置，如图形有中心线，应先画中心线，并注意给尺寸标注留有足够的位置。

③ 画图形的主要轮廓线，由大到小，由整体到局部，直至画出所有轮廓线。为了方便修改，底图应轻而淡，能定出图形的形状和大小即可。

④ 画尺寸界线、尺寸线及其他符号。

⑤ 最后仔细检查底图，擦去多余的底稿图线。

3. 铅笔加深

图样铅笔加深应用较软的铅笔，如B，2B等。文字说明用HB铅笔。铅笔加深应按下列顺序进行：

① 先加深图样，按照水平线从上到下，垂直线从左到右的顺序一次完成。如有曲线与直线连接，应先画曲线，再画直线与其相连。各类线型的加深顺序是中心线—粗实线—虚线—细实线。

② 加深尺寸界线、尺寸线，画尺寸起止符号，写尺寸数字。

③ 写图名、比例及文字说明。

④ 画标题栏，并填写标题栏内的文字。

⑤ 加深图框线。

图样加深完后，应达到图面干净，线型分明，图线匀称，布图合理。

4. 描图

描图是指设计人员在白纸（绘图纸）上用铅笔画好设计图，由描图人员在画好的设计图上复一层硫酸纸，用绘图墨线笔将已画好的设计图样画在硫酸纸上。描图的步骤与铅笔加深基本相同。如果描图中出现错误，应等墨线干了以后，再用刀片刮去需要修改的部分，当修整后必须在原处画线时，应将修整的部位用光滑坚实的东西（如橡皮）压实、磨平，才能重新画线。

1.3.4 徒手绘图的基本要领

最初徒手绘图时，一般用较软的 HB 或 2B 型铅笔，铅芯磨成圆锥形，并最好在方格纸上进行，利用格线来控制图线的平直和图形的大小。经过一定的训练后，便可在空白图纸上画出质量较好的图样。徒手绘图时的握笔姿式如图 1-37 所示，有如下基本动作要领：

① 握铅笔勿离笔尖太近，小手指及手腕不宜紧贴纸面，运笔力求轻松自然。

② 画短线时用手腕运动，画长线时手臂沿画线方向移动，图纸可适当斜放。

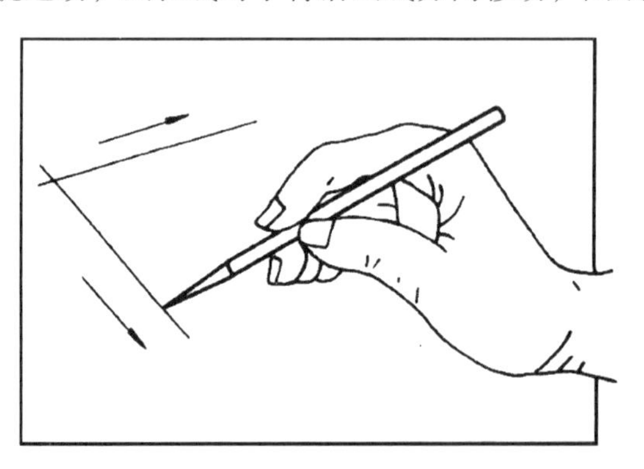

图 1-37 握笔姿式

1.3.5 徒手绘图的基本技能

在进行徒手绘图时，应多练习直线、角度、圆、圆弧、椭圆等的画法，因为机件的各种图形大都是由这些基本图线所组成。

1. 直线的画法

在画直线时，眼睛要注意线段的终点，使手腕沿线段方向轻轻移动，以保证直线画得平直，方向准确。徒手画直线、斜线的方法如图 1-38 所示。

图 1-38　直线及倾斜线的画法

对于具有 30°，45°，60°等特殊角度的斜线，如图 1-39 所示，按直角边的近似比例定出端点后，连成直线。

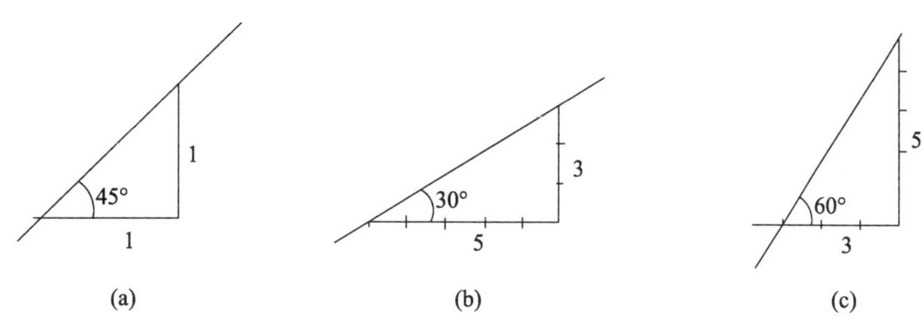

图 1-39　特殊角度斜线的画法

2. 圆的画法

在画小圆时，可按半径先在中心线上截取 4 点，然后分四段逐步连接成圆。而画大圆时，除中心线上 4 点外，还可通过圆心画两条与水平线成 45°的射线，再取 4 点，分 8 段画出，如图 1-40 所示。

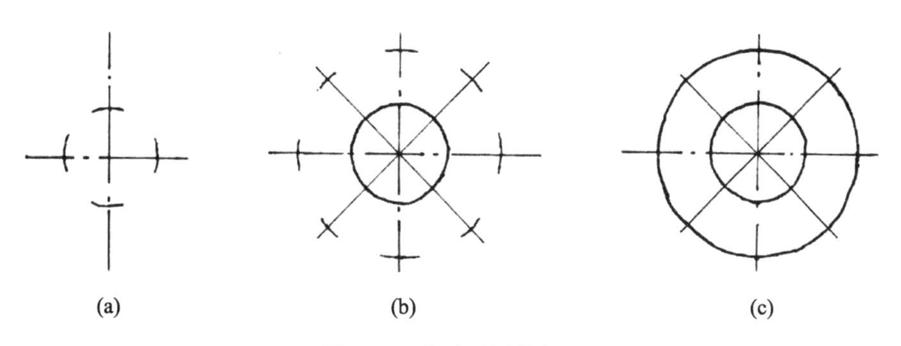

图 1-40　徒手画圆的方法

3. 椭圆的画法

徒手画椭圆的方法如图 1-41 所示，首先确定长短轴并作出矩形，然后画出椭圆。

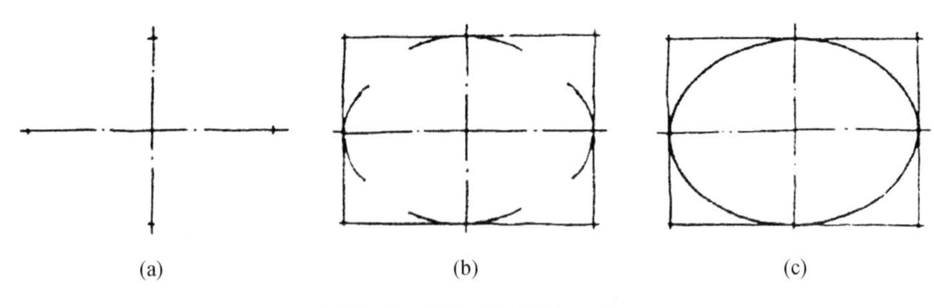

图 1-41 徒手画椭圆的方法

徒手画草图的步骤基本上与用仪器绘图相同。但草图的标题栏中不能填写比例，绘图时也不应固定图纸。完成的草图图形必须基本上保持物体各部分的比例关系，各种线型粗细分明，字体工整，图面整洁。

1.3.6 徒手绘图实例

通过前面所学内容，可使用绘图工具，徒手绘制室内设计图纸，如图 1-42 ~ 图 1-47 所示。

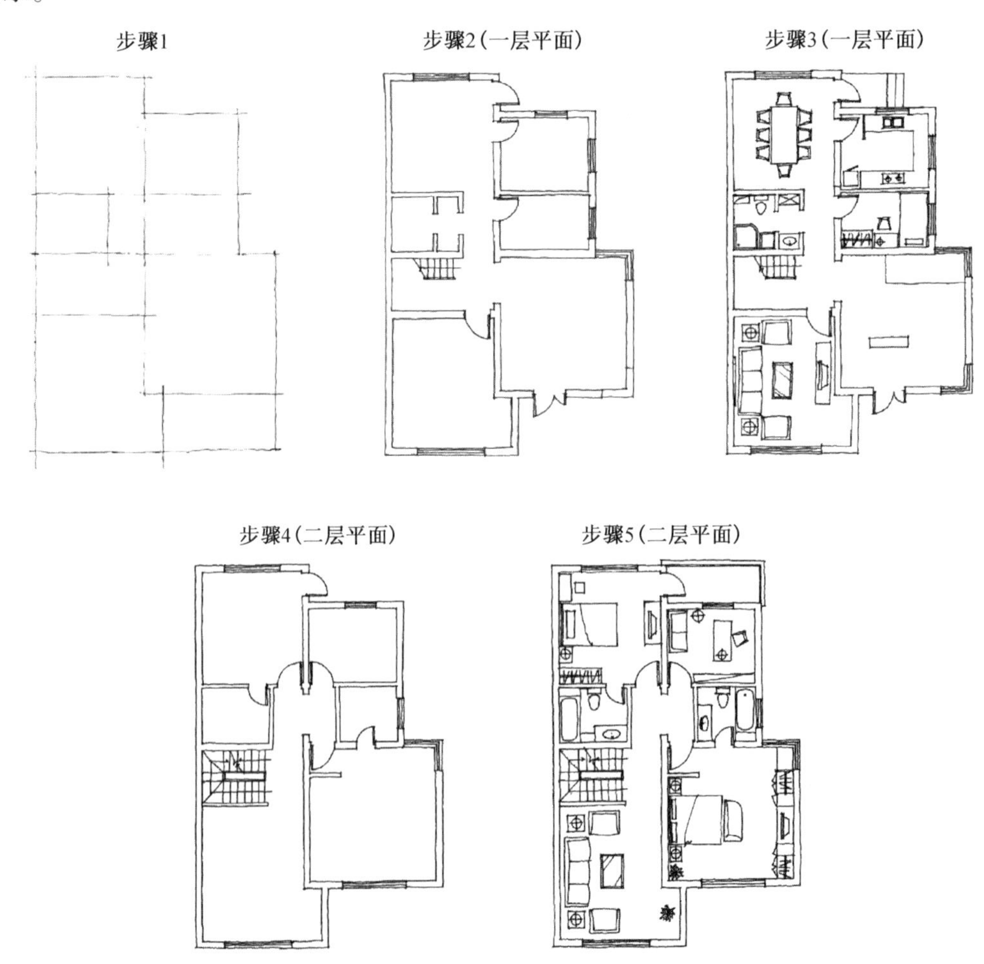

图 1-42 某住宅平面图

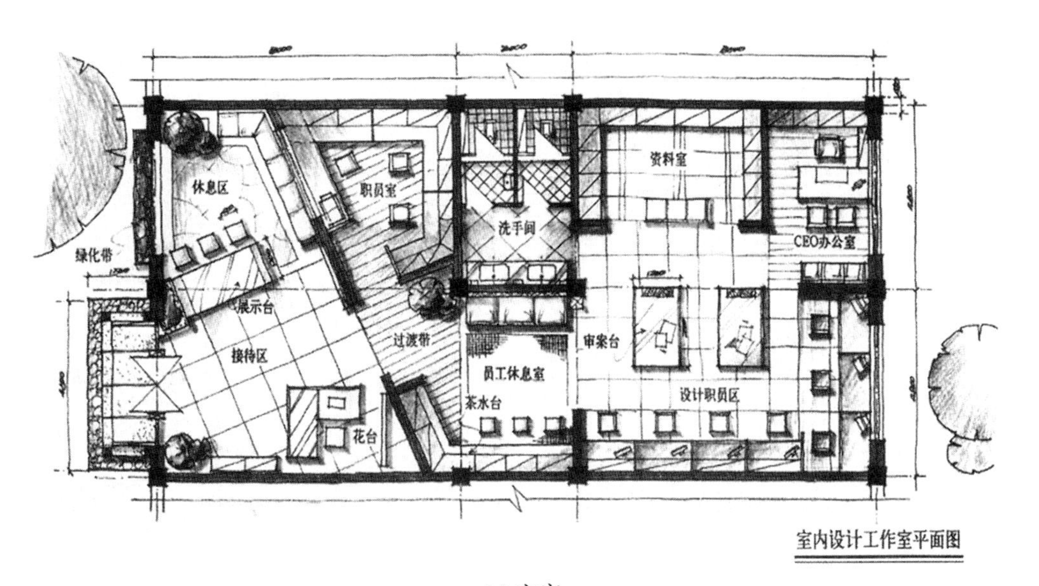
休息区
职员室
洗手间
资料室
CEO办公室
绿化带
展示台
接待区
过渡带
员工休息室
审案台
茶水台
设计职员区
花台
室内设计工作室平面图

(a) 方案一

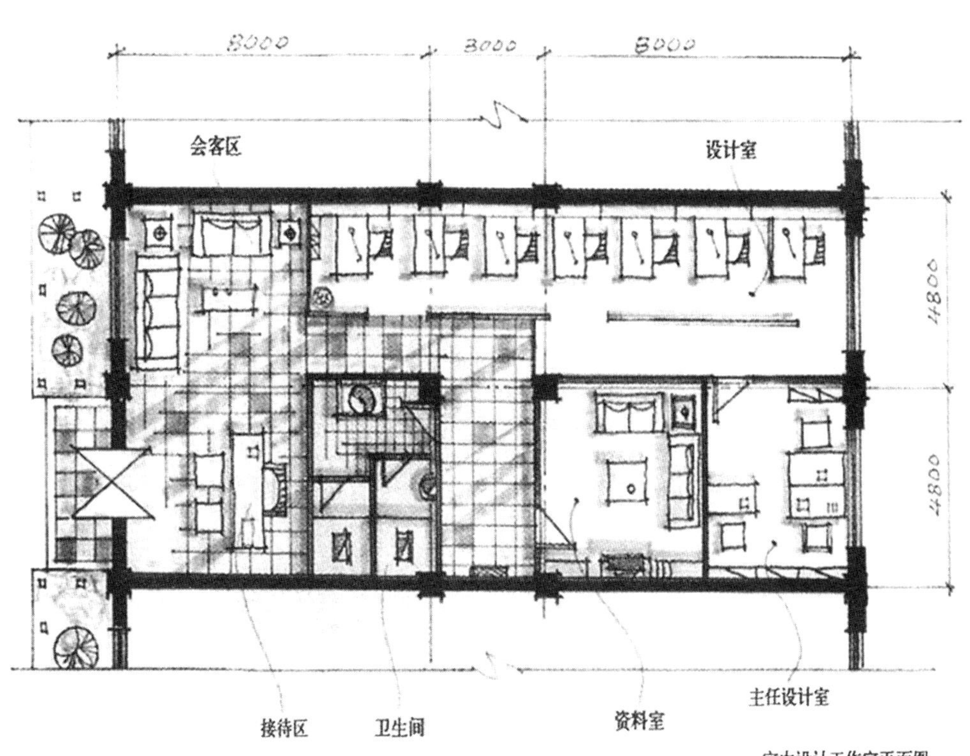
8000
3000
8000
会客区
设计室
4800
4800
接待区
卫生间
资料室
主任设计室
室内设计工作室平面图

(b) 方案二

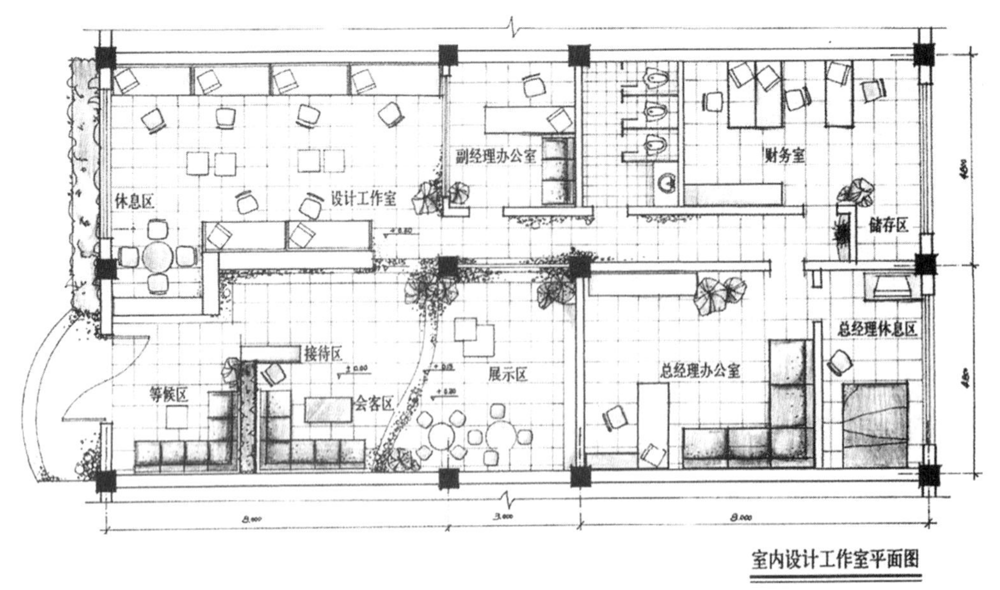

(c) 方案三

图 1-43　某室内设计工作室平面图

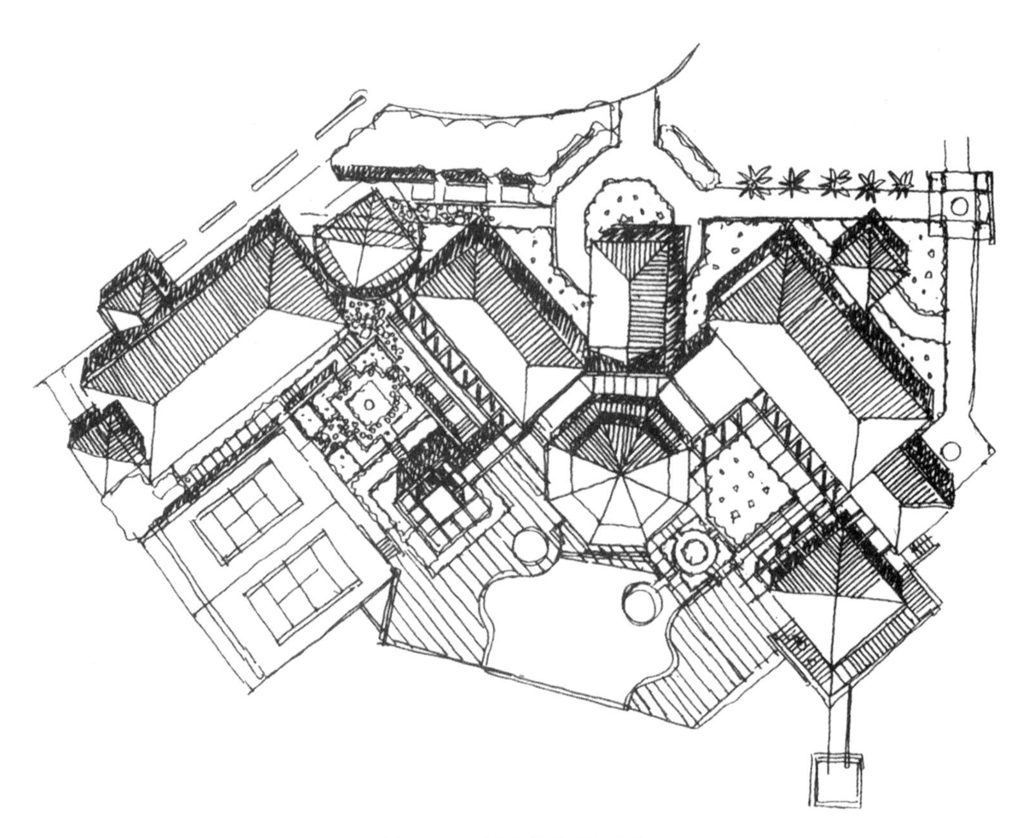

图 1-44　某建筑物平面图

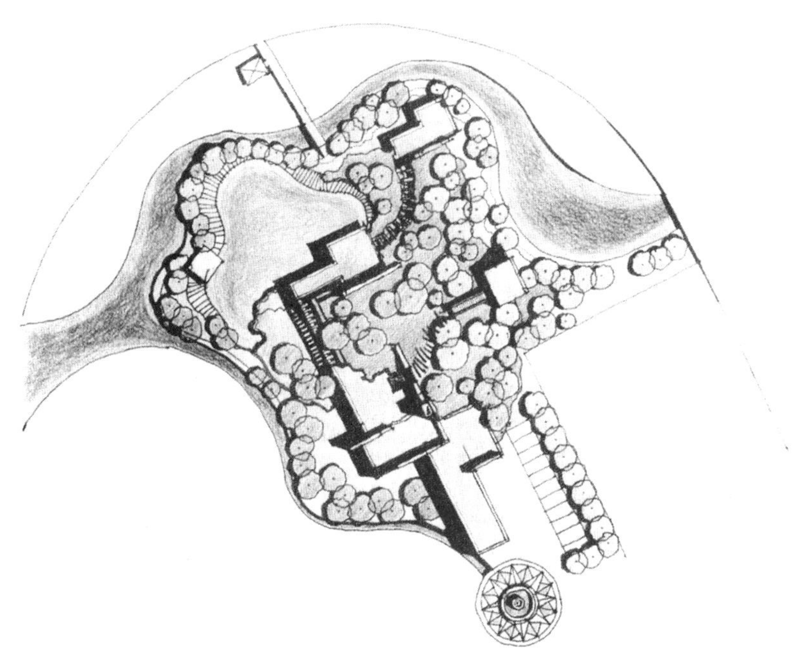

图 1-45　某景观平面图

(a) 步骤1

(b) 步骤2

图 1-46　某书房立面图

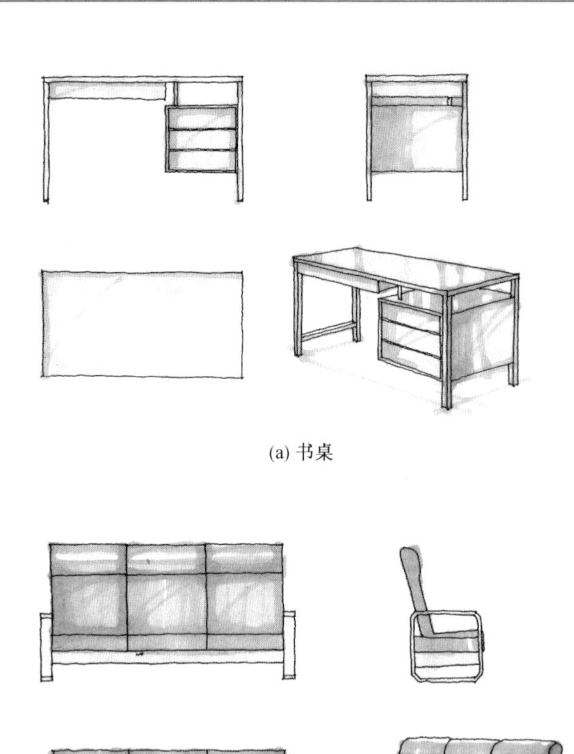

(a) 书桌

(b) 沙发

图 1-47　家具平立面与透视图

第 2 章　投影基础

2.1　投影基本知识

2.1.1　投影方法

建筑工程中所使用的图样都是采用投影的方法绘制出来的，不同的投影方法有其不同的特性，从而决定了不同投影方法的应用领域。

1. 中心投影法

当人处在阳光或路灯下时，地面上就出现人的影子，这就是常见的投影的自然现象。

如图 2-1 所示，建立一个以点 S 为投射中心，由 S 发出的光线为投射线，以面 P 为投影面的投影体系，这样在投影面 P 上就得到了 $\triangle ABC$ 的投影 $\triangle abc$。由于投射线是从同一中心点发出的，所以投影 $\triangle abc$ 称为中心投影。这种得到投影 $\triangle abc$ 的方法称中心投影法。

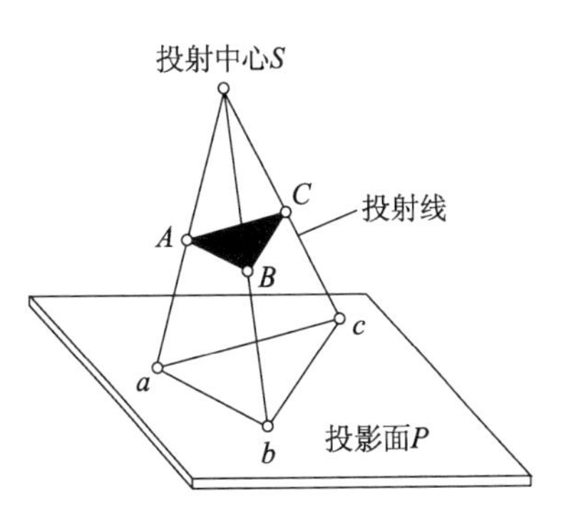

图 2-1　中心投影法

中心投影法的投影特点：投影的大小随着物体与投影面距离的变化而变化。由于中心投影一般不能反映物体的实际大小，作图又比较复杂，所以中心投影法一般用在摄影、效果图、建筑透视的辅助图样中。

2. 平行投影法

若将投射中心移至无限远时，投射线则互相平行，这样在投影面 P 上得到 $\triangle ABC$ 的投影△abc 的方法称为平行投影法，如图 2-2 所示。

平行投影法的投影特点：在投影体系中平行移动空间物体时，其投影的形状和大小都不改变。

平行投影法按投射方向与投影面是否垂直，可分为正投影法（图 2-2a）和斜投影法（图 2-2b）两种。通常所使用的工程图样都是采用正投影法绘制的。如图 2-2a 所示，用一束互相平行且与投影面垂直的投射线，将空间形体向投影面进行投射的方法称正投影法，所得到的投影称为正投影。

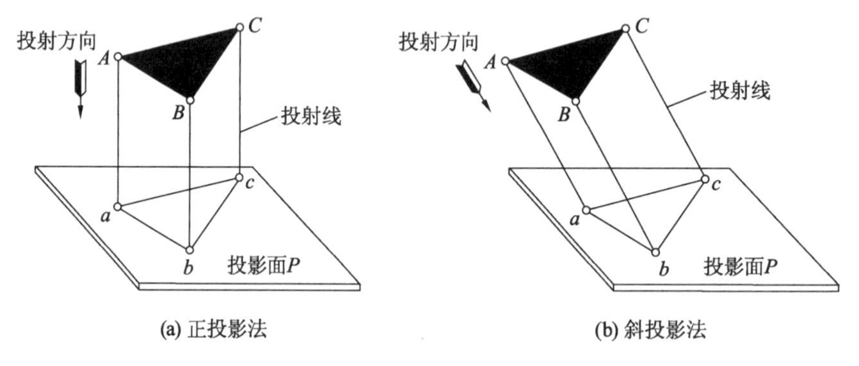

图 2-2　平行投影法

2.1.2　多面投影体系

如图 2-3 所示的两个形状不同的立体，其正投影却是完全相同，这说明仅有一个投影不能确切地表达立体的形状，因为这一个投影只反映了物体一个方向的情况，所以要把立体的形状表达清楚，常需要两个以上的投影。因此，必须建立多面投影体系。

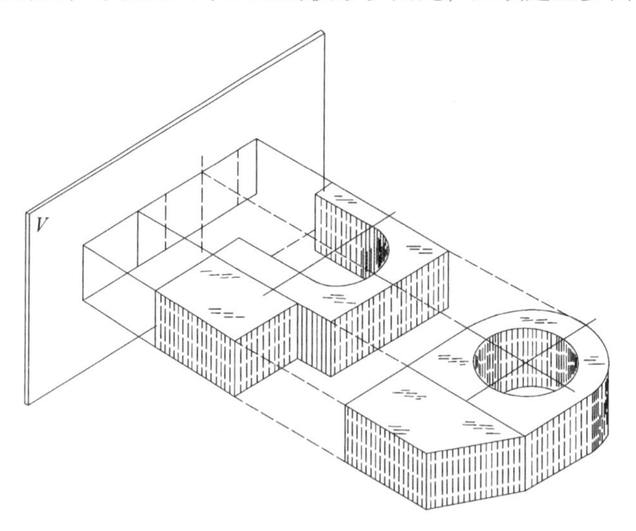

图 2-3　单面投影

如图 2-4a 所示，将处在前方的投影面称为正投影面，记作 V 面，将与正投影面垂直且在其下方的投影面称为水平投影面，记作 H 面，由投影面 V，H 建立起一个互相垂直的两面投影体系。正投影面 V 与水平投影面 H 的相交线称为投影轴，记作 X 轴。

如图 2-4b 所示，在正投影面 V 和水平投影面 H 的右边加一个侧投影面，记作 W 面，使投影面 W 与投影面 V，H 分别垂直，这样由投影面 V，H，W 就建立起一个互相垂直的三面投影体系，且投影面 H 与 W 的相交线为投影轴 Y，投影面 V 与 W 的相交线为有投影轴 Z。

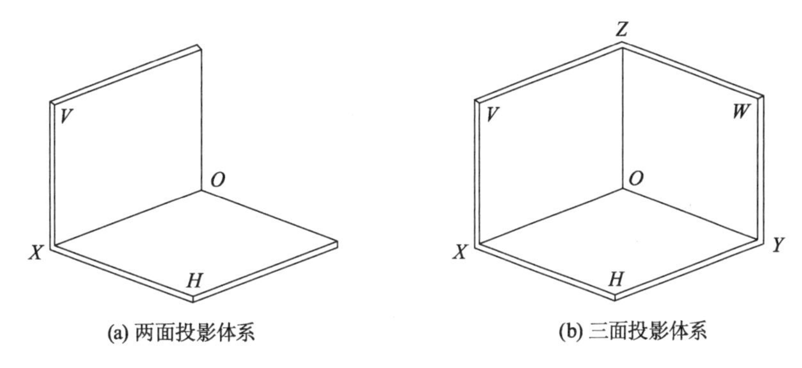

图 2-4　多面投影体系

2.1.3　直线和平面的投影特点

在正投影法中，直线和平面有以下三个重要特点：

① 立体上凡是与投影面平行的直线和平面，其投影反映真实的形状和大小。

如图 2-5a 所示，直线 AB // 面 H，直线 AB 的投影 ab 反映直线 AB 的实长；平面 $\triangle CDE$ // 面 H，$\triangle CDE$ 的投影 $\triangle cde$ 反映平面 $\triangle CDE$ 的实形。

② 立体上凡是与投影面相垂直的直线和平面，其投影都具有积聚性。

如图 2-5b 所示，空间直线 $AB \perp$ 面 H，其投影成一点 a（b）；平面 $\triangle CDE \perp$ 面 H，其在面 H 上的投影 cde 积聚成一直线。

③ 立体上凡是与投影面倾斜的直线和平面，其投影成缩小的相似形。

如图 2-5c 所示，直线 AB 和平面 $\triangle CDE$ 都与面 H 成一定角度，其直线 AB 的投影变短为 ab，平面 $\triangle CDE$ 的投影缩小为相似形 $\triangle cde$。

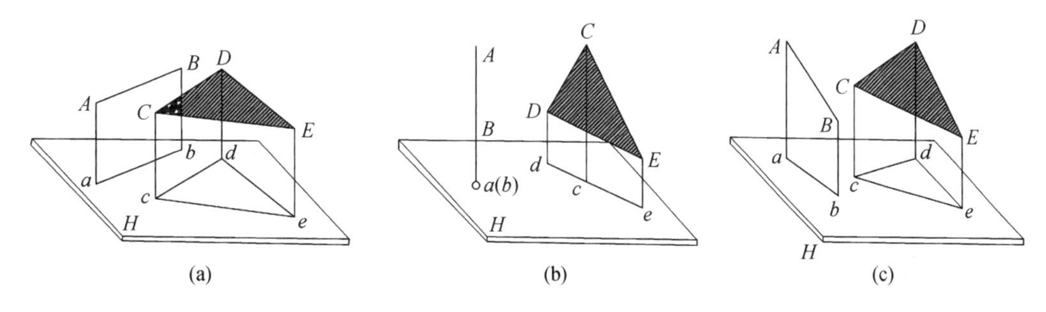

图 2-5　线面的投影特性

2.2　点与直线的投影

空间形体都是由表面的轮廓形状所确定的，若绘制图 2-3 中的立体在 V 面上的正投影图，就要绘制出该立体表面上的所有轮廓线、面的投影。本节主要介绍空间几何元素——点与直线的投影问题。

2.2.1　点的投影

1. 点的两面投影

图 2-6a 表示将处在 V，H 两面投影体系中的空间点 A，分别向两投影面进行的正投影。点的正投影实际上就是空间点的投影线与投影面的交点。现将点 A 在投影面 V，H 上的正投影分别称为正面投影 a' 和水平投影 a。

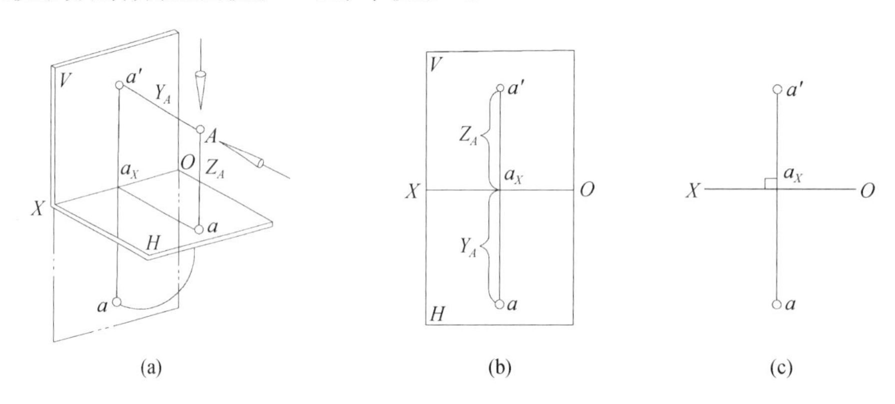

图 2-6　点的两面投影

若将两投影画在同一平面内，使 V 面保持不动，将 H 面绕 X 轴向下展开使其与 V 面重合，如图 2-6b 中所示，略去投影面 V，H 得到图 2-6c，即将两投影 a'，a 展开后画在同一平面内的投影图。由图 2-6 可见，因为 $Aa' \perp V$ 面、又 $Aa \perp H$ 面，所以 $a'a \perp X$ 轴，并交 X 轴于 a_X 点，必有 $a'a_X \perp aa_X$。展开后 $a'a_X$ 与 aa_X 重合，且两投影连线 $a'a$ 垂直于 X 轴。可见空间点 A 到 V 面距离 $Aa' = aa_X$。点 A 到 H 面的距离 $Aa = a'a_X$。从而得到点的两面投影规律：

① 空间点的两面投影连线必定垂直于其间的投影轴。

② 点到该投影面的距离等于另一个投影到轴的距离。

2. 点的三面投影

如图 2-7a 所示，空间点 A 在三面投影体系中，自点 A 分别向 H 面、V 面和 W 面作垂线，得到水平投影 a、正面投影 a' 和侧面投影 a''。

现使投影面 V 不动，将 H 面绕 X 轴向下，而 W 面绕 Z 轴向右旋转展开，使 H，W，V 面重合成一平面。图 2-7b 即为展开后的三面投影体系。作图过程中常略去 H，V，W 面的名称及表示其范围的边框，得到点 A 的三面投影图，如图 2-7c 所示。

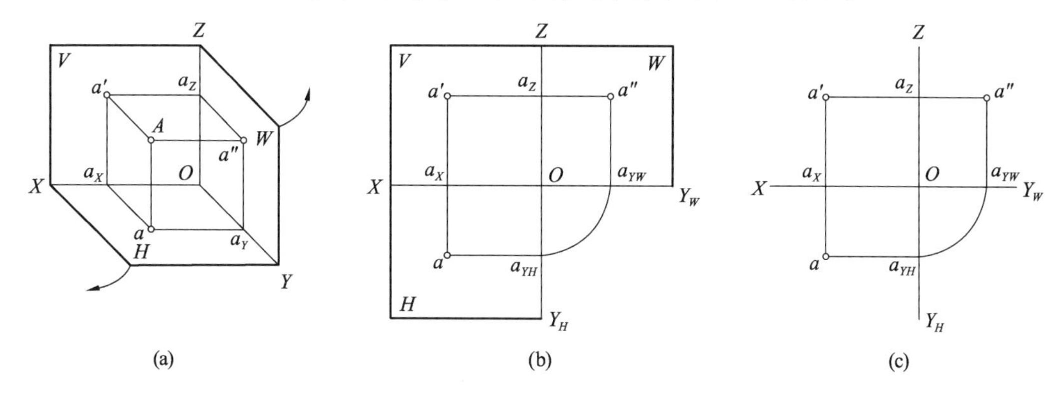

图 2-7　点的三面投影

从图 2-7 中分析可见，在三面投影体系中点的投影规律：

① 点的其中任意两面投影的连线必垂直于相应的投影轴，即 $a'a \perp X$ 轴，$aa'' \perp Y$ 轴，$a'a'' \perp Z$ 轴。

② 点到该投影面的距离等于另一个投影到相应轴的距离，即 $Aa'' = a'a_Z = aa_Y = X_A$，$Aa' = aa_X = a''a_Z = Y_A$，$Aa = a'a_X = a''a_Y = Z_A$。根据点的三面投影规律，由空间点的两面投影可以作出第三面投影。

【例 2-1】 如图 2-8 所示，已知点 A 的两个投影 a' 和 a 求作出投影 a''。

作图步骤：

（1）在图 2-8 中，先过 a' 作直线垂直于 Z 轴，另由点 O 作 45°斜线。

（2）再过 a 作垂直于 Y_H 轴的直线，与 45°斜线相交，过交点作垂直于 Y_W 轴的直线，与过 a' 且垂直于 Z 轴的直线相交，两直线交点则为 a''。

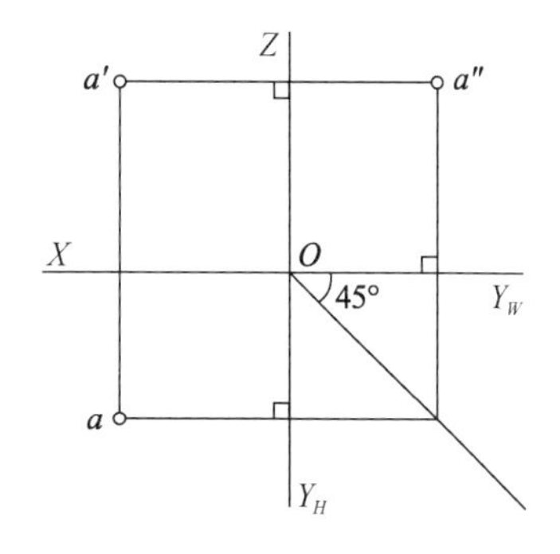

图 2-8　由两投影求第三投影

3. 点的坐标与投影

在三面投影体系中，由于点的一个投影可反映出该点的两个坐标，而两个投影则可反映出该点的三个坐标。因此，由空间点的三个坐标值（x，y，z）可作出其三面投影。

在图 2-9a 所示的两面投影体系中，当点 B（x，y，z）的坐标值 $y=0$，说明点 B 在投影面 V 上。其 V 面投影 b' 为点 B 本身，H 面投影 b 在 X 轴上。

同理可知，若点 C（x，y，z）的坐标值 $z=0$，点一定在投影面 H 上；若 $x=0$，则点一定在投影面 W 上。

若点的三个坐标中，其中有两个坐标值等于零，如点 D 的坐标 $y=0$，$z=0$，说明该点 D 在投影轴 X 上。图 2-10b 为展开后 B，C，D 三点的两面投影图。

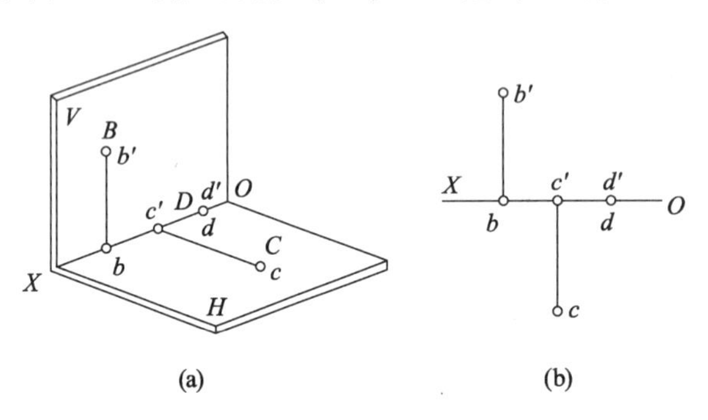

图 2-9　投影面上的点

因此，投影面与投影轴上点的投影特点：

① 投影面上点的该面投影为其本身，另两个投影必定在相应的投影轴上。

② 投影轴上点的两面投影为其本身，另一个投影必在该投影轴的原点上。

【例 2-2】　已知点 A（20，15，10）与点 B（10，10，5），试作出点 A 和点 B 的三面投影 a，a'，a''及 b，b'，b''。

作图步骤：

（1）先画出 X，Y，Z 三根互相垂直的投影轴，并在投影轴上标出长度单位，如图 2-10 所示。

（2）由点的坐标值 20 作 V，H 投影连线垂直于 X 轴，由 15 作 Y_H 和 Y_W 轴的垂直连线，由 10 作 V，W 投影连线垂直于 Z 轴，由两投影连线即可相应作出点 A 的三面投影 a，a'，a''。

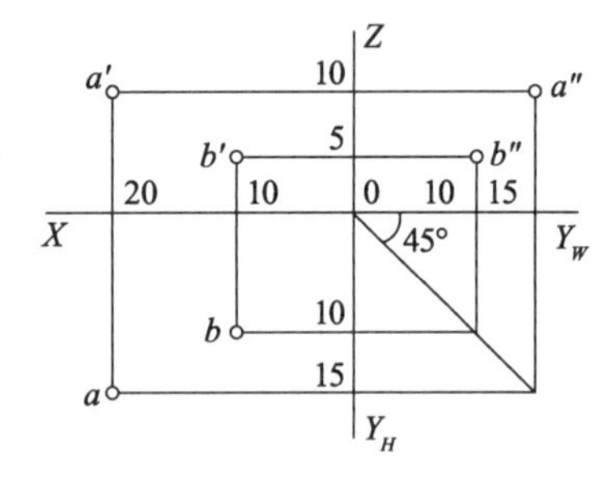

图 2-10　由点的坐标作投影

（3）同理可作出点 B 的三面投影 b，b'，b''。

4. 两点的相对位置

两点在空间的相对位置可由两点的坐标关系来确定。两点的左、右相对位置由 x 坐标确定，前、后相对位置由 y 坐标确定，上、下相对位置由 z 坐标确定；两点中坐标值大的即在左方、在前方、在上方，而坐标值小的即在右方、在后方、在下方。

从图 2-11a 中点 A 与点 B 的位置可知，点 B 在点 A 的左方、后方和下方，这说明点 B 的 x 坐标比点 A 大，而 y，z 坐标比点 A 小。因此，由两点的坐标差也可确定点 B 的投影。

从图 2-11a 中点 A 与点 C 的位置可知，点 C 在点 A 的正后方，说明点 C 的 y 坐标比点 A 小，而 x，z 坐标与点 A 相同，即两点的 x，z 坐标差等于零。因此，点 A 与点 C 的正面投影 a' 和 c' 相重合，称为重影点。因点 C 在点 A 的正后面，其正面投影 c' 需加括号，(c') 表示不可见。

重影点可见性的判断要由两点对该投影面垂直坐标的大小来确定，对该投影面坐标大的其投影可见，而坐标小的则不可见。图 2-11b 为两点的相对位置和重影点的投影图。

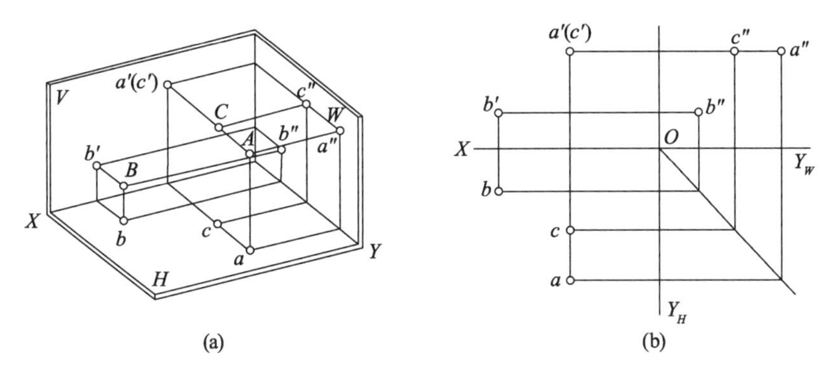

图 2-11　两点的相对位置

2.2.2　直线的投影

空间直线的投影可认为，过直线上各点的投影线所构成的投射面与投影面的交线。因此，直线的投影一般仍为直线，可由直线上两端点同面投影的连线来确定。

1. 直线的投影特性

空间直线相对于投影面的位置可分为三种，即投影面的平行线、投影面的垂直线和投影面的倾斜线。前两种称为特殊位置直线，后一种称为一般位置直线，各自具有不同的投影特性。

（1）投影面的平行线

若直线在三面投影体系中仅平行于一个投影面时，则该直线为投影面的平行线，其中，平行于 V 面的直线称为正平线，平行于 H 面的直线称为水平线，平行于 W 面的直线称为侧平线。

图 2-12 展示了正平线 AB 的立体图和三面投影图，从中可以分析出其投影特性。

因为直线 $AB /\!/ V$ 面，即线上各点的 y 坐标相等，因此 $a'b' /\!/ AB$，$a'b' = AB$。又因直线上各点到 V 面的距离等于另一投影到轴的距离，因此 $ab /\!/ OX$，$a''b'' /\!/ OZ$。

由以上分析结果可知：$a'b'$ 与 O_X，O_Z 轴间的夹角即为直线 AB 对投影面 H，W 的真实倾角 α，γ。显然，直线 AB 对投影面 V 的倾角 $\beta=0$。

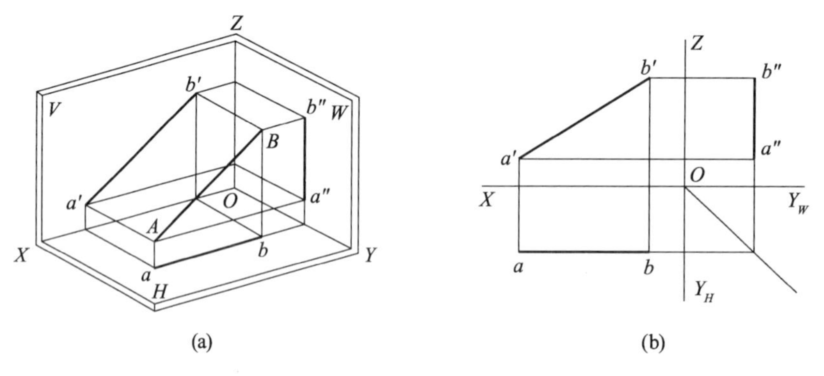

图 2-12　正平行的投影

同理，可以分析出水平线和侧平线所具有的投影性质。

所以，投影面的平行线具有下列投影特性：

① 在所平行的投影面上的投影反映直线的真实长度。

② 另外两个投影与相应的投影轴平行且长度变短。

③ 反映实长的投影，呈现对另两投影面的真实倾角。

表 2-1 中列出了投影而平行线的立体图、投影图及投影特性。

表 2-1　投影面平行线的投影特性

名称	水平线（AB//H 面）	正平线（CD//V 面）	侧平线（EF//W 面）
立体图			
投影图			
投影特性	1. $ab=AB$ 2. ab 与 X，Y_H 轴夹角为 β、γ 3. $a'b'$//X 轴，$a''b''$//Y_W 轴	1. $c'd'=CD$ 2. $c'd'$ 与 X，Z 轴夹角为 α，γ 3. cd//X 轴，$c''d''$//Z 轴	1. $e''f''=EF$ 2. $e''f''$ 与 Y_W，Z 轴夹角为 α，β 角 3. ef//Y_H 轴，$e'f'$//Z 轴

（2）投影面的垂直线

若直线在三面投影体系中仅垂直于一个投影面时，则该直线为投影面的垂直线，其中，垂直于 H 面的直线称为铅垂线，垂直于 V 面的直线称为正垂线，垂直于 W 面的直线称为侧垂线。

图 2-13 展示了铅垂线 AB 的立体图和三面投影图，从中可分析出其投影特性。

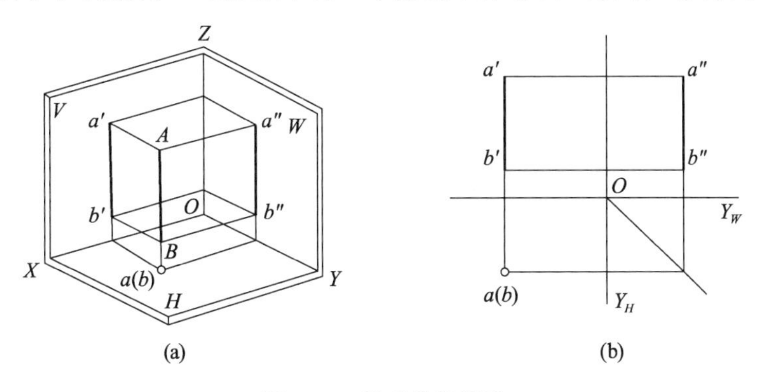

图 2-13　铅垂线的投影

因为直线 $AB \perp H$ 面，其线上各点的 x，y 坐标相等，因此直线 AB 的水平投影积聚成一点 a（b）。又因 $AB \perp H$ 面，必然 $AB /\!/ V$ 面，$AB /\!/ W$ 面，因此 $a'b' \perp OX$，$a''b'' \perp Y_W$，$a'b' = AB = a''b''$。另外可知，铅垂线 AB 对投影面的倾角 $\alpha = 90°$，$\beta = \gamma = 0$。

同理，可以分析出正垂线和侧垂线所具有的投影性质。

所以投影面的垂直线具有下列投影特性：

① 在所垂直的投影面上的投影具有积聚性，投影成一点。

② 另外两投影与相应的轴垂直且反映直线的真实长度。

表 2-2 中列出了投影面垂直线的立体图、投影图及投影特性。

表 2-2　投影面垂直线的投影特性

名称	正垂线（$AB \perp V$ 面）	铅垂线（$CD \perp H$ 面）	侧垂线（$EF \perp W$ 面）
立体图	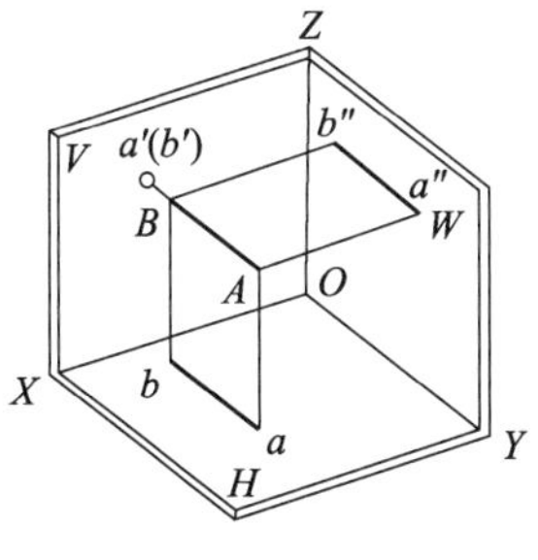	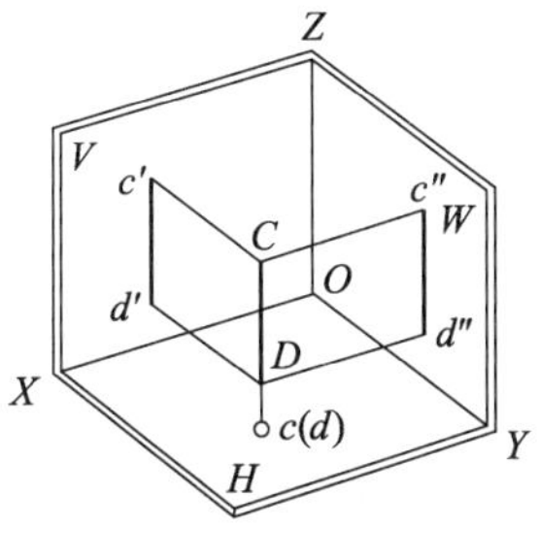	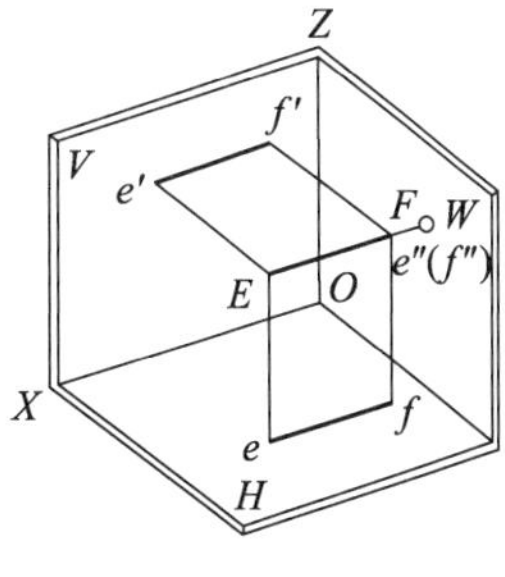

续表

名称	正垂线（$AB \perp V$ 面）	铅垂线（$CD \perp H$ 面）	侧垂线（$EF \perp W$ 面）
投影图	$a'(b')$ Z b'' a'' X O Y_W b a Y_H	Z c' c'' d' d'' X O Y_W c(d) Y_H	Z e' f' $e''(f'')$ X O Y_W e f Y_H
投影特性	1. a'（b'）积聚为一点 2. $ab \perp X$ 轴；$a''b'' \perp Z$ 轴 3. $ab = a''b'' = AB$	1. c（d）积聚为一点 2. $c'd' \perp X$ 轴，$c''d'' \perp Y_W$ 轴 3. $c'd' = c''d'' = CD$	1. e''（f''）积聚为一点 2. $e'f' \perp Z$ 轴；$ef \perp Y_H$ 轴 3. $ef = e'f' = EF$

（3）一般位置的直线

既不平行也不垂直投影面的直线称一般位置直线。图 2-14a 为一般位置直线 AB 在三面投影体系中的正投影，先要分别作出直线两端点 A 和 B 的投影（a，a'，a''）和（b，b'，b''），然后将其同面投影连接起来即可。

图 2-14b 所示为展开的一般位置直线 AB 的三面投影图。从图中可分析出一般位置直线具有如下投影特性：

① 一般位置直线的三面投影既不反映实长，也没有积聚性。

② 一般位置直线的三面投影与三个坐标轴都倾斜，且长度变短。

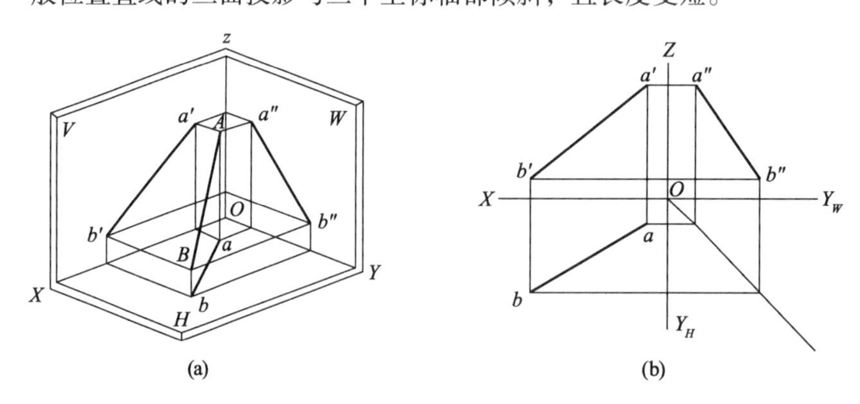

图 2-14　一般直线的投影

2. 直线上点的投影

从图 2-15 中可见，空间点 E 在直线 AB 上，其投影 e 在 ab 上，e'在 $a'b'$上。直线 AB 被点 E 分割成 AE 与 EB 两段，可证：$AE : EB = ae : eb = a'e' : e'b'$。同理，可知点 E 的侧面投影 e''必在 $a''b''$上，且 $AE : EB = a''e'' : e''b''$。

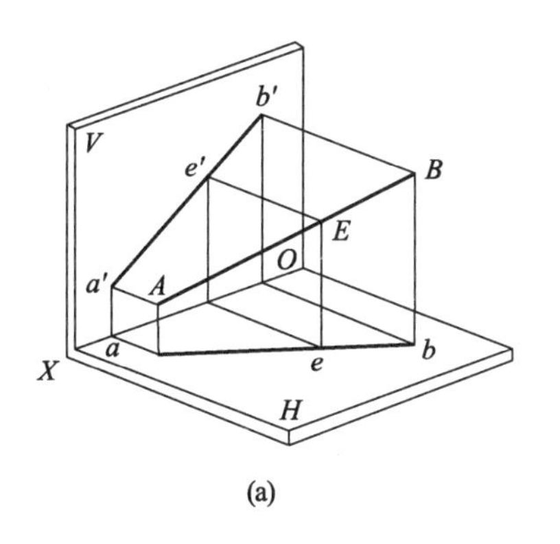

(a)

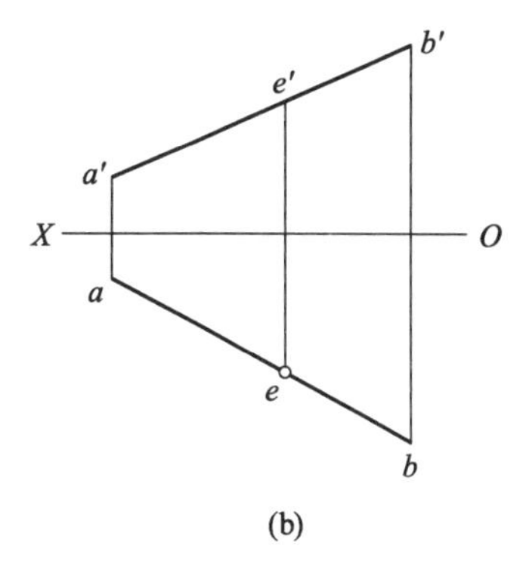

(b)

图 2-15 直线上的点

所以，直线上的点具有下列投影特性：

① 直线上点的投影必然在该线的同面投影上。

② 点分割空间线段之比等于线段的投影之比。

2.2.3 一般直线的实长及倾角

特殊位置的平行线和垂直线，在三面投影中可直接显示直线的实长和投影面的倾角，而一般位置直线的投影则不能。这里介绍用直角三角形法求直线 AB 的实长和倾角。

图 2-16a 为空间一般位置直线的投影过程，在过 AB 的铅垂投射面 $ABba$ 内，作 $AK // ab$，得到直角三角形 $\triangle ABK$。在该直角三角形中，直角边 $AK = ab$，$BK = Bb - Aa$，斜边 AB 为实长；AB 与 AK 的夹角，就是直线 AB 对 H 面的倾角 α。

图 2-16b 为用直角三角形法求直线 AB 实长和 α 角的过程。

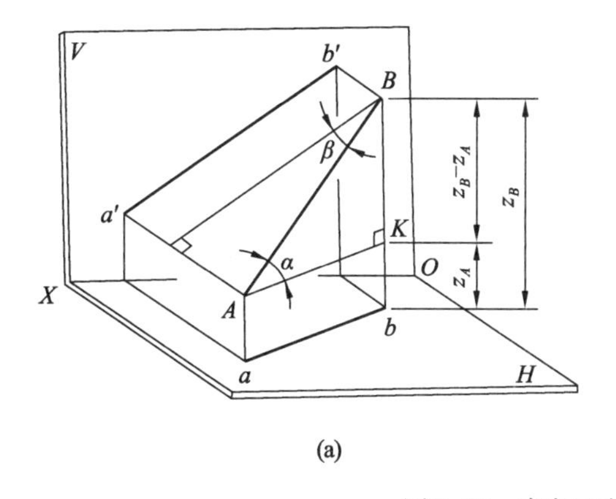

(a)

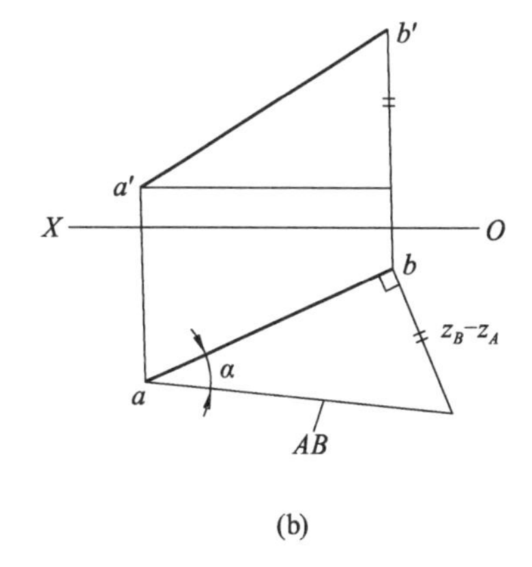

(b)

图 2-16 直角三角形法作图

利用投影和坐标差作直角边的三角形，可求出一般直线的实长和倾角，这种方法称直角三角形法。直角三角形法的作图特点如下：

① 用其中一投影作一直角边，另一直角边为直线两端点对该投影面的坐标差。

② 其三角形的斜边为直线的实长，斜边与投影边的夹角为该投影面的倾角。

需要指出的是，求直线对哪个投影面的倾角，就要利用哪个投影为一直角边作三角形。

【例 2-3】 已知空间直线 AB 的投影 ab 及 b'，$AB=33$mm，求作正面投影 $a'b'$，如图 2-17a 所示。

分析：由水平投影 ab 和 AB 的实长，只要求出 AB 的正面投影 $a'b'$的长度，或正面投影两端点对 H 面的坐标差 $z_{a'}-z_{b'}$，即可作出正面投影 $a'b'$。因此，可用直角三角形法求作，图 2-17b 即为求正面投影 $a'b'$长度的作图过程。

作图步骤：

（1）以 AB 直线的水平投影的 y 坐标差 be 作为一条直角边，并过其端点 e 作直线 ef 垂直于直线 be。

（2）以 b 为圆心，以 33 mm 半径作圆弧，圆弧与 ef 线交于 a_0，得到另一直角边 ea_0，即为直线 AB 的正面投影 $a'b'$的长度。

（3）以投影 b'为圆心，以 ea_0 为半径作弧与过 a 的 OX 轴垂线交出 a'，连接投影 a'和 b'，即完成正面投影 $a'b'$。

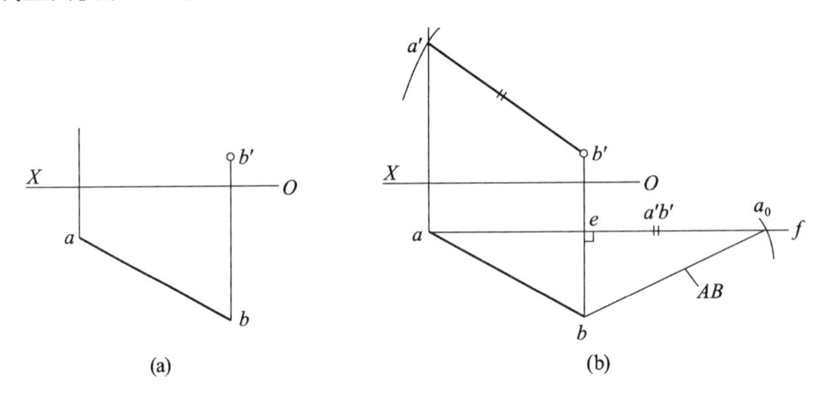

图 2-17 求直线的正面投影

2.3 空间平面的投影

空间平面是构成立体表面的重要元素，常用几何元素的投影来表示，如图 2-18 所示。

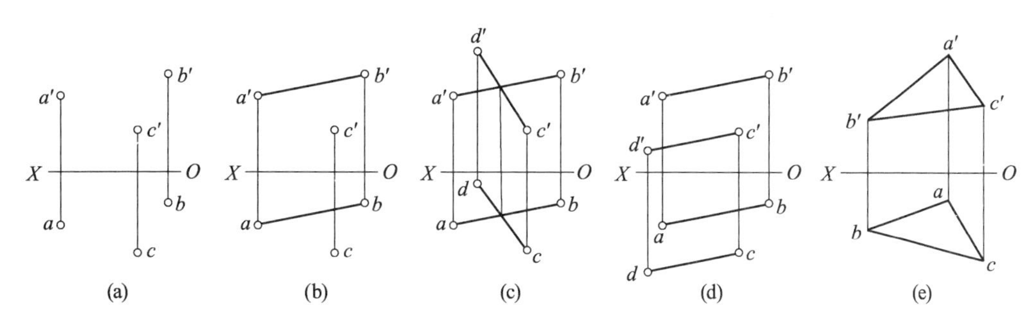

图 2-18　平面的表示法

2.3.1　平面的投影特性

平面相对于投影面的位置可分为三种，即投影面的垂直面、投影面的平行面和一般位置平面，前两种称为特殊位置平面。它们各自具有不同的投影特性。

1. 投影面的垂直面

在三面投影体系中，若平面仅垂直于一个投影面时，称该平面为投影面的垂直面。其中，空间垂直于 H 面的平面称为铅垂面，垂直于 V 面的平面称为正垂面，垂直于 W 面的平面称为侧垂面。

图 2-19 展示了铅垂面的立体图和三面投影图，从图中分析可见，平面△ABC 垂直于 H 面，并与 V，W 面都倾斜。因此，△ABC 在 H 面的投影为一直线，直线 abc 即为△ABC 在 H 面上积聚性的投影。

另外，投影 abc 与 X，Y 轴的夹角，即为△ABC 对 V，W 投影面的真实倾角 β，γ。由图可知 $\alpha=90°$。

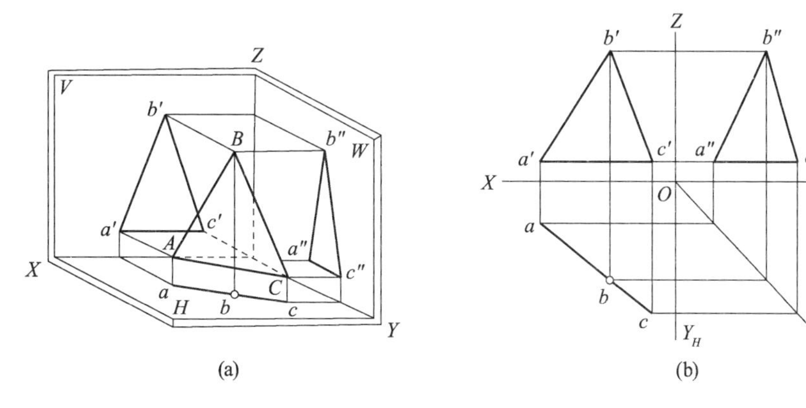

图 2-19　铅垂面的投影

同理，可以分析出正垂面和侧垂面所具有的投影性质。

所以，投影面的垂直面具有以下投影特性：

① 平面在所垂直的投影面上的投影具有积聚性，投影成一直线。

② 平面在所倾斜的两投影面上的投影为相似形，图形面积缩小。

③ 积聚性的投影与轴的夹角即平面对相应投影面的真实倾角。

表 2-3 列出了投影面垂直面的立体图、投影图及投影特性。

表 2-3　投影面的垂直面的投影特性

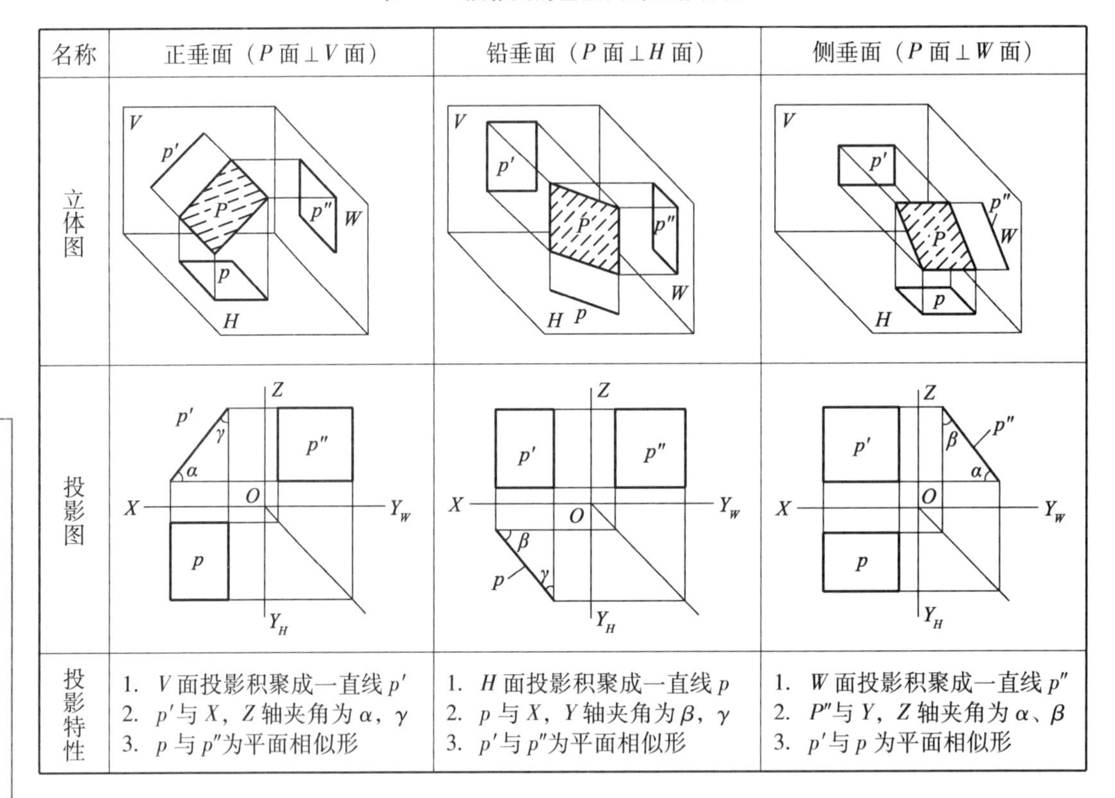

名称	正垂面（P 面 ⊥ V 面）	铅垂面（P 面 ⊥ H 面）	侧垂面（P 面 ⊥ W 面）
立体图			
投影图			
投影特性	1. V 面投影积聚成一直线 p' 2. p' 与 X，Z 轴夹角为 α，γ 3. p 与 p'' 为平面相似形	1. H 面投影积聚成一直线 p 2. p 与 X，Y 轴夹角为 β，γ 3. p' 与 p'' 为平面相似形	1. W 面投影积聚成一直线 p'' 2. P'' 与 Y，Z 轴夹角为 α、β 3. p' 与 p 为平面相似形

2. 投影面的平行面

在三面投影体系中，若平面平行于一个投影面时，则称该平面为投影面的平行面。其中，空间平行于 V 面的平面称为正平面，平行于 H 面的平面称为水平面，平行于 W 面的平面称为侧平面。

图 2-20 展示了正平面的立体图和三面投影图，从图中可见，平面△ABC 平行于 V 面，并同时垂直于 H，W 面，因此 ABC 平面的 V 面投影反映实形。又因△ABC 平面上各点到 V 面的距离相等，所以△ABC 平面的另两投影具有积聚性，且积聚成直线的投影平行于相应的投影轴。

可知：△ABC 平面对投影面的倾角 $\beta = 0°$，$\alpha = \gamma = 90°$。

同理，可以分析出水平面和侧平面所具有的投影性质。

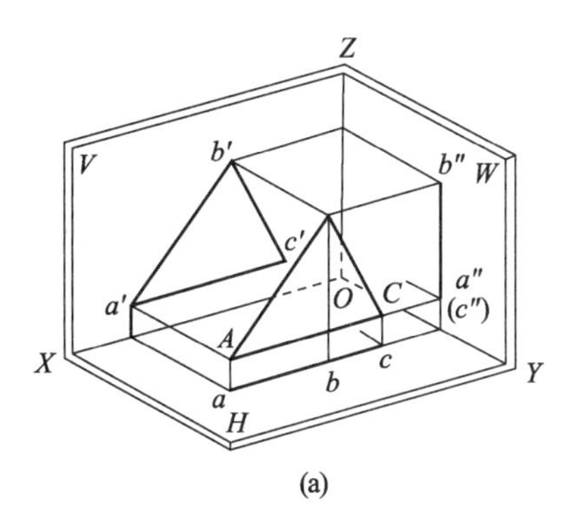

(a)

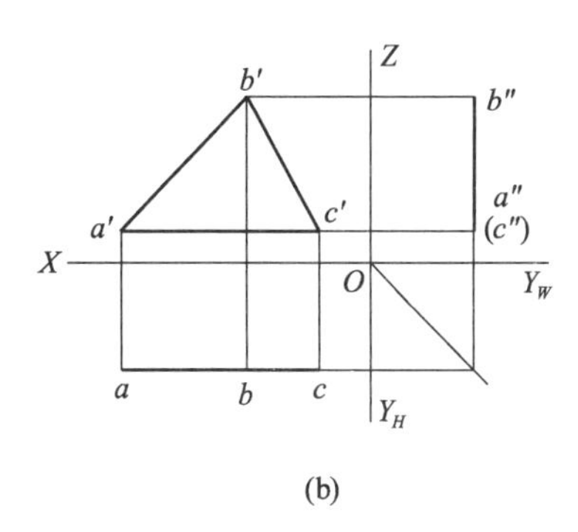

(b)

图 2-20　立角投影图

所以，投影面的平行面具有下列投影特性：

① 平面在所平行的投影面上的投影反映实形。

② 在另外两投影面上的投影积聚成直线且平行于相应的轴。

表 2-4 列出了投影面平行面的立体图、投影图及投影特性。

表 2-4　投影面的平行面的投影特性

名称	正垂面（P 面 // V 面）	铅垂面（P 面 // H 面）	侧垂面（P 面 // W 面）
立体图			
投影图			
投影特性	1. V 面投影 p' 反映成实形 2. H，W 面投影积聚成直线 3. $p // OX$；$p'' // OZ$	1. H 面投影 p 反映实形 2. V，W 面投影积聚成直线 3. $p // OX$；$p'' // OY_W$	1. W 面投影 p'' 反映实形 2. V，H 面投影积聚成直线 3. $p' // OZ$；$p // OY_H$

3．一般位置的平面

在三面投影体系中，既不垂直也不平行投影面的平面，称为一般位置平面。因此，一般位置平面的三面投影，既没有垂直的投影性质，也不具有平面的投影性质。图 2-21 展示了空间一般位置平面△ABC 立体图和三面投影图。

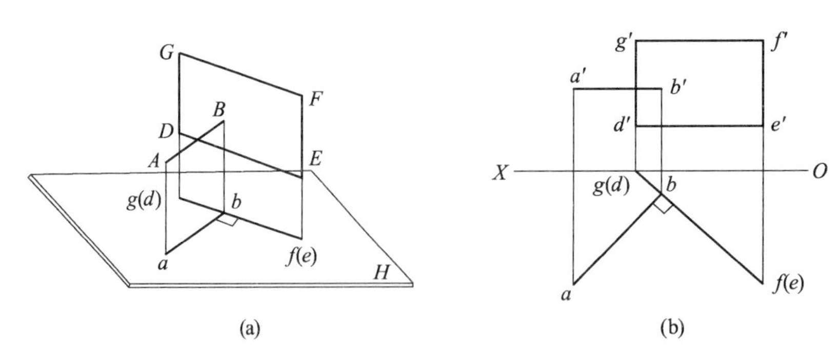

图 2-21　一般位置平面的投影

从图中可见其具有如下投影特性：

① 一般位置平面的三面投影既不反映实形也没有积聚性。

② 其三面投影均为空间平面的相似形且投影面积缩小。

2.3.2　平面上的点和线

在平面上确定点或直线是一个基本的作图问题。这里首先要明确点、线、面之间的几何关系，由立体几何可知，点和直线在平面上的几何条件：

① 若点在平面上，则该点必然在平面内的一条直线上。

② 直线在平面上，则该直线必然通过平面上的两个点。

③ 平面上的直线，若过面上一点必平行于面上一直线。

1. 平面上取点和线

要在平面上取点，先要在平面上取线，然后在该直线上取点；反之，要在平面上取线，先要在平面上取点，然后通过该点作平面上的直线。

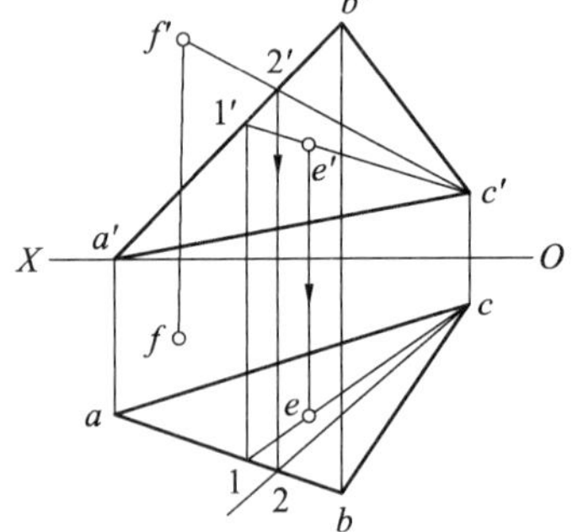

图 2-22　平面上点的投影

【例 2-4】　试作出△*ABC* 平面内点 *E* 的水平投影 *e*，并由点 *F* 的两面投影 *f*，*f'*，判断点 *F* 是否在△*ABC* 平面内，如图 2-22 所示。

作图步骤：

（1）先在正面投影△*a'b'c* 上过 *e'* 作直线 *c'*1'，并对应作出线的水平投影 *c*1。

（2）根据线上点的投影特性，由 *e'* 对应在水平投影 *c*1 线上作出 *e*，即完成作图。

（3）过投影 *f'* 在△*a'b'c'* 上作直线 *c'*2'，并对应作出其水平投影 *c*2。若投影 *f* 在 *c*2 线上说明点 *F* 在△*ABC* 平面内，反之不在。

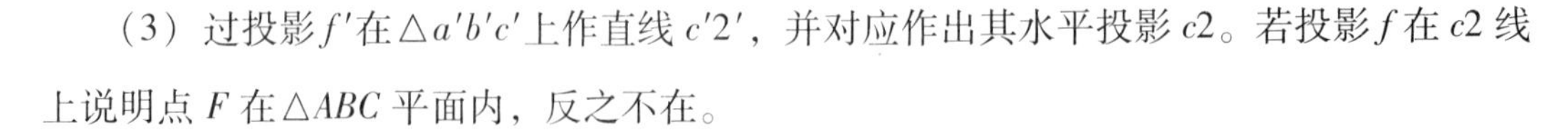

【例 2-5】 如图 2-23 所示，已知空间五边形 $ABCDE$ 平面的部分投影，试完成该平面的水平面投影。

作图步骤：

（1）在平面的正面投影上连接两点成直线 $c'e'$，并作面上的连线 $d'a'$ 交线 $c'e'$ 于点 $1'$；再作面上的连线 $d'b'$ 交线 $c'e'$ 于点 $2'$。

（2）由投影 $1'$ 对应在水平投影 ce 线上作出 1，由 $2'$ 对应在水平投影 ce 线上作出 2；分别连接面上点的投影 d 与 1，2 作出连线 $d1$ 和 $d2$。

（3）由正面投影 a' 和 b' 对应作出水平投影 a 和 b，连接 $eabc$，即完成水平投影 $abcde$。

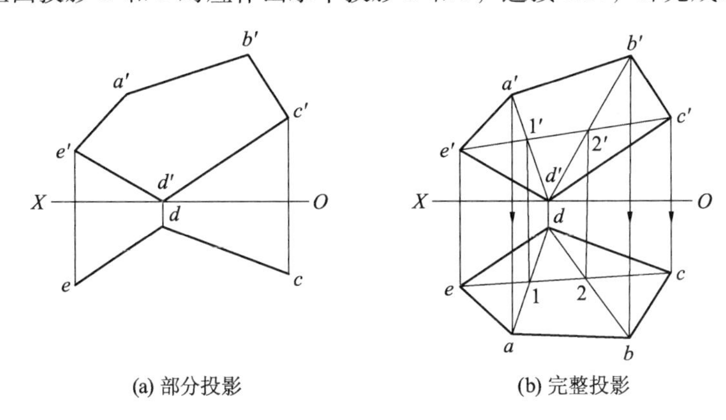

图 2-23 补作五边形平面的投影

2. 平面上的特殊直线

平面上不同位置的直线，对投影面的倾角各不相同。其中，有一种是对投影面的倾角为零的投影面平行线。平面上投影面的平行线，对所平行的投影面的倾角为零，在所平行的投影面上的投影反映实长，另外两个投影面上的投影与相应的轴平行。

如图 2-24 所示，平面 $\triangle abc$ 内的水平线 AE 的正面投影 $a'e' \parallel X$ 轴，其水平线投影 $ae = AE$；平面 $\triangle abc$ 内的正平线 AF 的水平投影 $af \parallel X$ 轴，其正面投影 $a'f'$ 等于 AF 的实长。

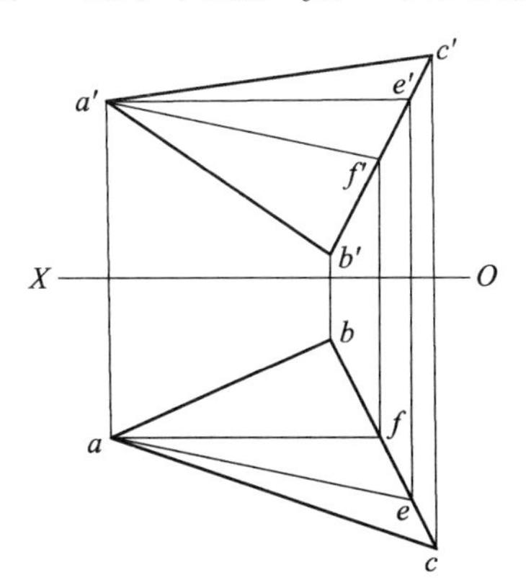

图 2-24 平面内的平行线

【例 2-6】 如图 2-25 所示，试在四边形 $abcd$ 平面内取一点 K，使 K 点距 H 面 10mm、距 Y 面 15mm，作出 K 点的两面投影。

分析： 平面上距 H 面 10mm 的各点必然形成一条水平线，距 V 面 15mm 的各点必然形成一条正平线，这两条特殊直线的交点即为所求的 K 点。

作图步骤：

（1）在平面 $ABCD$ 的正面投影上取一条距离 H 面 10mm 的水平线 $e'f'$，并在 H 面上作出该直线的水平投影 ef。点 K 必然在 EF 直线上。

（2）根据 K 点距 V 面 15mm，作一条与 X 轴平行且距离为 15mm 的正平线，该正平线与 EF 的水平投影 ef 的交点即为水平投影 k，由 k 对应在 $e'f'$ 上作出 k' 即完成作图。

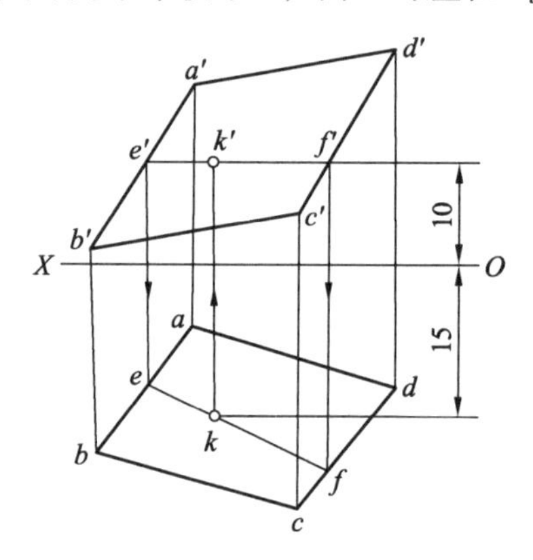

图 2-25　平面内点的作图

第 3 章　轴测图

多面正投影图的优点是能够完整而准确地表示物体的形状和大小，并且作图简便，所以在工程实践中被广泛采用。但它缺乏立体感，不熟悉正投影规律的人，很难看懂这种图样。因此，在工程上还采用在一个投影面上同时反映物体长、宽、高三个坐标而富有立体感的轴测投影图，如图 3-1 所示，虽然它存在变形、度量性差、画图费时等缺点，但仍被广泛应用于在生产过程和建筑工程设计中交流设计思想、表达设计方案等。

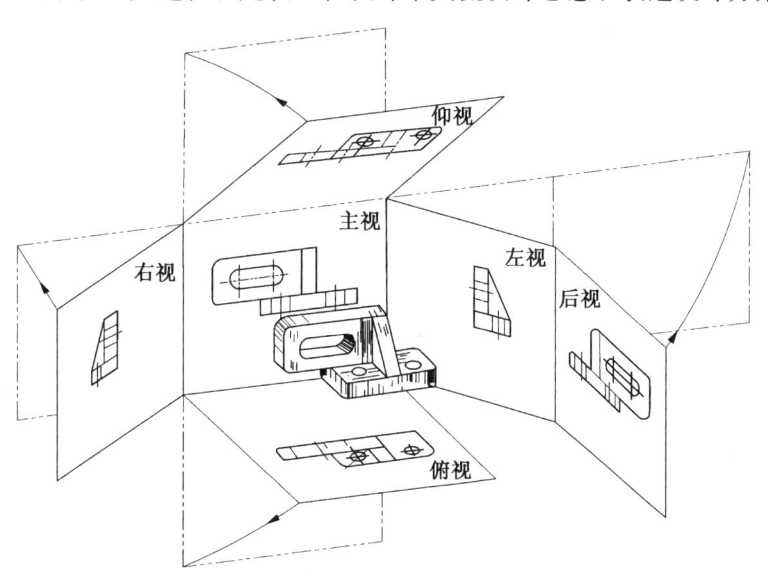

图 3-1　正投影图和轴测投影图

3.1 基本知识

3.1.1 轴测图的形成

用平行投影法将物体投射在单一投影面上所获得的具有立体感的图形，称为轴测投影图，简称轴测图，如图 3-2a 所示。

获得轴测投影图的投影平面称为轴测投影面，投射线的方向 S 称为投射方向，空间直角坐标系 OX，OY，OZ 轴在轴测投影面上的投影 O_1X_1，O_1Y_1，O_1Z_1 称为轴测投影轴，简称轴测轴。轴测轴之间夹角 $\angle X_1O_1Y_1$，$\angle X_1O_1Z_1$，$\angle Y_1O_1Z_1$ 称为轴间角。

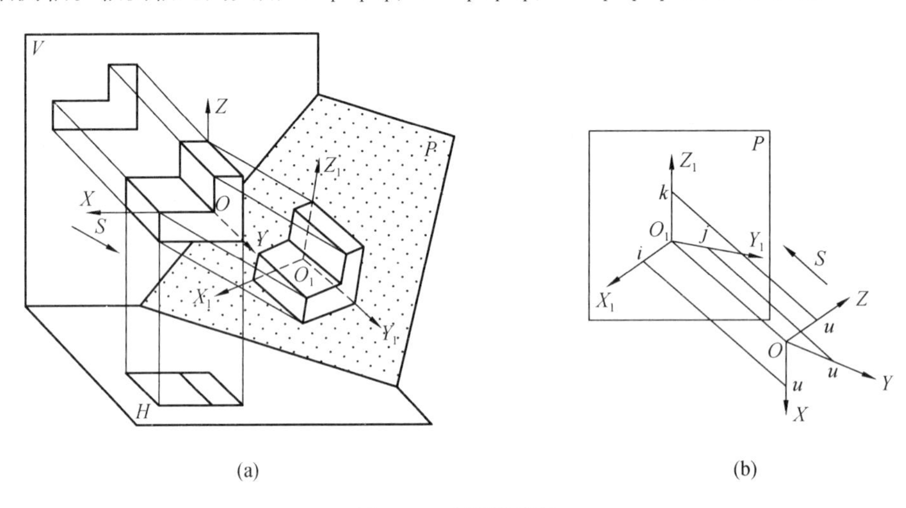

(a)　　(b)

图 3-2　轴测投影图

如图 3-2b 所示，在空间直角坐标轴 OX，OY，OZ 上各取相同的单位长度 u，投射到 p 平面上，在轴测轴 O_1X_1，O_1Y_1，O_1Z_1 上相应的投影长度为 i，j，k。投影长度与原坐标上的单位长度之比，称为轴向变形系数。

设 $i/u=p$；$j/u=q$；$k/u=r$，则 p，q，r 分别称为沿 OX，OY，OZ 轴的轴向变形系数。显然，p，g，r 的大小是随着坐标轴（OX，OY，OZ）、投影面（P）、投射方向（S）三者相对位置的不同而变化的，它们的变化亦将引起对应的轴间角的改变。轴间角和轴向变形系数是物体轴测图的作图依据，它们的变化直接影响着物体轴测图的形状和大小。

作图时，根据轴向变形系数，即可分别计算和量出轴测图上各个轴向线段的长度，

“轴测”的含意就是沿轴测量的意思。

3.1.2　轴测投影的性质

轴测投影图是用平行投影法所获得的单面投影，因此具有平行投影的一切性质。在画轴测图时经常运用的有以下性质：

① 物体上互相平行的线段，其轴测投影仍互相平行，且线段长度之比等于其投影长度之比。

② 物体上与某坐标轴平行的线段，其轴测投影必平行于相应的轴测轴，且与该轴具有相同的变形系数。

③ 物体上平行于轴测投影面的平面，在轴测图中反映实形。

3.1.3　轴测投影的分类

根据投射方向 S 与轴测投影面 P 之间所形成的角度，轴测投影分为两类，即正等轴测投影与斜轴测投影。

① 投射方向 S 与轴测投影面 P 垂直，称为正等轴测投影。

② 投射方向 S 与轴测投影面 P 倾斜，称为斜轴测投影。

根据轴向变形系数的不同，上述两类轴测投影又划分为如下三类。

① 三个轴向变形系数相等，即 $p=q=r$，称为正（斜）等测。

② 其中两个轴向变形系数相等，即 $p=q\neq r$，或 $p=r\neq q$，或 $q=r\neq p$，称为正（斜）二测。

③ 三个轴向变形系数互不相等，即 $p\neq q\neq r$，称为正（斜）三测。

在上述几种轴测图投影图中，从立体感强和作图方便出发，国家标准中推荐采用三种轴测图：正等测、正二测和斜二测。下面仅介绍正等测和斜二测两种。

3.2　正等轴测图的画法

3.2.1　轴间角和轴向变形系数

根据几何证明，正等测的各轴间角皆为120°，如图3-3a所示，轴向变形系数 $p=q=r=0.82$，即沿三根轴测轴方向画图时，空间线段长度都要缩短0.82倍。

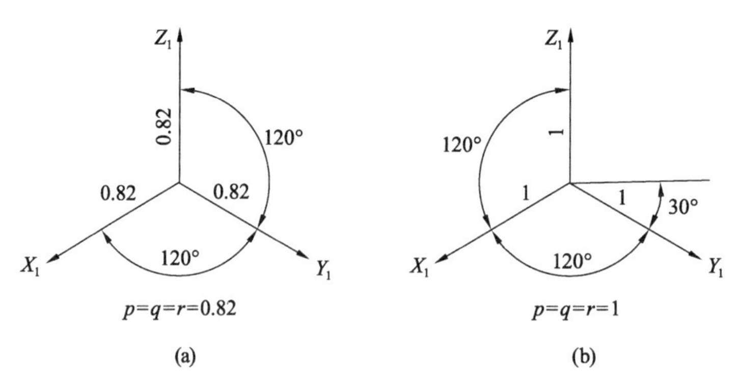

图 3-3　正等测的轴间角和两种轴向变形系数

为了简化作图，在实际画图时，将各轴的轴向变形系数简化为 1，此时轴向变形系数称为简化变形系数，即沿各轴测轴方向的线段投影长度，都等于空间原来的实际长度，因此，画轴测图时，可直接从正投影图上量取物体的实长作图。但是这样画出来的图是实际的轴测投影尺寸的 1/0.82 = 1.22 倍，如图 3-4 所示。把用轴向变形系数和用简化系数画出的图作一比较，即可看出，两轴测图的大小虽然不同，但形状完全相似，相当于把实物放大了 1.22 倍，正因为如此，用简化变形系数作图，并不影响对物体形状的表达。

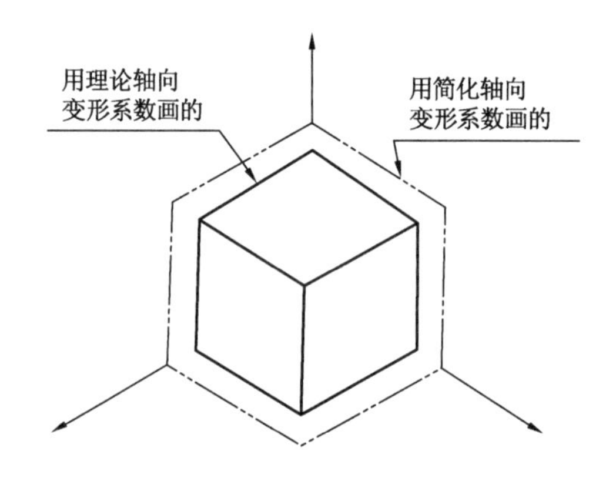

图 3-4　用轴向变形系数和用简化系数画出的图

3.2.2　平面体正等轴测图的画法

绘制轴测图的最基本方法是坐标法，绘制平面立体轴测图，根据平面立体的组成情况，还可采用切割法和叠加法。

1. 坐标法

根据平面立体的特点，选定合适的坐标轴，根据平面立体表面上各个顶点的坐标分别画出它们的轴测图，然后把各点用直线连接成立体的轴测图。

【例 3-1】　画出图 3-5 给出的六棱柱的正等轴测图。

作图步骤：

（1）在图 3-5 上设置坐标系；确定 1，2，3，4，如图各点的坐标。

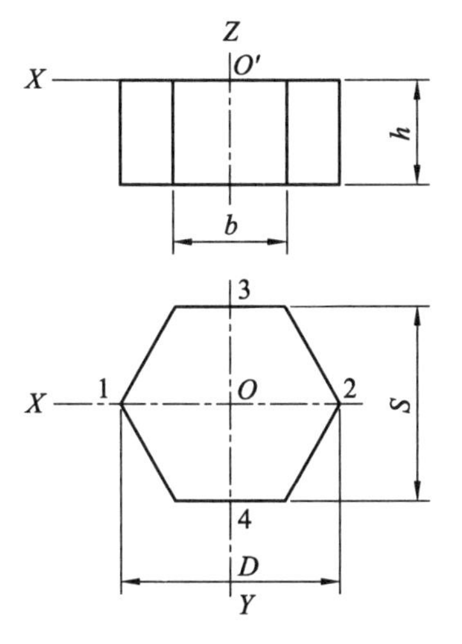

图 3-5　正六棱柱的投影图

（2）画轴测轴；作出 1，2，3，4 各点的正等轴测图Ⅰ$_1$，Ⅱ$_1$，Ⅲ$_1$，Ⅳ$_1$，如图 3-6a 所示。

（3）再作出六边形上另外四点的轴测图，如图 3-6b 所示。

（4）将六边形的各个顶点连接起来，并从各项点向下引线，引线的长度取六棱柱的高 h，如图 3-6c 所示。

（5）连成六棱柱的轴测图，并整理加粗描深，如图 3-6d 所示。

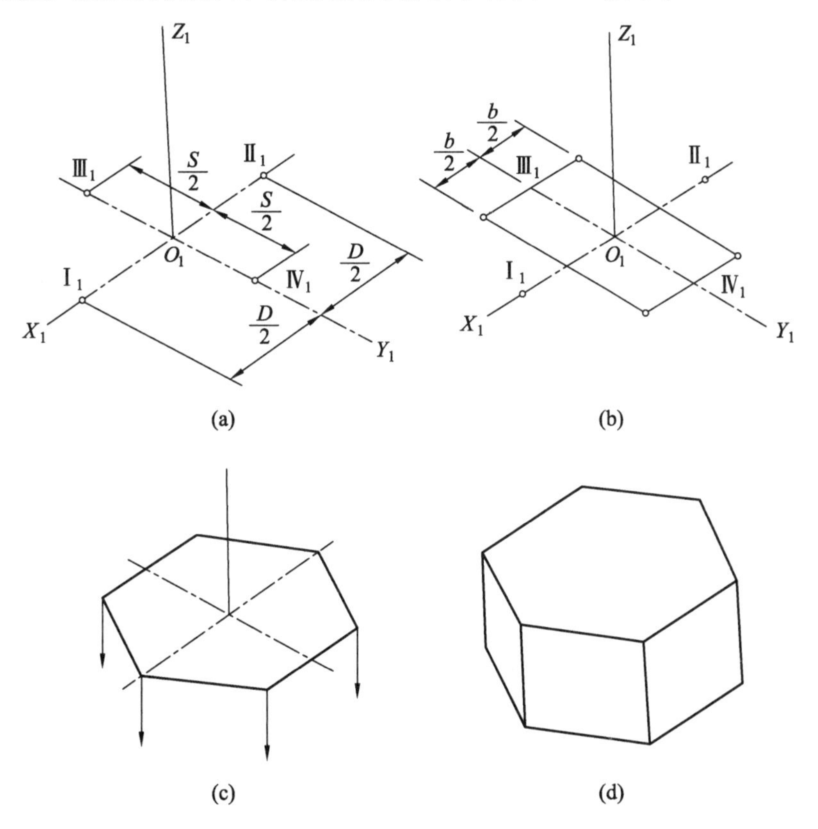

图 3-6　正六棱柱的正等轴测图画法

2. 切割法

对于某些带有缺口的平面立体，可以先画出完整形体的轴测图，然后再根据平面立体形成的特点，逐块地进行切割，去掉切去的部分，最后得到所需平面立体的轴测图。

【例 3-2】 根据平面立体的投影图（图 3-7a），用切割法绘制其正等轴测图。

分析：将组合体看作是一块大的长方体经过几次切割而形成。

作图步骤：

（1）在图 3-7a 上确定坐标原点和坐标轴。

（2）根据尺寸画出 30 ×20 ×20 的长方体，如图 3-7b 所示。

（3）切除一块(30 −6) ×(20 −6) ×(20 −6)的长方体，如图 3-7c 所示。

（4）再切割去侧板前上方 6 ×6 的棱柱，如图 3-7d 所示。

（5）最后切去立板左上角的三棱柱，如图 3-7e 所示。

（6）检查、加粗描深。

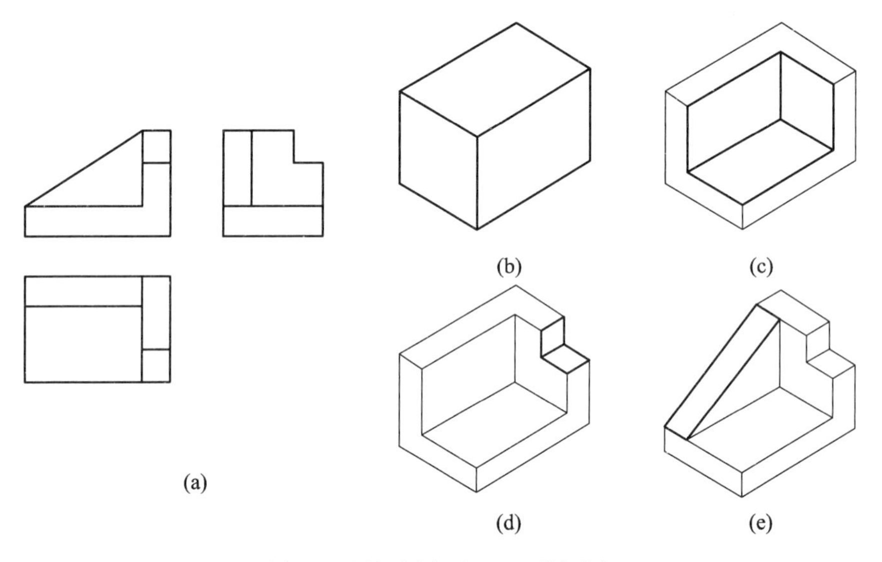

图 3-7 用切割法画立面正等测图

3. 叠加法

对于由几部分简单形体组合而成的立体，可将各部分的轴测图按照它们之间相对位置叠加起来，画出各表面之间的连接关系，即得平面立体的轴测图。

【例 3-3】 用叠加法画出图 3-8a 所示的平面立体的正等轴测图。

分析：平面立体可看成由Ⅰ，Ⅱ，Ⅲ三部分组成。其中Ⅰ，Ⅱ部分是四棱锥，Ⅲ部分是三棱柱，它们相互叠加而成。按它们的相对位置逐一叠加画出三部分的轴测图，即可得到该平面立面体的轴测图。

作图步骤：

（1）在平面立体的三视图上确定坐标原点和坐标轴，如图 3-8a 所示。

（2）先画出底板Ⅰ，如图 3-8b 所示。

（3）画出立板Ⅱ，如图 3-8c 所示。

（4）画出支撑板Ⅲ，如图 3-8d 所示。

（5）完成平面立体的正等轴测图，如图 3-8e 所示。

（6）检查、加粗描深。

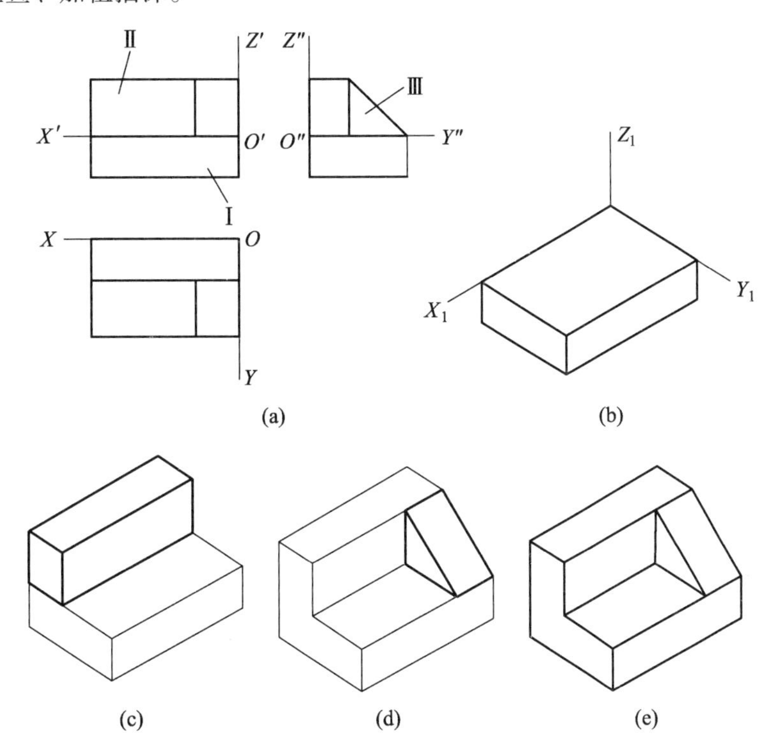

图 3-8　用叠加法画立体的正等测图

3.2.3　曲面体的正等轴测图画法

组合体上经常带有圆柱面、圆锥面等曲面结构，不论是圆柱或是圆锥，其各底面多为圆周，而圆周的轴测投影将为椭圆。

1. 平行于坐标面圆的正等轴测图画法

平行于各坐标面的圆的正等轴测图均为椭圆。下面以平行于水平坐标面 *XOY* 的正等轴测图为例，介绍两种画椭圆的方法。

（1）坐标法

把圆作为平面曲线，用坐标法作出圆上一系列点的正等轴测投影，然后光滑地连接起来，即得圆的轴测图。圆上一系列点是用作一系列平行弦的方法绘制的，故这种方法也称为平行弦法。这种方法作图比较精确，但作图烦琐。具体作图步骤如下：

① 确定坐标轴，并在图上作适当数量的与 X 轴平行的弦，如图 3-9a 所示。

② 画轴测轴，分别作平行弦端点的轴测图，如图 3-9b 所示。

③ 把各点光滑地连接起来，即得到圆的正等轴测图，如图 3-9c 所示。

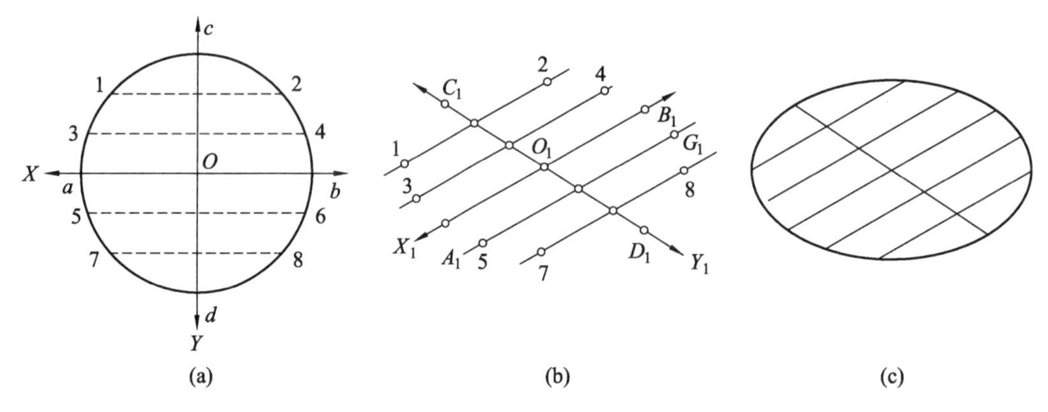

图 3-9　用坐标法画圆的正等轴测图

（2）四心椭圆法

这是一种近似画法，它用四段圆弧光滑地连接起来，代替椭圆曲线。现以平行于 XOY 的圆为例，具体作图步骤如下：

① 确定坐标轴和坐标原点 O 并作圆的外切正方形，如图 3-10a 所示。

② 画轴测轴和圆的外切正方形的轴测图（菱形），如图 3-10b 所示。

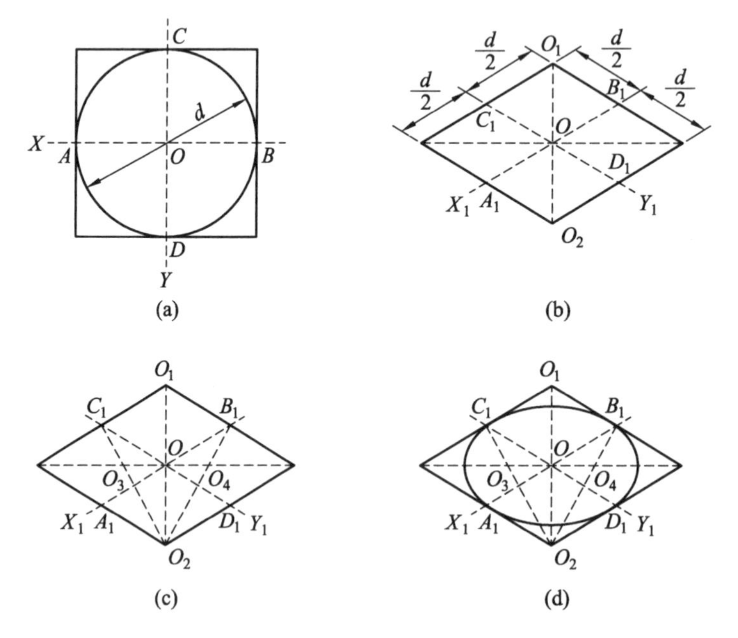

图 3-10　用四心椭圆法画圆的正等轴测图

③ 连接 O_2C_1，O_2B_1，分别与菱形长对角线交于点 O_3 和 O_4，即为画椭圆小圆弧的圆心，如图 3-10c 所示。

④ 以 O_1，O_2 为圆心，O_1A_1，O_2B_1 为半径画大圆弧 A_1D_1 和 C_1B_1，再以 O_3，O_4 为圆心，O_3A_1，O_4B_1 为半径画小圆弧 A_1C_1 和 B_1D_1，与大圆弧相切，即得到椭圆，如图 3-10d 所示。

当圆所在平面平行于坐标面 *XOZ* 和 *YOZ* 时，其轴测图椭圆的作图方法与图 3-10 作图方法相似，不同的地方是圆所在平面平行于坐标轴 *XOZ* 时，其外切正方形的边应分别平行于 *OX* 和 *OZ* 轴，当圆所在的平面平行于 *YOZ* 坐标面时，其外切正方形的边应分别平行于 *OY* 和 *OZ* 轴。分别平行于三个坐标面的圆，如果它们的直径相等，其正等轴测图是三个大小相等的椭圆，只是长轴的方向不同。

根据理论分析，在 *XOY* 坐标面上的圆的轴测投影椭圆，长轴垂直于轴测轴 O_1Z_1；在 *XOZ* 面上的圆的轴测投影椭圆，长轴垂直于轴测轴 O_1Y_1；在 *YOZ* 面上的圆的轴测投影椭圆，长轴垂直于轴测轴 O_1X_1。各椭圆的短轴垂直于长轴。

与坐标面平行的圆，亦有相同的性质。

在正等轴测图中，椭圆长轴的长度为圆的直径 d，短轴为 $0.58d$，如图 3-11a 所示。采用简化变形系数作图时，其长、短轴均放大了 1.22 倍，即长轴为 $1.22d$，短轴为 $0.7d$，如图 3-11b 所示。

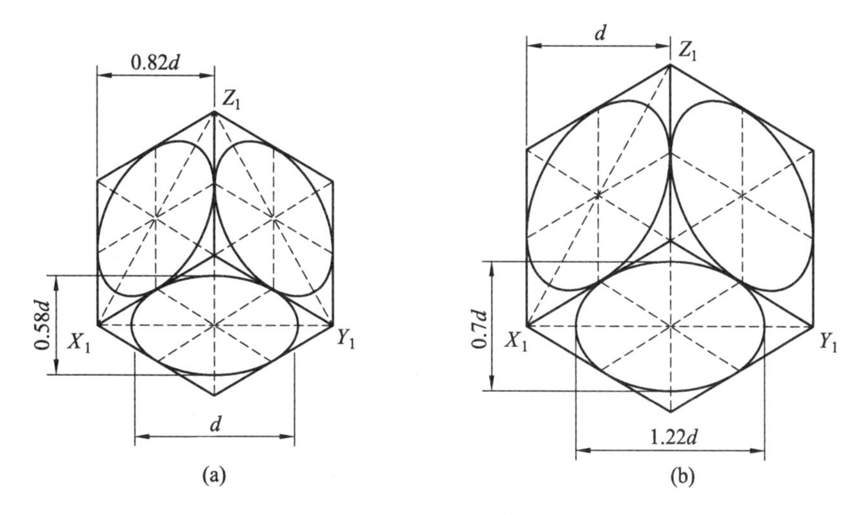

图 3-11　平行于各坐标面的圆的正等轴测图

2. 圆柱的正等轴测图画法

如图 3-12a 所示，圆柱的轴线垂直于水平面，顶面和底面平行于水平面，在将要画出的圆柱的轴测图中，其顶面为可见，故取顶圆中心为坐标原点，使 *Z* 轴与圆柱的轴线重合。

① 作正等测的轴测轴 $O_1-X_1Y_1Z_1$，分别在 X_1，Y_1 轴上截取长度 d，作菱形；画椭圆，如图 3-12b 所示。

② 从顶面椭圆中心和位于椭圆前面三段圆弧的圆心沿 Z_1 轴方向向下量取圆柱的高 h，确定圆柱底面椭圆中心和三段圆弧的中心，据此作出底面前半个椭圆，如图 3-12b 所示。

③ 作出上、下两椭圆的外公切线。

④ 检查、加粗描深，得到完整的圆柱体的正等轴测图，如图 3-12c 所示。

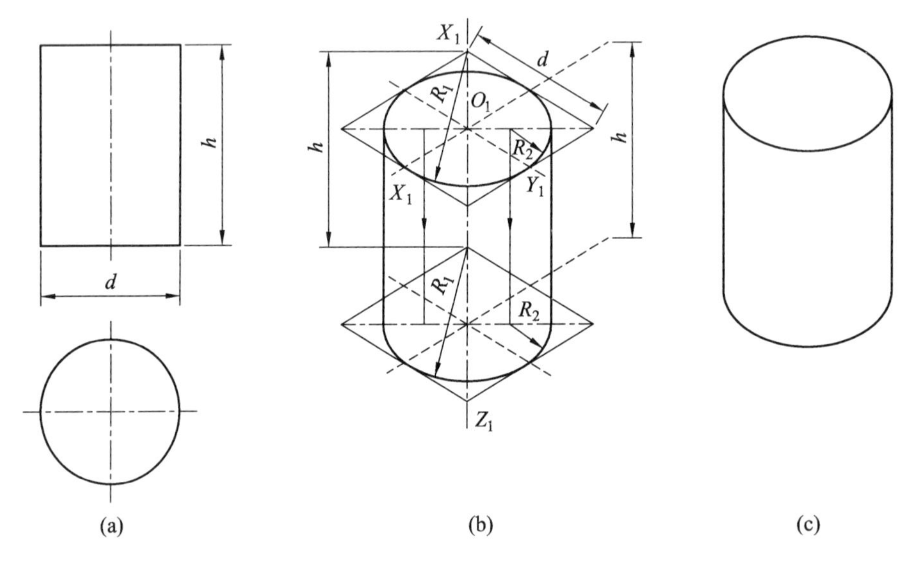

图 3-12　圆柱正等轴测图画法

3. 圆角的正等轴测图画法

组合体上的底板往往带有不同大小的圆角，这些圆角实际上都是圆柱面的一部分，在正投影图中为圆弧，而在轴测图中就成为椭圆的一部分，如图 3-13 所示。

在圆的水平投影中，如图 3-13a 所示，12，23，34，41 各段圆弧，其轴测投影分别对应着该圆的轴测投影上椭圆的 I_1II_1，II_1III_1，III_1IV_1，IV_1I_1 各段圆弧，椭圆中的这四段圆弧的圆心分别为 O_3，O_1，O_4，O_2，半径为 R_2 和 R_1。从图 3-13b 中不难看出，I_1，II_2，III_1，IV_1 各点恰是外接菱形各边的中点，而且也是椭圆上四段大、小圆弧的分界点。若从 I_1，II_1，III_1，IV_1 各点引菱形各边的垂线，则各段大、小圆弧的中心就可以确定，各段圆弧的画法也解决了，如图 3-13c，d 所示。图 3-13e，f 说明了圆角的矩形底板的正等轴测图的具体作图方法。

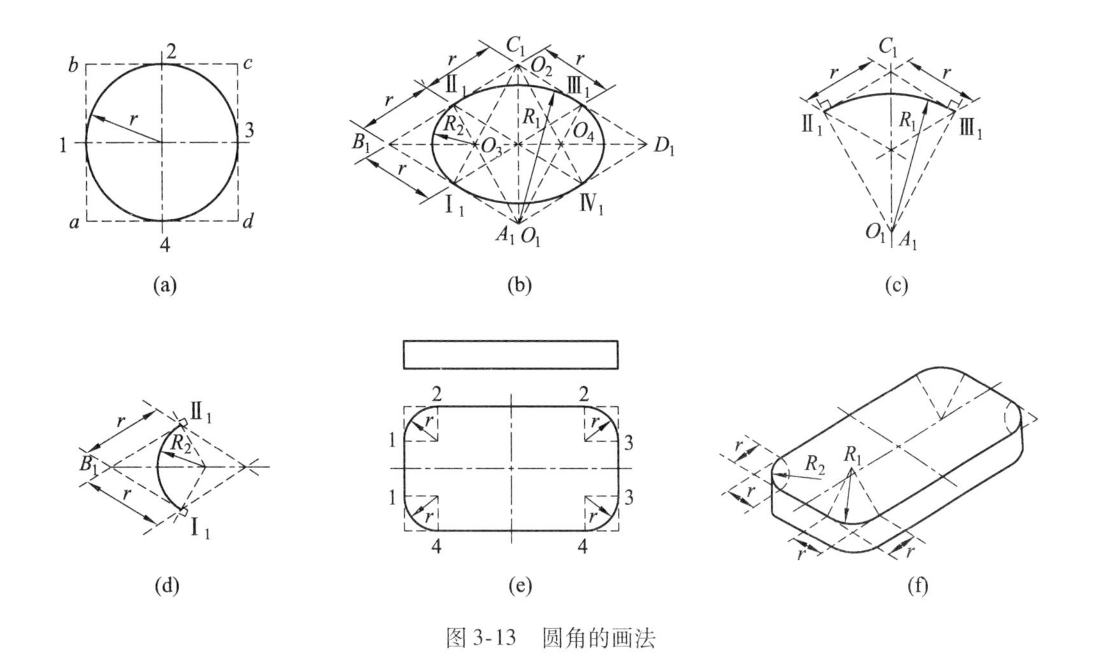

图 3-13　圆角的画法

3.2.4　组合体的正等轴测图画法

【例 3-4】　画出如图 3-14 所示轴承座的正等轴测图。

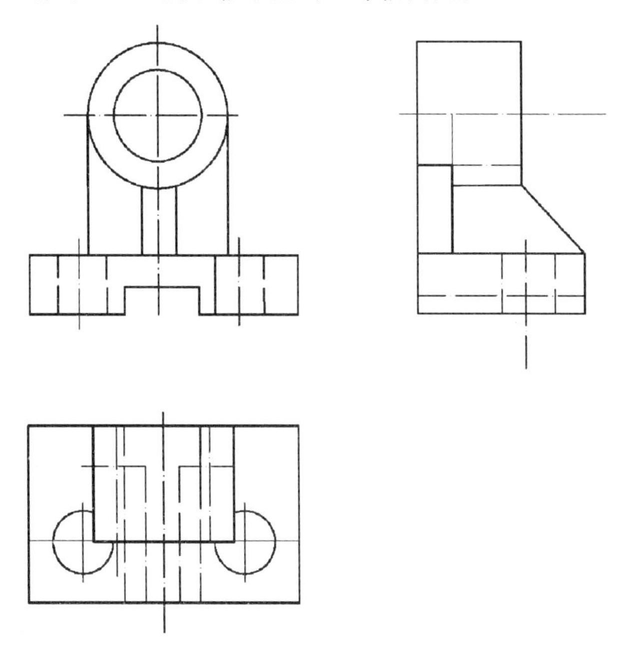

图 3-14　三视图轴承座

分析：由图 3-14 中可以看出，轴承座由底板、圆筒、支板和肋板四部分组成。其中，支板的宽度与圆筒直径相等，即表面相切；肋板前面分别与圆筒、底板的前面对齐，只要圆筒与底板的相对位置确定了（从投影图上可直接量出），支板和肋板的高度就可以确定。

作图步骤：

（1）以底板后面的底部中点作为坐标原点，画出轴测轴及底板的轮廓，如图3-15a所示，再根据正投影图中圆筒的中心高，在轴测图中画出圆筒前、后两端面的中心位置。

（2）用四心法由前向后作出圆筒的外形及圆孔，如图3-15b所示。

（3）画出支板和肋板的轴测图，其中支板与圆筒表面相切没有交线，如图3-15c所示。

（4）画出底板上的两小孔及底板底部中间的通槽，如图3-15d所示。

（5）检查，加粗描深和适当的润饰，完成全图，如图3-15e所示。

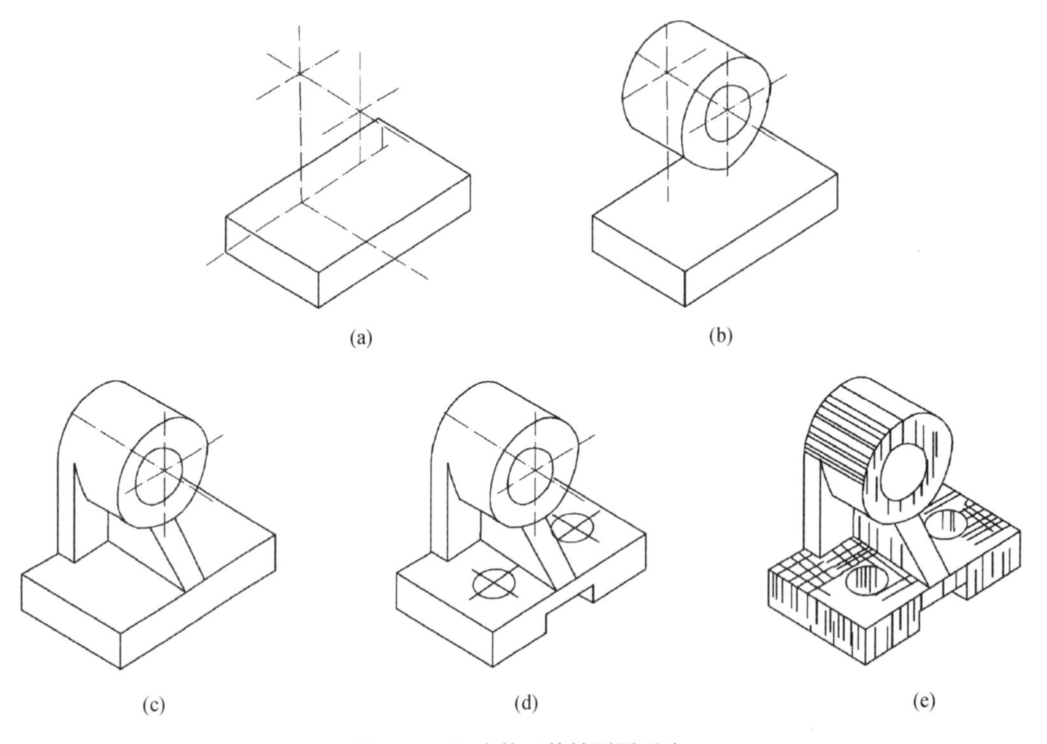

图3-15　组合体正等轴测图画法

3.3　斜二轴测图的画法

斜轴测图是指投射方向 S 与轴测投影面 P 倾斜的轴测投影，从图3-16可以看出，当 XOZ 坐标面与轴测投影面 P 平行时，所得到的投影有两个轴向变形系数相等（$p=r$）的斜轴测投影图，即斜二等轴测投影，简称斜二测。

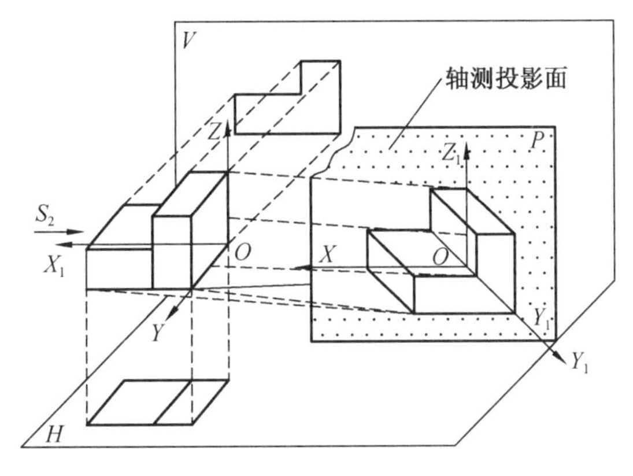

图 3-16　斜二测图的形成

3.3.1　轴间角和轴向变形系数

从图 3-16 可以看出，当轴测投影面 P 平行于坐标面 XOZ 时，物体上所有平行于坐标面 XOZ 的平面，其轴测投影均反映实形，也就是沿 X_1 和 Z_1 的轴向变形系数都等于 1，即 $p=r=1$，两轴的轴间角为 90°。因为投射方向 S 对投影面的倾角是任意的，所以沿 Y_1 轴的轴向变形系数和 Y_1 轴的方向是任意的。

为了使作图方便并具有较强的立体感，通常画斜二测时使 Y_1 轴与水平线成 45°，其轴向变形系数 $q=1/2$，如图 3-17a 所示。

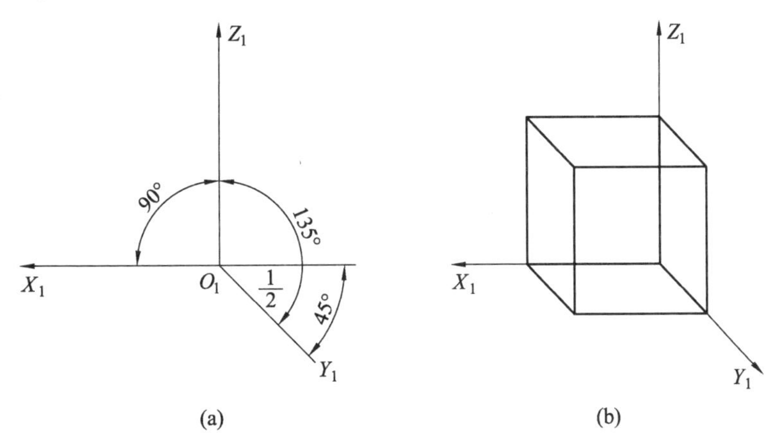

图 3-17　斜二等轴测图

3.3.2　组合体的斜二测画法

因为斜二测图上有一个轴测坐标面上的图形反映物体相应表面的实形，因此对于仅有一个坐标面（或平行坐标面）方向上的形状为圆或圆弧的物体，用斜二测画图最为方便。

【例 3-5】 用斜二测面出图 3-18 所示的组合体。

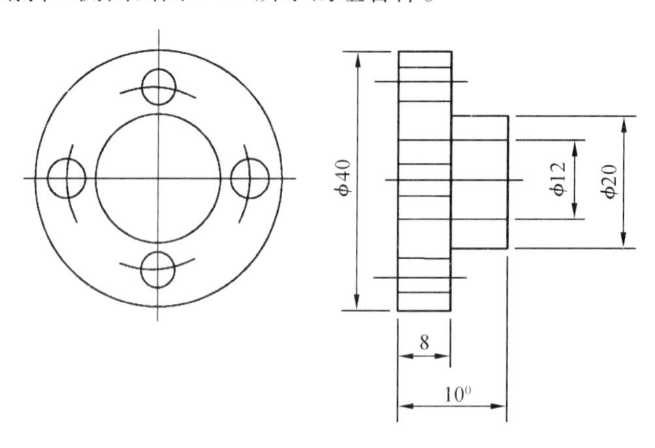

图 3-18 盘类零件

分析： 该组合体形似圆盘，并且只有一个投影面中有圆，而且反映为圆的投影平行于 XOZ 坐标面，可采用斜二测的方法画出。

作图步骤：

（1）首先在正投影图上，设置坐标轴，然后画出斜二测的轴测轴，并定出各圆圆心的位置，注意沿 Y_1 轴方向的变形系数为 0.5，如图 3-19a 所示。

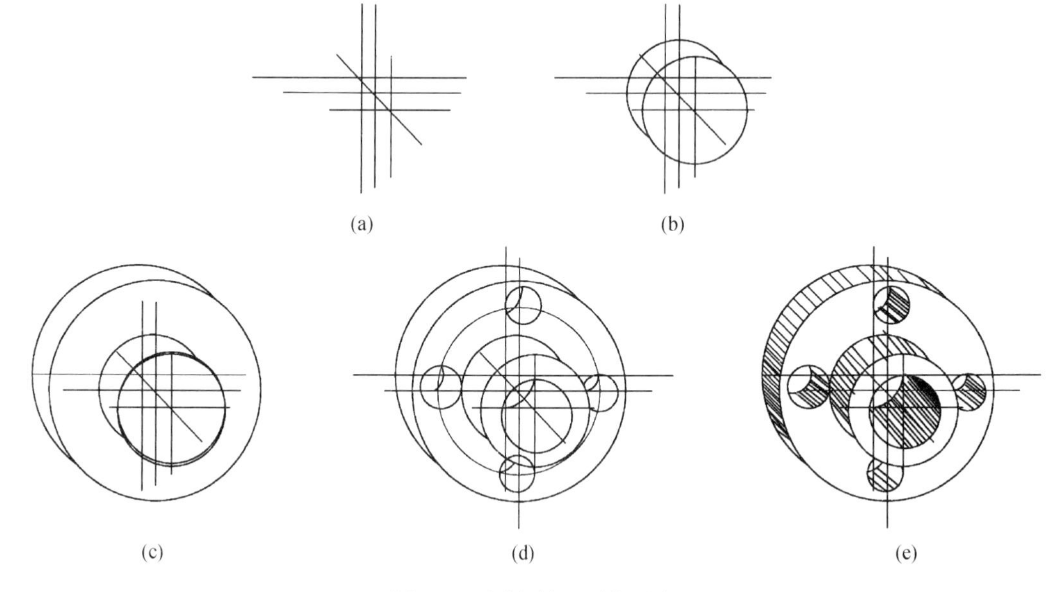

图 3-19 圆盘斜二测的画法

（2）画出前面圆柱的斜二测，如图 3-19b 所示。

（3）画出后面圆柱的斜二测，如图 3-19c 所示。

（4）画出中间圆孔及 5 个小圆孔的斜二测，注意不要漏画各孔底部的圆，如图 3-19d 所示。

（5）检查，加粗描深，最后完成组合体的斜二测图，如图 3-19e 所示。

如果组合体上几个方向都有圆时，用正等轴测图画椭圆较斜二测方法绘制简单，如图 3-20 所示。

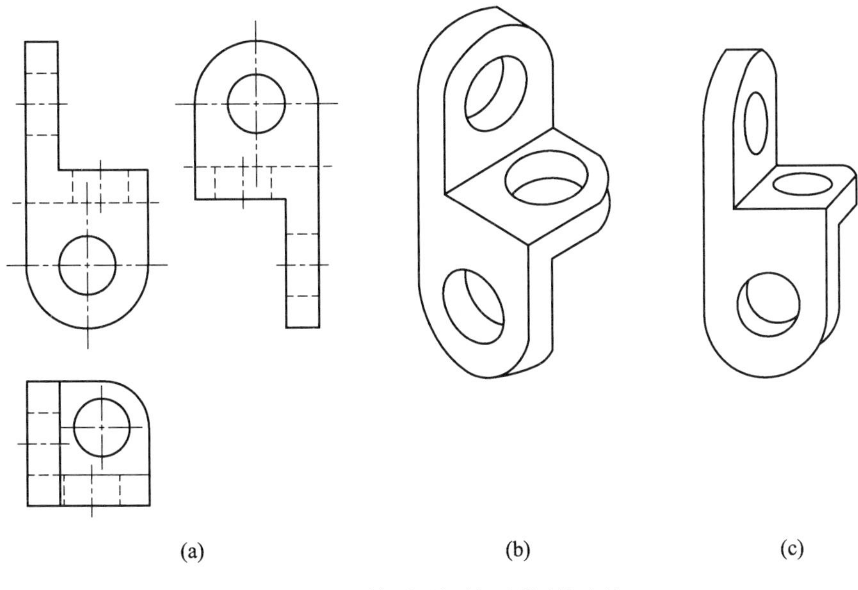

图 3-20　正等测图与斜二测图的比较

第 4 章　建筑施工图的识读

4.1　概　述

4.1.1　房屋建筑的组成

房屋是供人们生活、生产、工作、学习和娱乐的场所。房屋建筑按其用途的不同通常可分为工业建筑（厂房、仓库、锅炉房等）、农业建筑（粮仓、饲养场、拖拉机站等）及民用建筑。民用建筑按其使用功能的不同又可分为居住建筑（住宅、宿舍等）和公共建筑（学校、医院、旅馆、商店等）。

建筑物虽然种类繁多，形式千差万别，而且在使用要求、空间组合、外形处理、结构形式、构造方式、规模大小等方面存在着种种不同，但却都可以视为由基础、墙或柱、楼地面、楼梯、屋顶、门窗等主要部分组成，另外还有其他一些配件和设施，如阳台、雨篷、通风道、烟道、垃圾道、壁橱等。

图 4-1 为某建筑物的轴测示意图，图中指出了房屋各组成部分的名称。

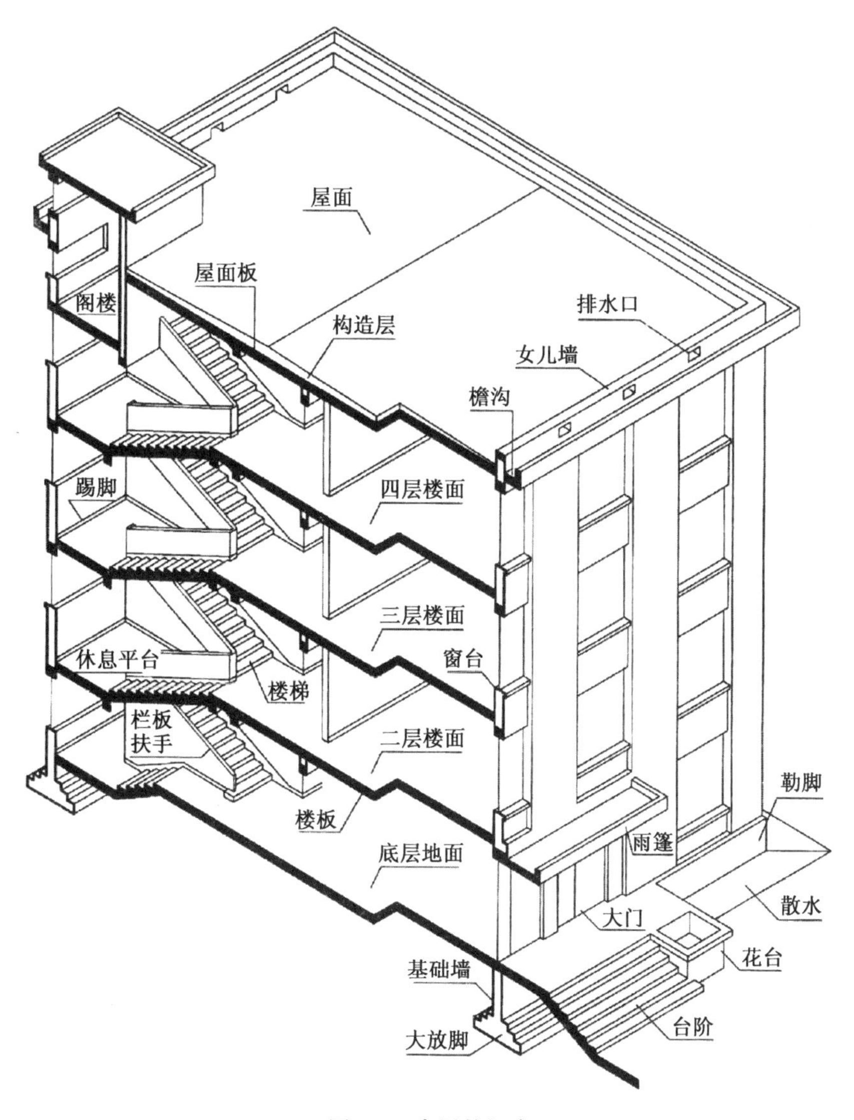

图 4-1　房屋的组成

基础是建筑物的最下部，与建筑物下部的土壤相接触，埋在地面以下。基础承受建筑物的全部荷载，并把这些荷载传给下面的土层——地基。基础是建筑物最重要的组成部分，它必须坚固、耐久、稳定，能经受地下水及土壤中所含化学物质的侵蚀。

墙或柱均是房屋的竖向承重构件，它们承受楼板、屋面板、梁或屋架传来的荷载，并把这些荷载传给基础。墙按受力情况可分为承重墙和非承重墙；按位置可分为外墙和内墙，纵墙和横墙。墙和柱应坚固、稳定、耐久，墙还应保温、隔热、隔声和防水。

楼板是建筑物的水平承重构件和分隔构件，楼板将其所受荷载传给墙或柱。楼板搁置在墙或梁上，当放置在墙上时，对墙体有一定的水平支撑作用。楼板应具有一定的强度和刚度，楼面应耐磨、不起尘，还应具有很强的隔声能力。楼梯是多层建筑中的垂直交通设施，以供人们上下楼层使用。在紧急状态，如出现火灾或地震时，作为人群疏散使用。楼梯应坚固、安全，满足疏散要求。

屋顶位于建筑物的最上部，它是承重构件，承受作用在其上的荷载。同时屋顶还是建筑物的外围护部分，起抵御风霜雨雪和保温隔热等作用。

门的主要功能是交通，窗的主要功能是采光和通风，还可供眺望用。

4.1.2　施工图的产生

建筑工程施工图是一种能十分准确地表达建筑物的外形轮廓、尺寸、结构形式、构造方法、材料等的图样，是沟通设计与施工的一座桥梁。工程技术人员必须会看施工图。要想做到快速、准确地阅读施工图，一方面要熟悉房屋建筑的构造组成；另一方面要对施工图的产生过程有一个大概的了解。

建筑工程施工图是由设计单位根据设计任务书的要求、有关的设计资料、计算数据及建筑环境和艺术等多方面因素设计绘制而成的。一般分为两个设计阶段。

1. 初步设计阶段

根据建设单位提出的设计任务和要求，进行调查研究，搜集必要的设计资料，提出各种初步设计方案，画出简略的房屋平、立、剖面设计图和总体布局图，给出各种方案的技术、经济指标和工程概算等。初步设计的工程图纸和有关文件只能作为提供方案研究、比较和审批之用，不能作为施工的依据。

2. 施工图设计阶段

在初步设计的基础上，综合建筑、结构、设备等各工种的相互配合、协调和调整，并把满足工程施工的各项具体要求反映在图纸中。其内容包括所有专业的基本图、详图及说明书、计算书和工程预算书等。施工图是施工单位进行施工的依据。整套图纸应完整详细、前后统一、尺寸齐全、正确无误等。

对于大型的、比较复杂的工程，许多技术问题和各工种之间的协调问题在初步设计阶段无法确定时，就需要在初步设计和施工图设计之间加入一个技术设计阶段。技术设计阶段的主要任务是在初步设计的基础上，进一步确定各专业间的具体技术问题，使各专业之间取得统一，相互配合协调。

4.1.3　施工图的分类

施工图由于专业分工的不同，可分为建筑施工图、结构施工图和设备施工图。

1. 建筑施工图（简称建施）

建筑施工图主要表示建筑物的总体布局、外部造型、内部布置、细部构造、装饰装修和施工要求等，主要包括总平面图、建筑平面图、建筑立面图、建筑剖面图、建筑详图等。

2. 结构施工图（简称结施）

结构施工图主要表示房屋的结构设计内容，如房屋承重构件的布置，构件的形状、大小、材料等，主要包括结构平面布置图、构件详图等。

3. 设备施工图（简称设施）

设备施工图包括给排水、采暖通风、电气照明等各种施工图，其内容有各设备的平面布置图、系统图、详图等。

4.1.4　施工图的编排顺序

一套简单的房屋施工图就有几十张图纸，一套大型复杂建筑物的图纸甚至有上百张、几百张。因此，为了便于看图，易于查找，就应把这些图纸按顺序编排。

施工图一般的编排顺序：图纸目录、设计总说明、建筑施工图、结构施工图、设备施工图等。

各专业的施工图，应按图纸内容的主次关系系统地排列。例如，基本图在前，详图在后；全局性的图在前，局部图在后；布置图在前，构件图在后；先施工的图在前，后施工的图在后等。

4.1.5　识图应注意的几个问题

① 掌握投影原理，熟悉基本构造。施工图是根据投影原理绘制的，用图纸表明房屋建筑的设计及构造做法，所以要看懂施工图，应掌握投影原理，熟悉房屋建筑的基本构造。

② 熟悉相关标准。房屋施工图中，除符合一般的投影原理及视图、剖面、断面等的基本图示方法外，为了保证制图质量、提高效率、表达统一、符合设计和施工的要求及便于识读，国家质量监督检验检疫总局、住房和城乡建设部联合颁布了六种有关建筑制图的国家标准。包括总纲性质的《房屋建筑制图统一标准》（GB/T 50001—2010）和专业部分的《总图制图标准》（GB/T 50103—2010）、《建筑制图标准》（GB/T 50104—2010）、《建筑结构制图标准》（GB/T 50105—2010）、《给水排水制图标准》（GB/T 50106—2010）、《暖通空调制图标准》（GB/T 50114—2010）。无论绘图与读图，都必须熟悉有关标准。

③ 遵循先粗后细、先大后小、互相对照的原则。识图时，一般是先看图纸目录、总平面图，大致了解工程的概况，如设计单位、建筑单位、新建房屋的位置、周围环境、

施工技术的要求等。对照目录检查图纸是否齐全，采用了哪些标准图并备齐这些标准图。然后开始阅读建筑平、立、剖面图等基本图样，深入细致地阅读构件图和详图，详细了解整个工程的施工情况及技术要求。阅读中要注意对照，如平、立、剖面图的对照，基本图和详图的对照，建筑图和结构图的对照，图形与文字说明的对照等。

④ 进入施工现场，观察实物。要想熟练地识读施工图，还应经常深入施工现场，对照图纸，观察实物，这也是提高识图能力的一个重要方法。

4.2 设计总说明及建筑总平面图

4.2.1 设计总说明

设计总说明是对图样上未能详细表明的材料、做法、具体要求及其他有关情况所作出的具体的文字说明。主要内容有：工程概况与设计标准、结构特征、构造做法等，如砖和砂浆的强度等级，楼地面、屋面、勒脚、散水、室内外装修的做法，以及采用的新技术、新材料或有特殊要求的做法说明等。对于简单的工程，可分别在各专业图纸上用文字的形式表明。对于中小型建筑来说，建筑设计说明一般和图纸目录、门窗表、建筑总平面图共同形成建筑施工图的首页，称为首页图。

下面是某学校办公楼的建筑设计说明。

建筑设计说明

1. 设计依据

本工程按某学校所提出的设计任务书进行方案设计。以教学楼和传达室为放样依据，按总平面图所示的尺寸放样。

2. 设计标高

室内地坪设计标高 ±0.000，相当于绝对标高 46.200，室外地坪标高为 45.600，室内外高差为 0. 600。

3. 施工用料

(1) 基础：该办公楼采用墙下钢筋混凝土条形基础，钢筋混凝土柱下采用钢筋混凝土独立基础。

（2）墙体：外墙为370mm，内墙为240mm。墙体采用MU10的机制红砖、M7.5的砂浆砌筑。

（3）楼地面：均采用水磨石面层。

（4）屋面：采用SBS改性沥青卷材防水屋面。

（5）外墙装饰：白色瓷砖贴面，檐口采用砖红色波形瓦。

（6）屋面排水：采用双坡排水，排水坡度2%，天沟坡度1%。

4.2.2 建筑总平面图

建筑总平面图是表明新建房屋基地所在范围内的总体布置的图样。主要表达新建房屋的位置和朝向，与原有建筑物的关系，周围道路、绿化布置及地形地貌等内容。建筑总平面图是新建房屋定位、土方施工，以及绘制水、暖、电等管线总平面图和施工总平面图的依据。

1. 总平面图的比例、图例及文字说明

绘制总平面图常用的比例为1∶500，1∶1000，1∶2000。总平面图中所注尺寸一律以米为单位。由于绘图比例较小，在总平面图中所表达的对象，要用《房屋建筑制图统一标准》中规定的图例来表示。在绘制较为复杂的总平面图时，如所表达的内容在国家标准中没有规定时，可自行规定图例，但必须在总平面图中绘制清楚，并注明其名称。

2. 新建建筑物的定位

新建建筑物的具体位置，一般根据原有房屋或道路来定位，并以米为单位标出定位尺寸。当新建建筑物附近无原有建筑物为依据时，要用坐标定位法确定建筑物的位置。坐标定位法有以下两种：

（1）测量坐标定位法

在地形图上绘制的方格网叫作测量坐标方格网，与地形图采用同一比例，方格网的边长一般采用100m×100m或50m×50m，纵坐标为X，横坐标为Y。斜方位的建筑物一般应标注建筑物的左下角和右上角的两个角点的坐标。如果建筑物的方位正南正北，又是矩形，则可只标注建筑物的一个角点的坐标。测量坐标方格网如图4-2a所示。

（2）建筑坐标定位法

建筑坐标方格网是以建设地区的某点为“O”点，在总平面图上分格，分格大小应根据建筑设计总平面图上各建筑物、构筑物及各种管线的布设情况，结合现场的地形情况而定的，一般采用100m×100m或50m×50m，采用比例与总平面图相同，纵坐标为

A，横坐标为 B。定位放线时，应以“O”点为基准，测出建筑物墙角的位置。建筑坐标方格网如图 4-2b 所示。

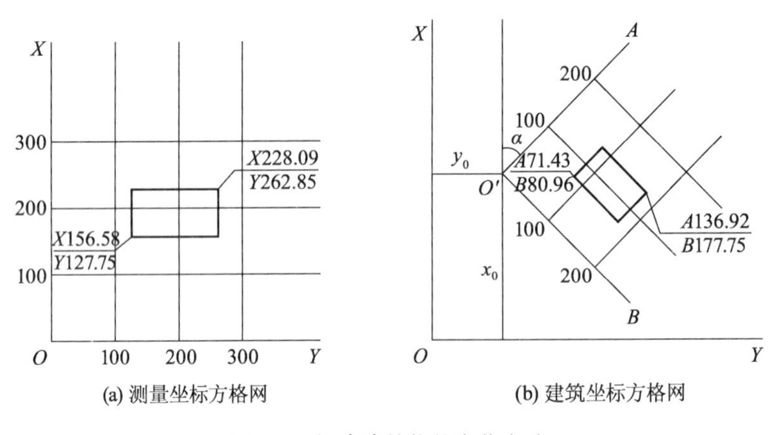

图 4-2　新建建筑物的定位方法

3. 等高线

在总平面图中，常用等高线来表示地面的自然状态和起伏情况。等高线是地面上高程相同的点连续形成的闭合曲线，等高线在图上的水平距离随着地形的变化而不同，等高线间的距离越小，表示此处地形较陡，反之，则表示地面较平坦。等高线可为确定室内地坪标高和室外整平标高提供依据。

标高是标注建筑物高度的一种尺寸形式，标高符号的大小、画法及有关规定如图 4-3 所示。

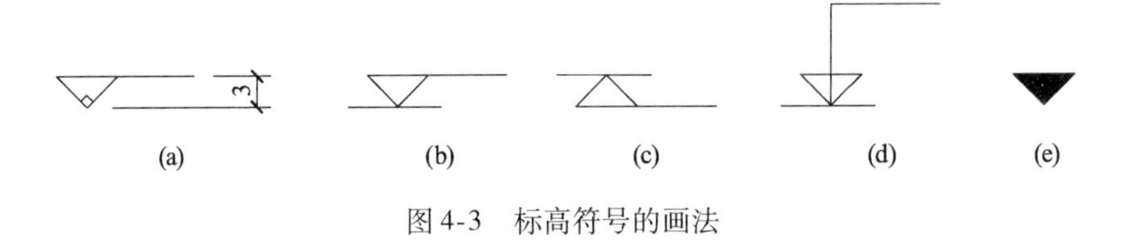

图 4-3　标高符号的画法

图 4-3a 用来表示建筑物室内地面及楼面的标高，下面不画短横线，标高数字注写在长横线的上方。图 4-3e 用来表示建筑物室外整平地面的标高，标高数字注写在黑三角形的上方、右方或右上方。图 4-3b ~ d 用以标注其他部位的标高，下面的短横线为标注高度的界限，标高数字注写在长横线的上方或下方。

不论何种形式的标高符号，均为等腰直角三角形，高 3mm。同一图纸上的标高符号应大小相等、整齐划一、对齐画出。标高数字以米为单位，并注写到小数点后面第三位。

在总平面图中标高数字注写到小数点后第二位。零点标高的注写形式为 ±0. 000。

标高分为绝对标高和相对标高两种。

(1) 绝对标高

我国以青岛附近某处黄海的平均海平面作为标高的零点，其他各地都以它为基准而得到的高度数值称为绝对标高。

(2) 相对标高

以建筑物室内底层主要地坪作为标高的零点，其他各部位以它为基准而得到的高度数值称为相对标高。

采用相对标高，可简化标高数字，而且容易得出建筑物中各部分的高差尺寸，如层高尺寸等。因此，在建筑工程中，除总平面图外，一般都采用相对标高。在设计总说明或总平面图中，一定要注明相对标高和绝对标高的关系。

4. 风向频率玫瑰图和指北针

在总平面图中，常用风向频率玫瑰图（简称风玫瑰）和指北针来表示该地区的常年风向频率和建筑物的朝向。风玫瑰和指北针如图 4-4 所示。

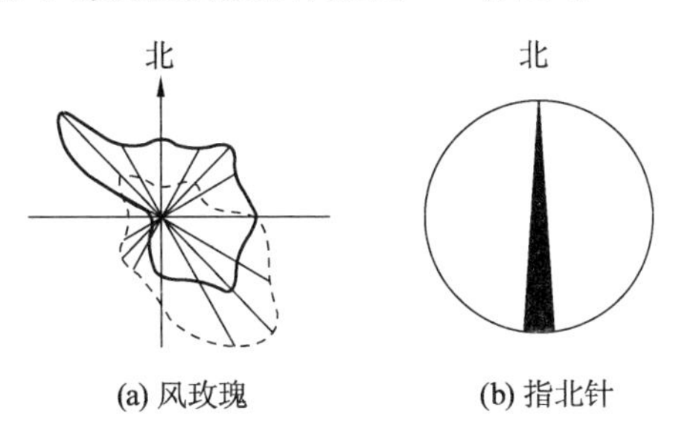

图 4-4　风玫瑰与指北针

风玫瑰是根据当地多年平均统计的各个方向吹风次数的百分数按一定比例绘制的。风吹方向是指从外面吹向中心。实线表示全年风向频率，虚线表示夏季风向频率。指北针外圆直径为 24mm，采用细实线绘制，指北针尾部宽度为 3mm。

4.2.3　总平面图识图示例

图 4-5 为某公司办公楼的总平面图。由图中可以看出，新建办公楼坐北朝南，主要出入口设在南面。在新建办公楼的北面是原有的员工宿舍楼，宿舍楼的西面是篮球场，厂区的最北面是食堂，食堂旁边的虚线表示食堂将计划扩建的部分。新建办公楼的位置是根据原有的传达室及厂房来确定的。新建办公楼的南墙距传达室的北墙为 12.00m，办公楼的西墙距原厂房楼的东墙为 13.00m，办公楼的总长为 36.55m，总宽为 19.51m。

从等高线可以看出，公司的西北角地势较高，东南则较平坦。在确定建筑物的室内地坪标高及室外整平标高时，应注意尽量结合地形，以减少土石方工程。图中新建办公楼的室内地坪标高为 45.35，室外整平标高为 45.60。另外，在总平面图中，还可反映出道路、围墙及绿化的情况。

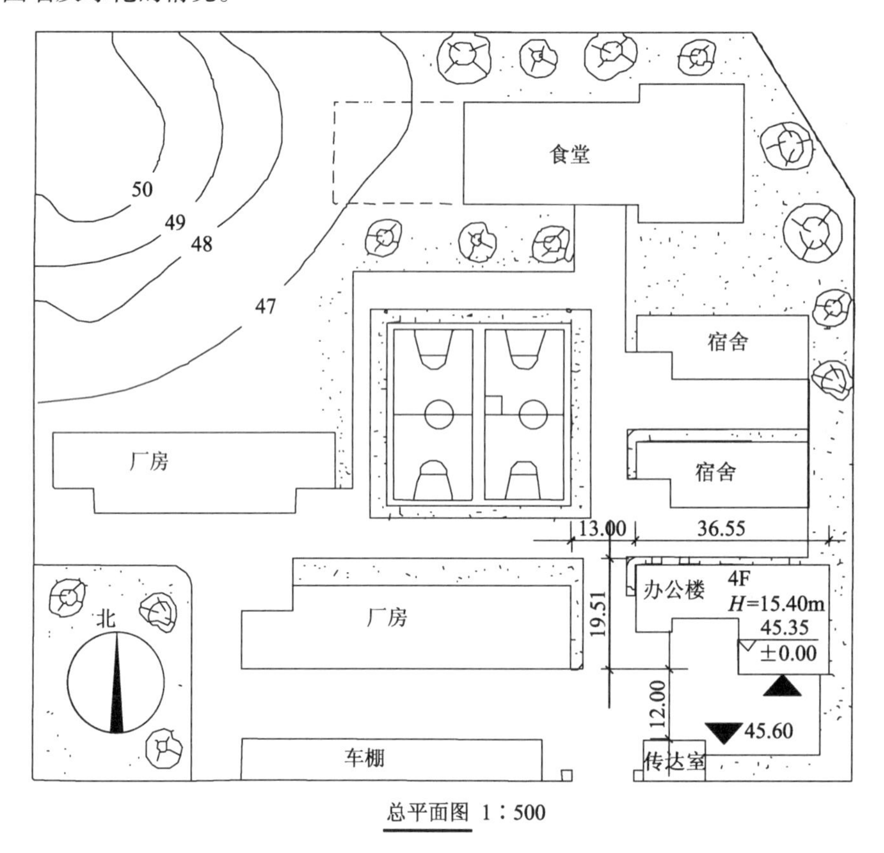

图 4-5　某公司办公楼的总平面图

4.3　建筑平面图

4.3.1　建筑平面图的形成及种类

假想用一个水平剖切平面沿门窗洞口位置将房屋剖开，移去剖切平面以上的部分，绘出剩余部分的水平面上正投影得到的全剖视图，称为建筑平面图，如图 4-6 所示。

建筑平面图主要反映房屋的平面形状、水平方向各部分的布置和组合关系、门窗位置、墙和柱的布置，以及其他建筑构配件的位置和大小等。对于多层建筑，应画出各层平面图。但当有些楼层的平面布置相同时，或者仅有局部不同时，则可只画一个共同的平面图（称为标准层平面图），对于局部不同之处，只需另画局部平面图。

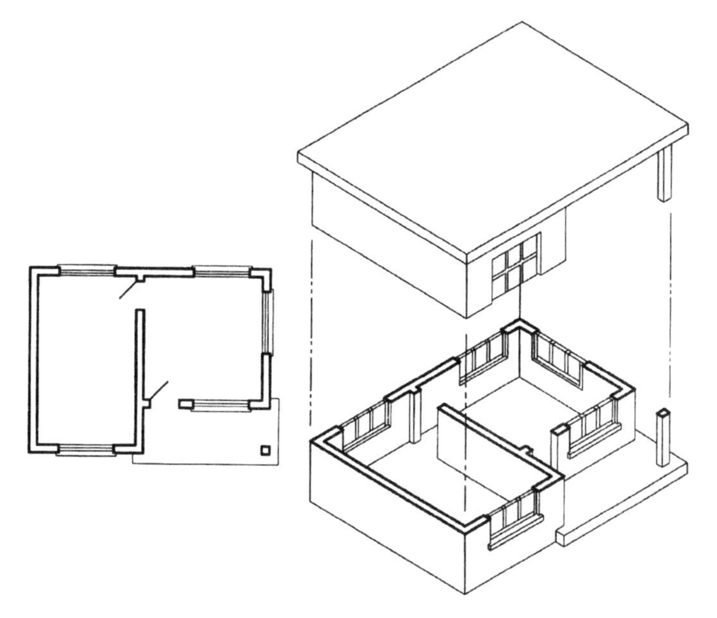

图 4-6　某建筑物平面图

一般来说，建筑平面图包括以下几种。

1. 底层（首层、一层）平面图

主要表示底层的平面布置情况，即各房间的分隔和组合、房间名称、出入口、门厅、楼梯等的布置和相互关系，各种门窗的位置，以及室外的台阶、花台、明沟、散水、雨水管的布置、指北针、剖切符号、室内外标高等。

2. 标准层平面图

主要表示中间各层的平面布置情况。在底层平面图中已经表明的花台、散水、明沟、台阶等不再重复画出。进口处的雨篷等要在二层平面图上表示，二层以上的平面图中不再表示。

3. 顶层平面图

主要表示房屋顶层的平面布置情况。如果顶层的平面布置与标准层的平面布置相同，可以只画出局部的顶层楼梯间平面图。

4. 屋顶平面图

主要表示屋顶的形状，屋面排水方向及坡度、天沟或檐沟的位置，还有女儿墙、屋脊线、雨水管、水箱、上人孔、避雷针的位置等。由于屋顶平面图比较简单，所以可用较小的比例来绘制。

5. 局部平面图

当某些楼层的平面布置基本相同，仅有局部不同时，则这些不同部分就可以用局部平面图来表示。当某些局部布置由于比例较小而固定设备较多，或者内部的组合比较复杂时，也可以另画较大比例的局部平面图。为了清楚地表明局部平面图在平面图中所处的位置，必须标明与平面图一致的定位轴线及其编号。常见的局部平面图有厕所、盥洗室、楼梯间平面图等。

4.3.2　建筑平面图的有关规定和要求

1．比例

平面图的常用比例为1∶50，1∶100，1∶20。必要时，也可选用1∶150，1∶300。

2．图线

建筑平面图实质上是水平剖面图，应符合剖面图的有关规定和要求。凡被剖到的墙、柱的断面轮廓线用粗实线表示。粉刷层在1∶100的平面图中不必画出，在1∶50或更大比例的平面图中则用细实线表示。没有剖切到的可见轮廓线，如窗台、台阶、明沟、花台、梯段等用中粗线画出。其他图形线、图例线、尺寸线、尺寸界线、标高符号等用细实线表示。

3．定位轴线及编号

定位轴线是施工中定位、放线的重要依据。凡是承重墙、柱子、大梁或屋架等主要承重构件均应画上轴线以确定其位置。非承重的分隔墙、次要的承重构件等，一般不画轴线，而是注明它们与附近轴线的相关尺寸以确定其位置，但有时也可用分轴线确定其位置，如图4-7所示。

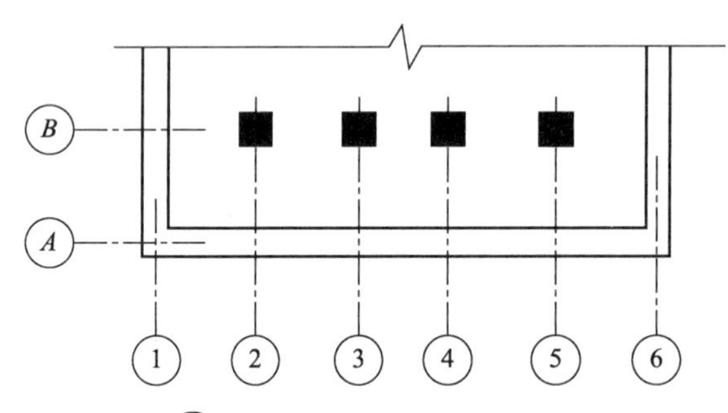

图4-7　定位轴线的分区编号

定位轴线用细单点画线表示，轴线的端部画细实线圆（直径为8mm），在圆圈内注明轴线编号。水平方向的编号采用阿拉伯数字，从左至右顺序编写；竖向编号用大写拉丁字母，从下至上顺序编写。拉丁字母中的I，O，Z三个字母不得用作轴线编号，以免与阿拉伯数字1，0，2混淆。

在两个轴线之间，需附加分轴线时，则编号用分数表示。分母表示前一轴线的编号，分子则表示分轴线本身的编号，用阿拉伯数字顺序编写。1 号轴线或 A 号轴线之前附加的轴线的分母应以 01 或 0A 表示。

4. 图例

由于建筑平面图一般采用较小的比例，所以门窗等建筑配件用规定的图例表示，并注上相应的代号及编号。如门的代号为 M，窗的代号为 C。同一类型的门或窗，编号应相同。常用的构造及配件图例见表 4-1。

表 4-1　门窗参数表

	门窗名称	宽X高	门窗数量				总数	采用标准图集及编号		备注
			地下室	1层	2层	阁楼屋面		图集代号	编号	
窗	C0509	500X900				4	46	详本J35-2009	参PLC-060090	断热铝合金中空玻璃窗　立面详本页
	C0716	750X1600				46	46	详本J35-2009	参PLC-060090	断热铝合金中空玻璃窗　立面详本页
	C0716a	750X1600				46	46	详本J35-2009	参PLC-060090	断热铝合金中空玻璃窗　立面详本页
	C0716b	750X1600				1	1	详本J35-2009	参PLC-060090	断热铝合金中空玻璃窗　立面详本页
	C1015	1000X1500				1	1	详本J35-2009	参PLC-060090	断热铝合金中空玻璃窗　立面详本页
	C1126	1100X2600			2		2	详本J35-2009	参GLC-120150	断热铝合金中空玻璃窗　立面详本页
	C1132	1100X3200		2			2	详本J35-2009	参GLC-120210	断热铝合金中空玻璃窗　立面详本页
	C1524	1500X2400		4			4	详本J35-2009	参PLC-150210	断热铝合金中空玻璃窗　立面详本页
	C1526	1500X2600			8		8	详本J35-2009	参PLC-150210	断热铝合金中空玻璃窗　立面详本页
	C1532	1500X3200		4			4	详本J35-2009	参PLC-150210	断热铝合金中空玻璃窗　立面详本页
	C1726	1700X2600			2		2	详本J35-2009	参PLC-180210	断热铝合金中空玻璃窗　立面详本页
	C1824	1800X2400		1			1	详本J35-2009	参PLC-180210	断热铝合金中空玻璃窗　立面详本页
	C1824a	1800X2400		1			1	详本J35-2009	参PLC-180210	断热铝合金中空玻璃窗　立面详本页
	C1824b	1800X2400		1			1	详本J35-2009	参PLC-180210	断热铝合金中空玻璃窗　立面详本页
	C1824c	1800X2400		1			1	详本J35-2009	参PLC-180210	断热铝合金中空玻璃窗　立面详本页
	C1826	1800X2600			19		19	详本J35-2009	参PLC-180210	断热铝合金中空玻璃窗　立面详本页
	C1826a	1800X2600			1		1	详本J35-2009	参PLC-180210	断热铝合金中空玻璃窗　立面详本页
	C1832	1800X3200		8			8	详本J35-2009	参GLC-180210	断热铝合金中空玻璃窗　立面详本页
	C2126	2100X2600			2		2	详本J35-2009	参PLC-180210	断热铝合金中空玻璃窗　立面详本页
	C2132	2100X3200		2			2	详本J35-2009	参GLC-180210	断热铝合金中空玻璃窗　立面详本页
	C2329	2300X2900			1		1	详本J35-2009	参PLC-180210	断热铝合金中空玻璃窗　立面详本页
门	M0922	900X2200		3	3		6	详03J601-2	详0921-M5	平开木板门　高改为2200
	M1022	1000X2200			8		8	详03J601-2	详0921-M5	平开木板门　高改为2200
	M1222	1200X2200		1	1		2	详03J601-2	详1221-M5	平开木板门　高改为2200
	M1522	1500X2200			3		3	详03J601-2	详1521-M5	平开木板门　高改为2200
	M1732	1700X3200		2			2	详本J35-2009	参PLM-180210	断热铝合金中空玻璃门　立面详本页
	M1832	1800X3200		1			1	详本J35-2009	参PLM-180210	断热铝合金中空玻璃门　立面详本页
	M2336	2300X3600		1			1	详本J35-2009	参PLM-210210	断热铝合金中空玻璃门　立面详本页
防火门	YFM1222	1200X2200		1			1	详03J609	详2M04-1221	木夹板乙级防火门　高改为2200
	YFM1422	1400X2200		1			1	详03J609	详2M04-1521	木夹板乙级防火门　高为2200 宽为1400
	YFM1522	1500X2200	2				2	详03J609	详2M04-1521	木夹板乙级防火门　高为2200
	JFM1022	1000X2200	1				1	详03J609	详2M01-1021	木夹板甲级防火门　高为2200
	JFM1220	1200X2000		1	1		2	详03J609	详2M01-1020	木夹板甲级防火门
	JFM1222	1200X2200			1		1	详03J609	详2M04-1221	木夹板甲级防火门　高改为2200
	JFM1524	1500X2400	1				1	详03J609	详2M01-1521	木夹板甲级防火门　高为2200
	JFM1821	1800X2100				1	1	详03J609	详2M01-1821	木夹板甲级防火门
防火卷帘	FHJL1533	1500X3300			1		1	详03J609	详1J2-2433	水雾式无机布防火卷帘　宽改为2400
	FHJL6833	6800X3300			3		3	详03J609	详1J2-6633	水雾式无机布防火卷帘　宽改为6800

在建筑施工图中，编制该建筑物门窗表的目的是计算该建筑物不同类型的门窗数量，以便加工订货。至于门窗的具体做法和尺寸大小，应查阅门窗标准图集或门窗的构造详图。某学校办公楼的门窗图表如图 4-8 所示。

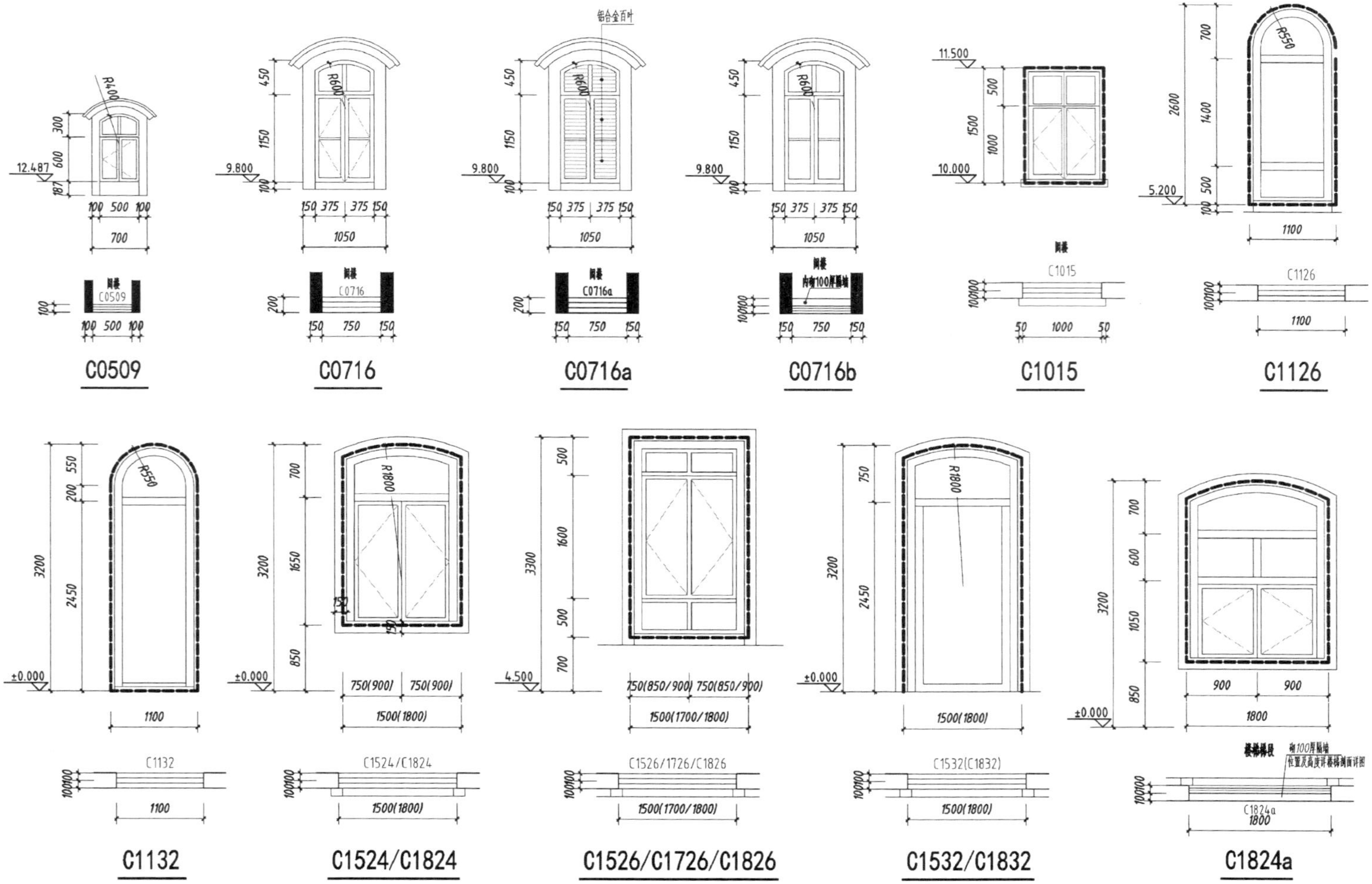

C0509

C0716

C0716a

C0716b

C1015

C1126

C1132

C1524/C1824

C1526/C1726/C1826

C1532/C1832

C1824a

图 4-8　门窗图表

在平面图中，凡是被剖到的部分应画出材料图例。但在1∶100，1∶200的小比例平面图中，剖到的砖墙一般不画材料图例，可在透明图纸的背面涂红表示。1∶50的平面图中的砖墙也可不画图例，但在比例大于1∶50时，应分别画上材料图例。剖到的钢筋混凝土构件的断面，当比例小于1∶50时，可涂黑表示。

5. 尺寸标注

建筑平面图中，一般应在图形的下方和左方标注相互平行的三道尺寸。最外面的一道尺寸是外包尺寸，表示建筑物的总长和总宽；中间一道尺寸是轴线之间的距离，是房间的“开间”和“进深”尺寸；最里面的一道尺寸是门窗洞间的宽度和洞间墙的尺寸。

除三道尺寸外，还须注出某些局部尺寸，如内墙厚度，内墙上门窗洞口的尺寸及其定位尺寸，台阶、花台、散水等的尺寸，某些固定设备的定位尺寸等。平面图中还须注明楼地面、台阶顶面、楼梯休息平台面及室外地面的标高。

当平面图形不对称时，平面图的四周均应标注尺寸。

6. 索引符号及其他

在平面图中凡需另绘详图的部位，均应画上索引符号。索引符号与详图符号的画法及有关规定详见“4.6 建筑详图”。

在底层平面图中，还应画上剖切符号以确定剖面图的剖切位置和剖视方向；表示房屋朝向的指北针也要在底层平面图中画出。

4.3.3 建筑平面图识图示例

图4-9～图4-12为某售楼中心的一层平面图、二层平面图、三层平面图及屋顶平面图。阅读平面图应掌握正确的读图方法。习惯方法为由外向内，由大到小，由粗到细，先看附注说明，再看图形，逐步深入阅读。

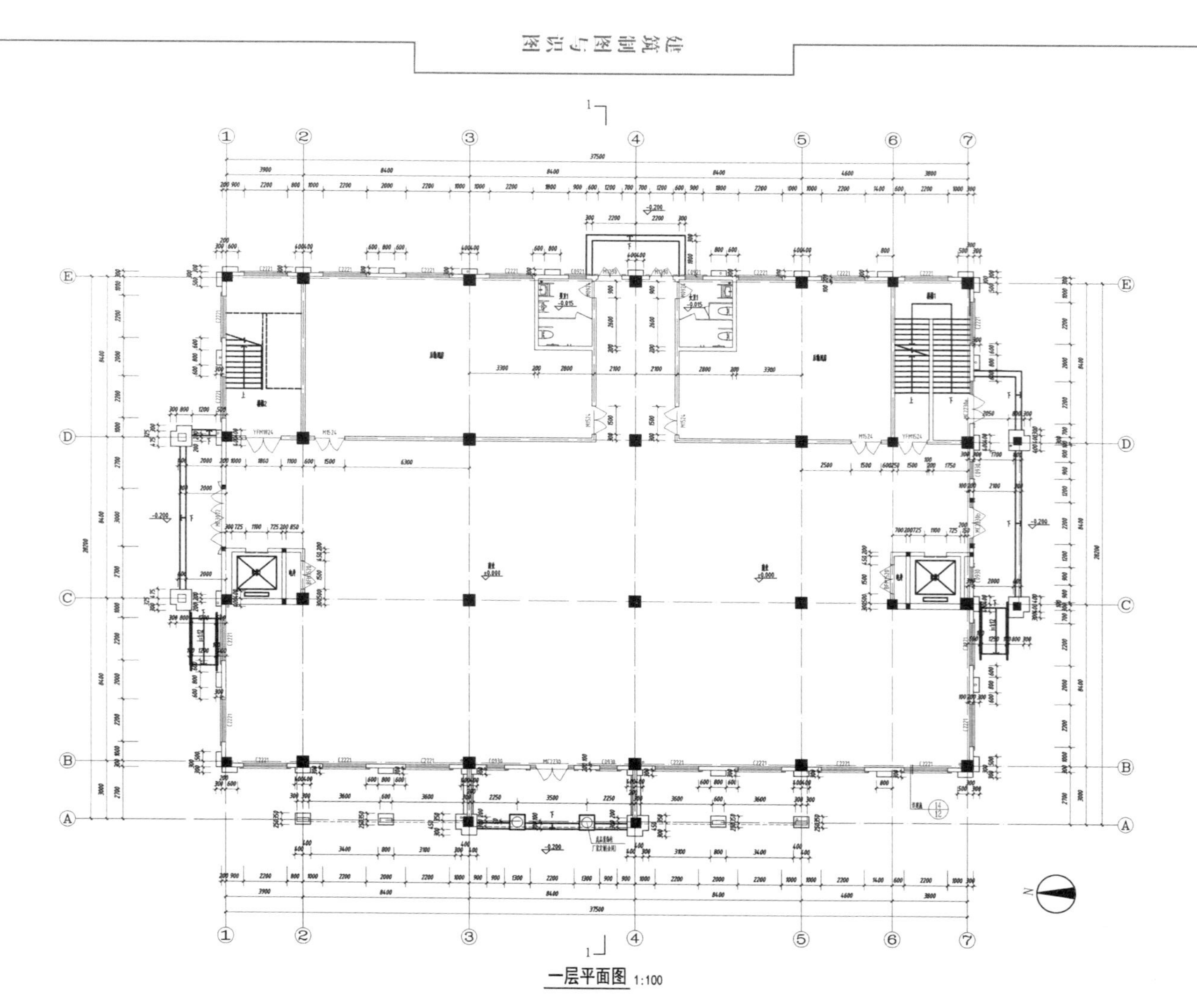

图 4-9 某售楼中心的一层平面图

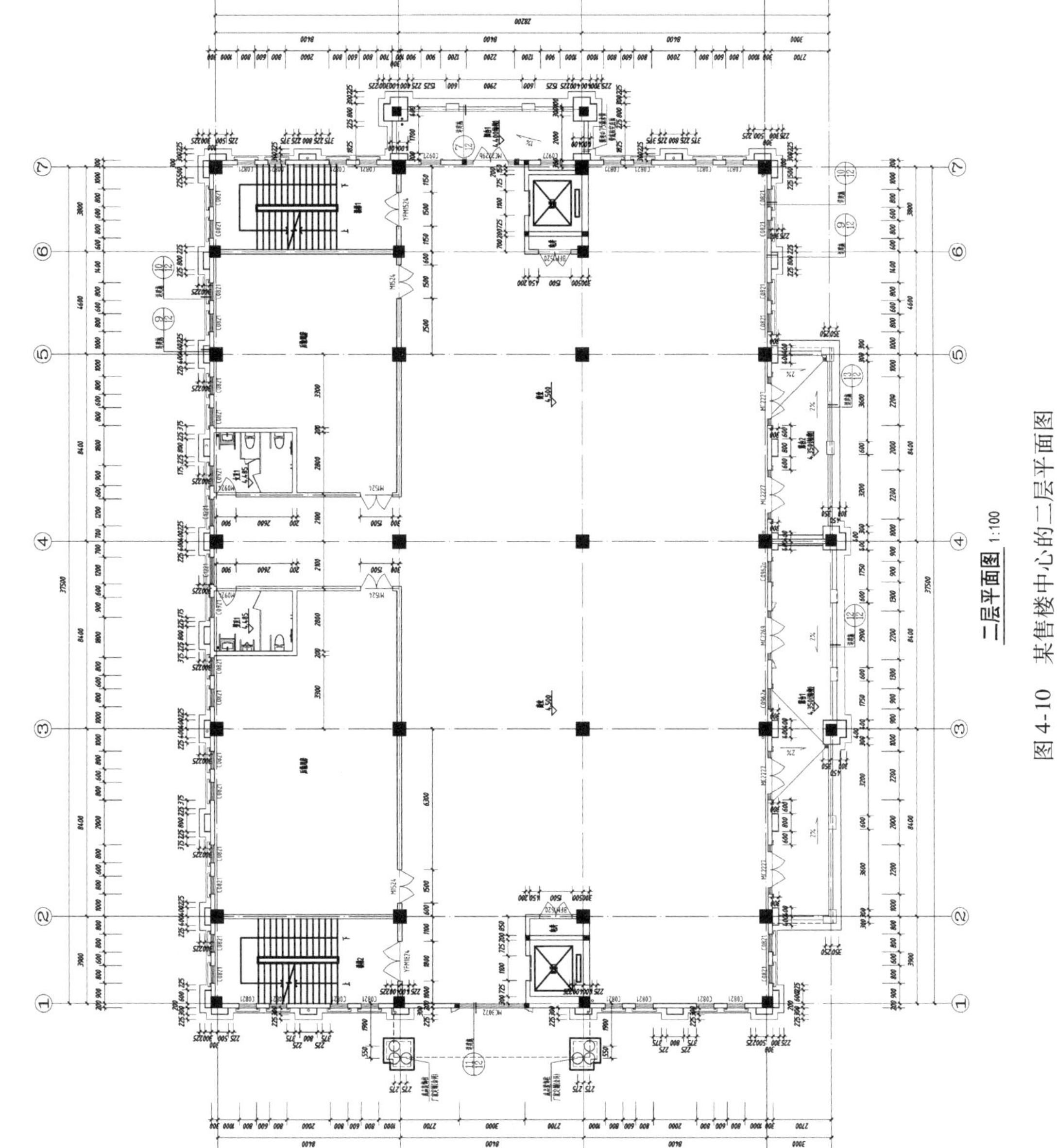

图4-10 某售楼中心的二层平面图

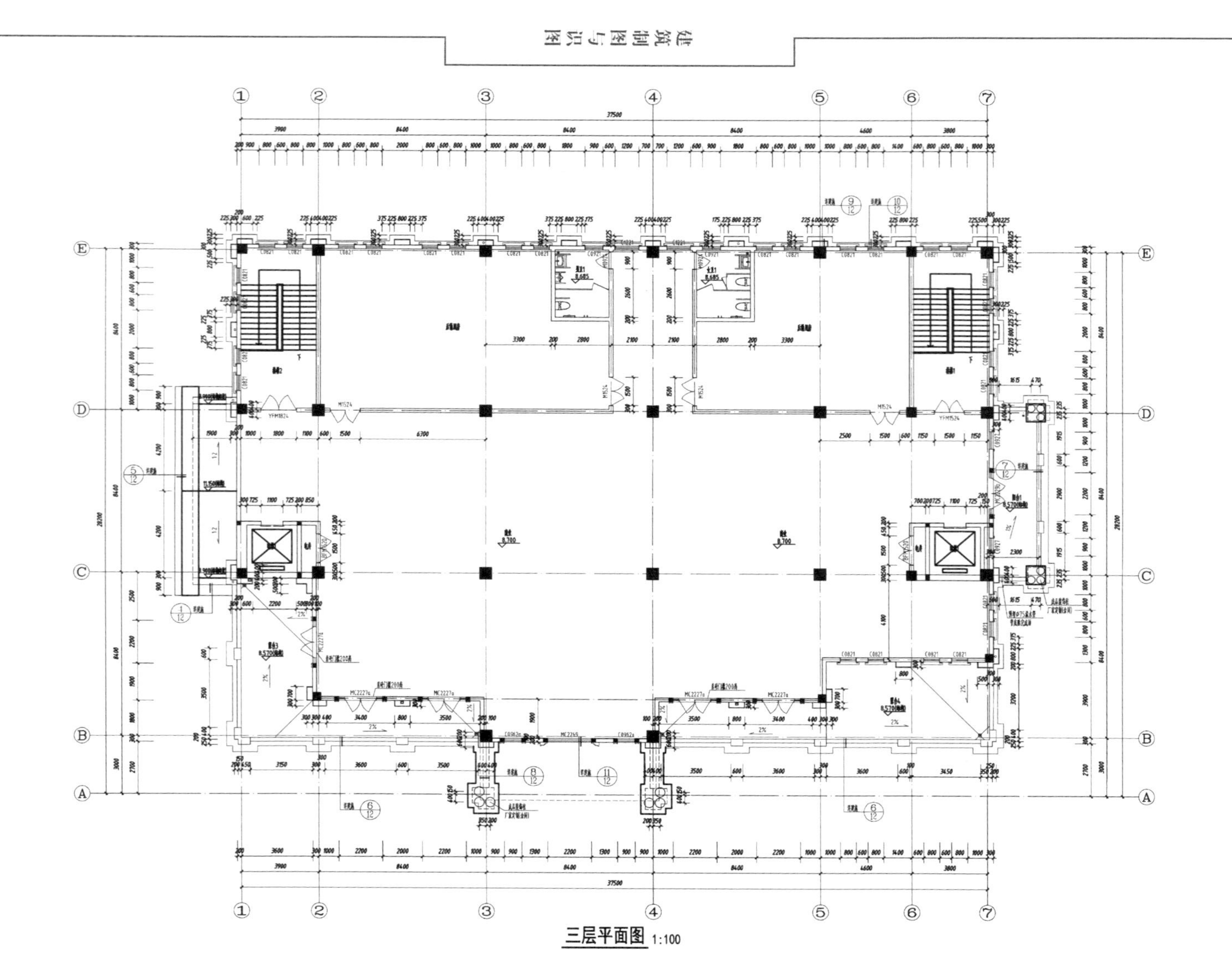

三层平面图 1:100

图 4-11　某售楼中心的三层平面图

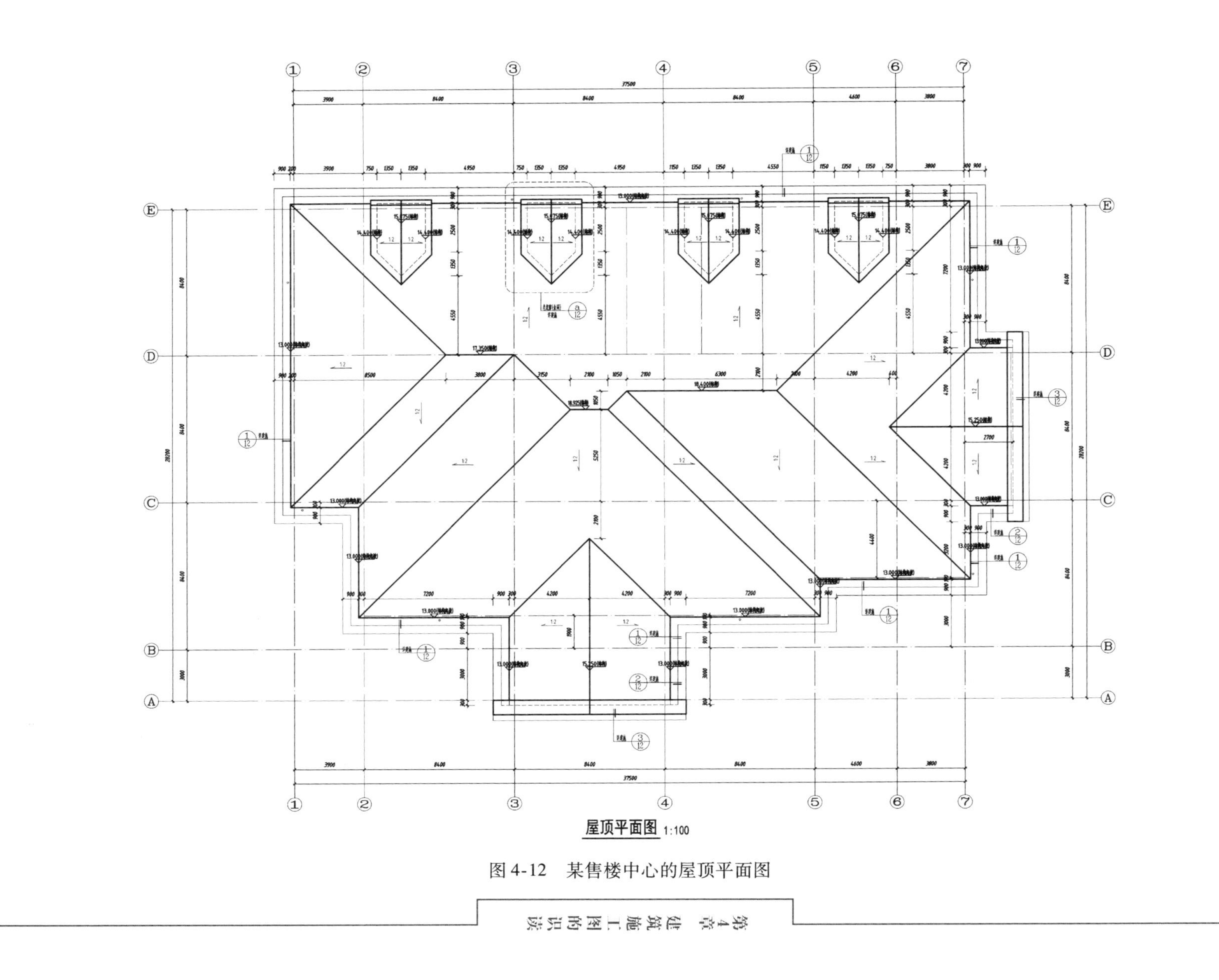

图 4-12 某售楼中心的屋顶平面图

图 4-9 为某售楼中心的一层平面图，比例为 1∶100，从指北针可以看出该建筑物的朝向；从平面图四周的尺寸可以了解到建筑物的总长、总宽尺寸及房间的开间和进深尺寸。

建筑物有两个出入口，南立面的东端为主要出入口，门厅的两侧是楼梯间和电梯间。建筑物的东端为商业区域，西侧是后勤用房。后勤用房区域设有男、女厕所。

办公楼的底层室内标高为 ±0.000，盥洗室的地面标高为 -0.015，表明盥洗室地面比室内地面低 15mm。室外地面的标高为 -0.200。

对底层房间的平面布置情况大概了解后，要进一步深入、细致地阅读有关的细部尺寸及布置，如内外墙的尺寸，柱子的断面尺寸，门窗洞口的尺寸及其定位尺寸，墙垛的尺寸，室外台阶、散水、花台的尺寸等。

图 4-10 ~ 图 4-12 分别为该售楼中心的二层平面图、三层平面图和屋顶平面图。从标准层平面图中可以看到，办公楼的二、三层各设一个大的活动室和接待室，在办公楼的东端设一个休息室，其余的房间均为办公室。从顶层平面图可以得知，顶层的北外墙向外拉齐从而增大了房间的面积，顶层的东端设门窗连通向阳台，顶层的房间布置与二、三层的房间布置相同。

4.3.4 局部（盥洗室）平面图

为了清楚地表达盥洗室内固定设施的位置及尺寸，另外绘制了比例为 1∶50 的盥洗室平面图，如图 4-13 所示。

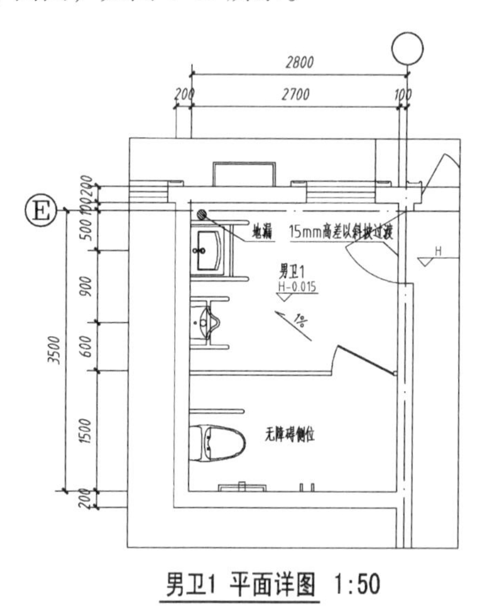

女卫1 平面详图 1:50

图 4-13 盥洗室平面图

4.3.5 建筑平面图的绘图步骤

在每一次绘图之前，都应根据建筑规模和复杂程度确定绘图比例，再选图幅，绘制图框和标题栏，最后均匀布置图面。这些准备工作就绪之后，再开始画图。

绘制建筑平面图时，应先画定位轴线，然后画出建筑构配件的形状和大小，再画出各个建筑细部，经检查无误后，按施工图的线型要求加深图线。图形完成后，再注写尺寸、标高数字、索引符号和有关说明等。

绘制建筑平面图时，除按上述步骤绘图外，还有许多习惯画法。

画图时，同类型的线和同方向的线尽可能一次画完，以免三角板、丁字尺来回移动。相等的尺寸和同一方向的尺寸尽可能一次量出。描图上墨时，应先上部后下部，先左边后右边，先水平线后垂直线和倾斜线，先曲线后直线。

绘图时，没有固定的模式，只要把以上几个方面有机地结合起来，就会取得理想的效果。

建筑平面图的绘图步骤（图4-14）：

① 定轴线。

② 根据轴线确定墙身厚度。

③ 画细部，如门窗洞、楼梯、台阶、卫生间等。

④ 经检查无误后，擦去多余的图线，按平面图的线型要求加深图线。

⑤ 标注轴线、尺寸、门窗编号、剖切符号、图名及有关文字说明。

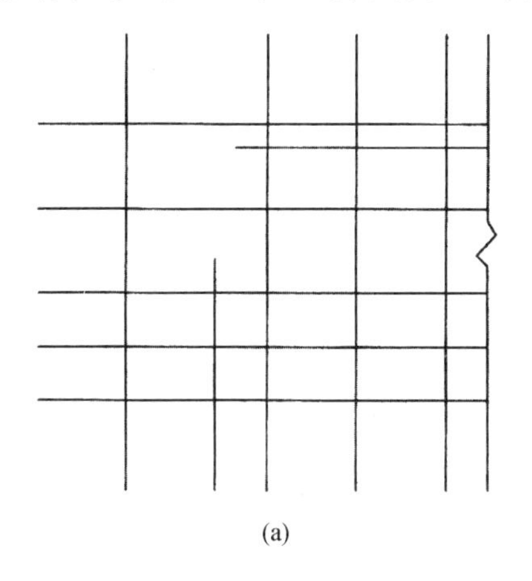

(a)

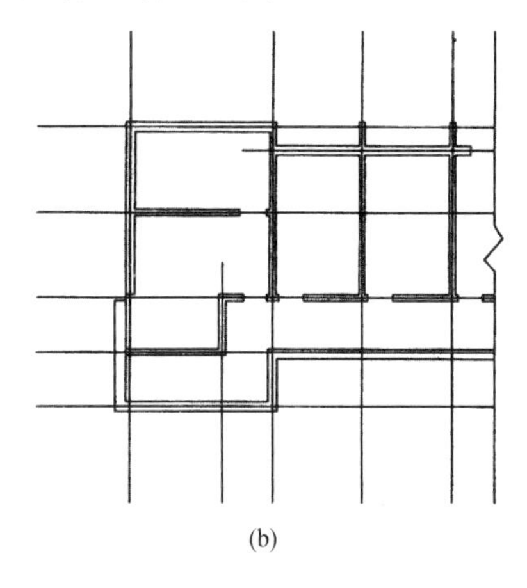

(b)

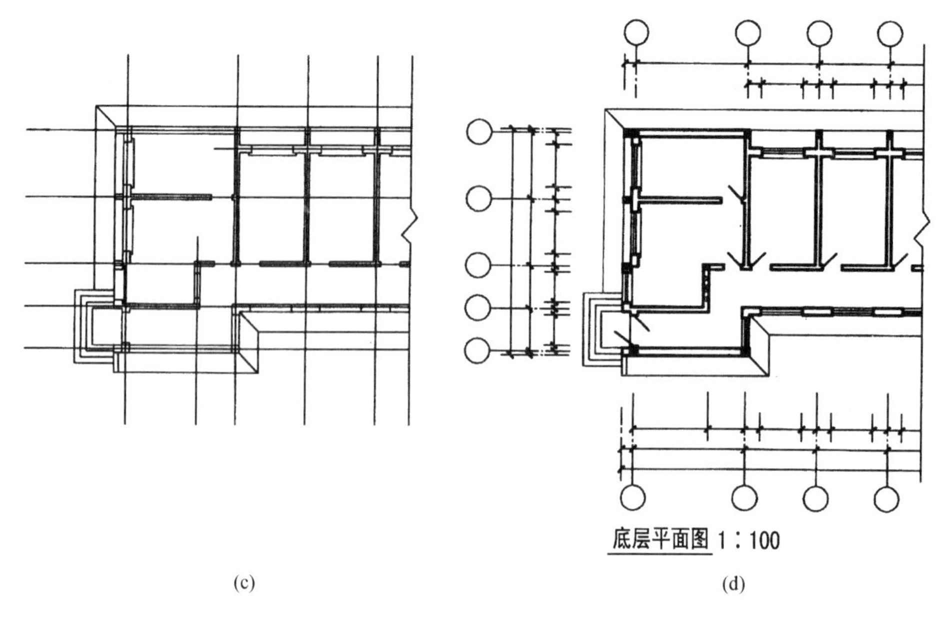

图 4-14　建筑平面图的绘制步骤

4.4　建筑立面图

4.4.1　建筑立面图的形成、命名及图示内容

建筑立面图是投影面平行于建筑物各个外墙面的正投影图，如图 4-15 所示。

建筑立面图是用来表示建筑物的外形外貌及外墙装饰要求的图样，主要反映房屋的总高度、檐口及屋顶的形状、门窗的形式与布置，室外台阶、雨篷、雨水管的形状及位置等。另外，还常用文字表明墙面、屋顶等各部分的建筑材料及做法。

18.925
18.400
15.250
15.250
15.075
14.400
13.000
12.900
11.600
11.400
9.300
8.700 (3F)
7.400
7.200
5.100
4.500 (2F)
3.000
0.900
±0.000 (1F)
R2500
R496
1500
2100
600
900
200
4200
4200
4500
13100
28200
蓝灰色水泥瓦
浅黄色EPS窗套
A
E
2
1

图 4-15 某建筑正立面

立面图中反映主要出入口或房屋主要外貌特征的一面称为正立面图，其余的立面图则相应地称为背立面图、左侧立面图、右侧立面图。有时也可按房屋的朝向来命名立面图的名称，如南立面图、北立面图、西立面图、东立面图。立面图的名称还可以根据立面图两端的轴线编号来命名，如①－⑩ 立面图、⑩－① 立面图等。

4.4.2 建筑立面图的有关规定及要求

1. 定位轴线

在立面图中一般只画出两端的定位轴线及其编号，以便与平面图对照阅读。

2. 图线

为了使立面图外形清晰，富有立体感，立面图常采用不同的线型来画。一般规定：立面图的外包轮廓线用粗实线表示；室外地面线用粗实线表示；阳台、雨篷、门窗洞、台阶、花台等轮廓线用中粗实线表示；门窗扇及其分格线、雨水管、墙面引条线、有关说明的引出线和标高符号等用细实线表示。

3. 图例

立面图和平面图一样，门、窗也按规定图例绘制。

4. 标高

立面图上的高度尺寸主要用标高的形式来标注，一般只标注主要部位的相对标高，如室外地面、入口处地面、窗台、门窗顶、檐口等处的标高。标高一般标注在图形外，在所需标注处画一引出线，标高符号应大小一致，排在同一竖直线上。标注标高时，应注意有建筑标高和结构标高之分，如图 4-15 所示。标注构件的上顶面标高时（窗台顶面除外），应标注建筑标高（包括粉刷层在内的装修完成后的标高）；标注构件的下底面高时，应标注结构标高（不包括粉刷层在内的结构部位的标高）。

5. 其他规定及要求

平面形状曲折的建筑物，可绘制展开立面图。圆形或多边形平面的建筑物可分段展开绘制立面图，但均应在图名后加注“展开”二字。

在立面图中，凡需绘制详图的部位，应画上索引符号。另外，还应用文字的形式注明外墙面、檐口等处的装饰装修要求。

4.4.3 建筑立面图识图示例

图 4-16 ~ 图 4-19 为某售楼中心的南立面图、北立面图、西立面图、东立面图。

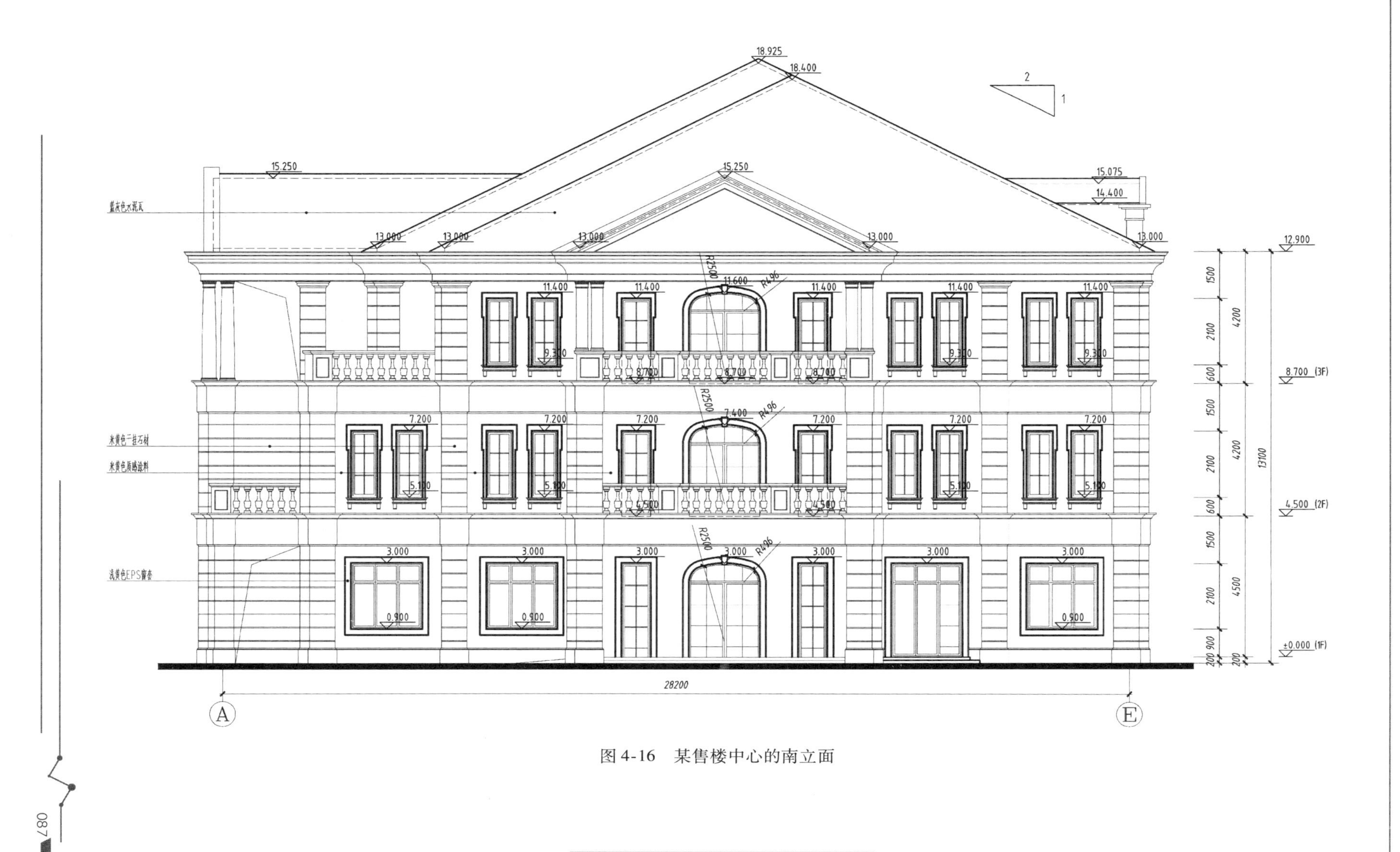

图4-16 某售楼中心的南立面

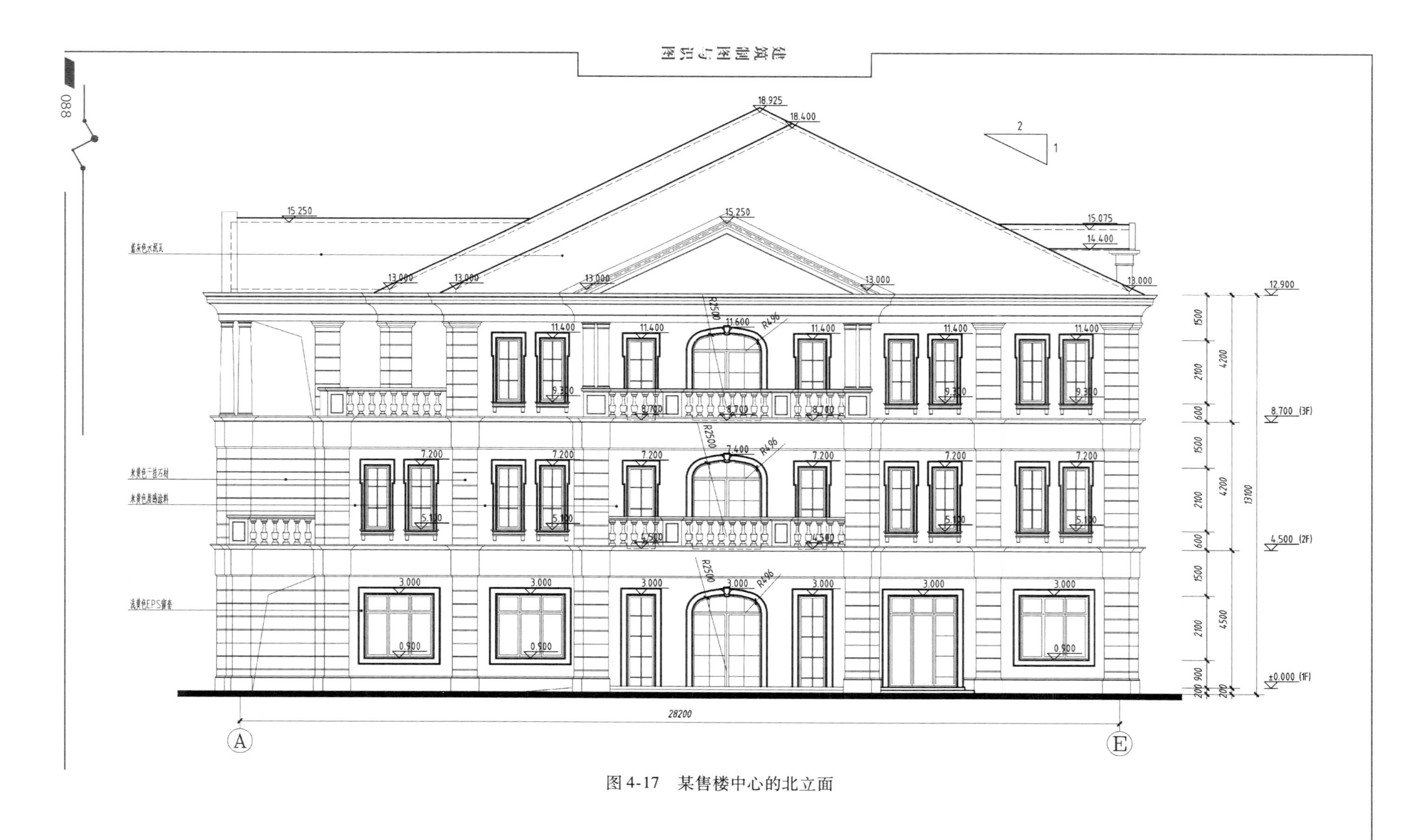

图 4-17　某售楼中心的北立面

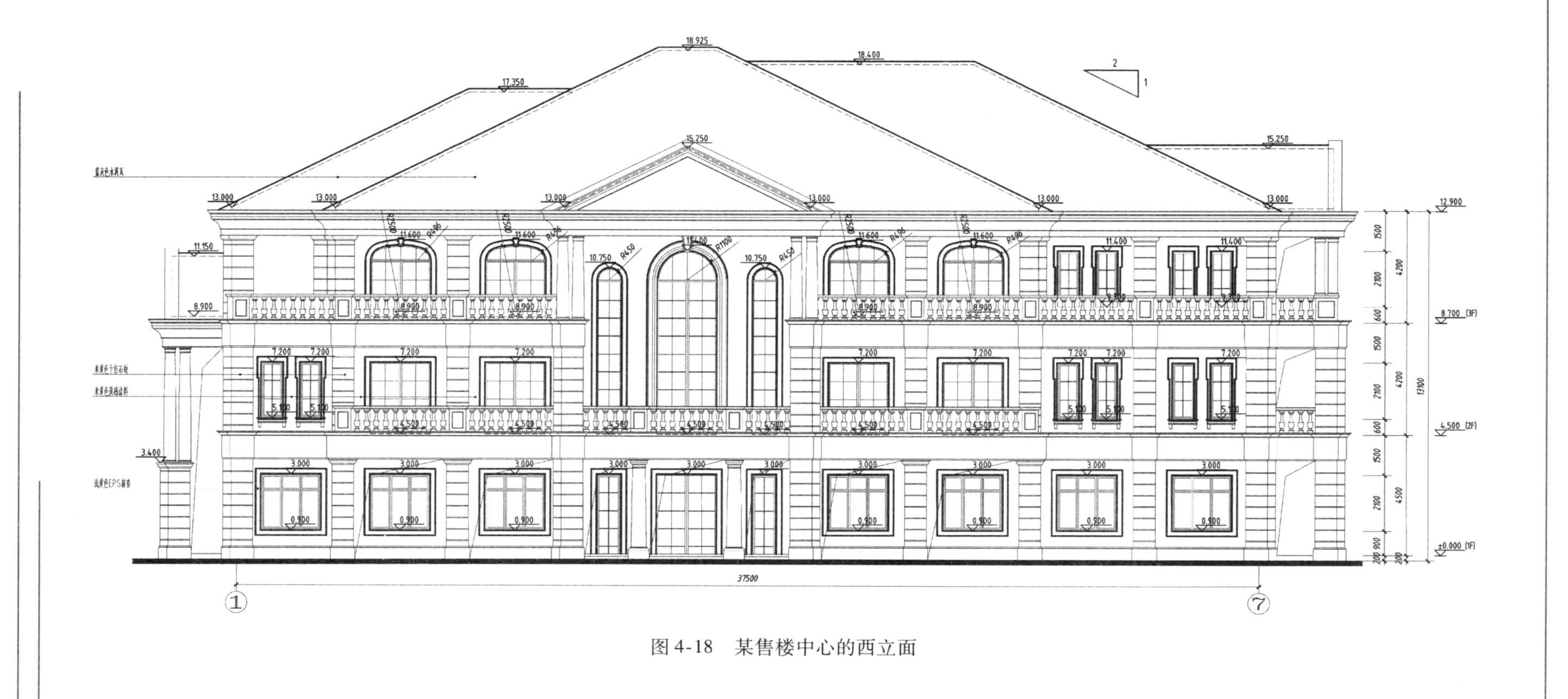

图 4-18　某售楼中心的西立面

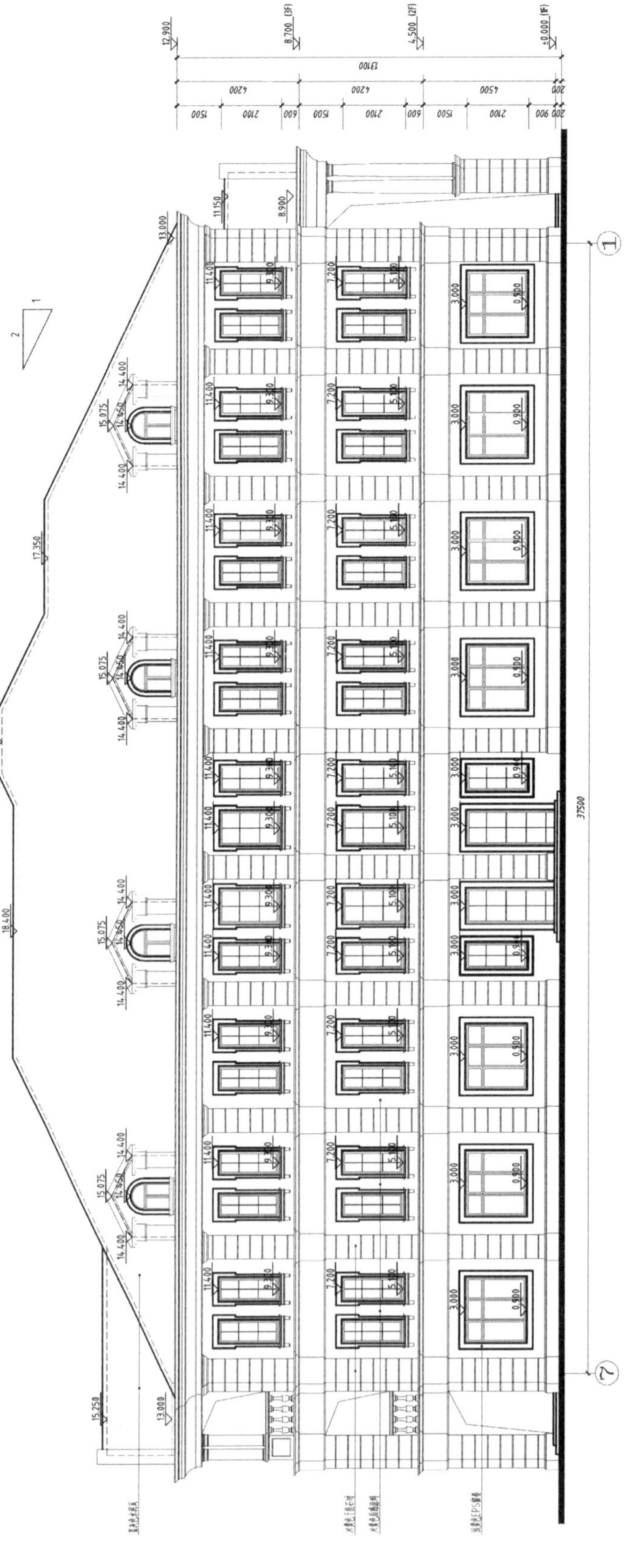

图 4-19　某售楼中心的东立面

阅读建筑立面图时，应与建筑平面图、建筑剖面图对照，特别应注意建筑物体型的转折与凸凹变化。

立面图的绘图比例为1∶100，与平面图相同。南面大门是空中露台，凹凸错落，体现建筑的立体感。北面大门是大型欧式造型门头，体现建筑的复古威严。

4.4.4　建筑立面图的绘图步骤

建筑立面图的绘制离不开建筑平面图，所以在绘制建筑立面图的过程中，应随时参照建筑平面图中的内容。如门窗、楼梯等设施在立面图中的位置都要与平面图中的位置对应。

建筑立面图的绘图步骤，如图4-20所示。

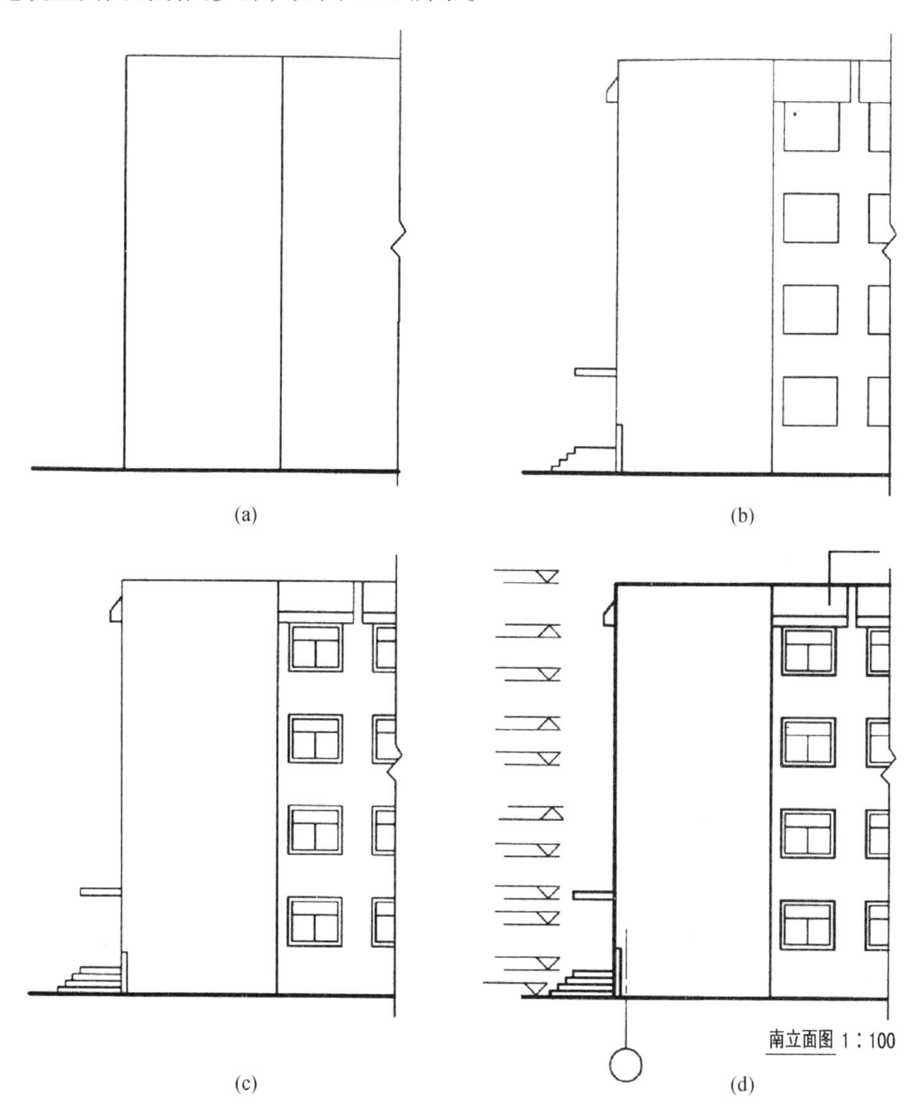

图4-20　建筑立面图的绘制步骤

① 定室外地坪线、外墙轮廓线和屋顶线。

② 画细部，如檐口、窗台、雨篷、阳台、雨水管等。

③ 经检查无误后，擦去多余图线，按立面图的线型要求加深图线，并完成装饰细部。

④ 标注轴线、标高、图名、比例及有关文字说明等。

4.5 建筑剖面图

4.5.1 建筑剖面图的形成及图示内容

假想用一个竖直剖切平面从上到下将房屋垂直地剖开，移去一部分，绘出剩余部分的正投影图，称为建筑剖面图，如图 4-21 所示。

根据建筑物的实际情况和施工需要，剖面图有横剖面图和纵剖面图。横剖是指剖切平面平行于横轴线的剖切，纵剖是指剖切平面平行纵轴线的剖切。建筑施工图中大多数是横剖面图。

剖面图的剖切位置应选择在内部结构和构造比较复杂或有代表性的部位，其数量应根据建筑物的复杂程度和施工的实际需要而确定。对于多层建筑，一般至少要有一个通过楼梯间剖切的剖面图。如果用一个剖切平面不能满足要求时，可采用转折剖的方法，但一般只转折一次。

建筑剖面图主要表示建筑物内部空间的高度关系，如顶层的形式、屋顶的坡度、檐口的形式、楼层的分层情况、楼板的搁置方式、楼梯的形式、内外墙及其门窗的位置、各种承重梁和连系梁的位置、简要的结构形式和构造方法等。

建筑剖面图中一般不画出室内外地面以下的部分，基础部分将由结构施工图中的基础图来表达，因而把室内外地面以下的基础墙画上折断线。在 1∶100 的剖面图中，室内外地面的层次和做法一般将由剖面节点详图设计总说明来表达。因此在剖面图中，只画一条加粗粗实线来表示室内外地面线。

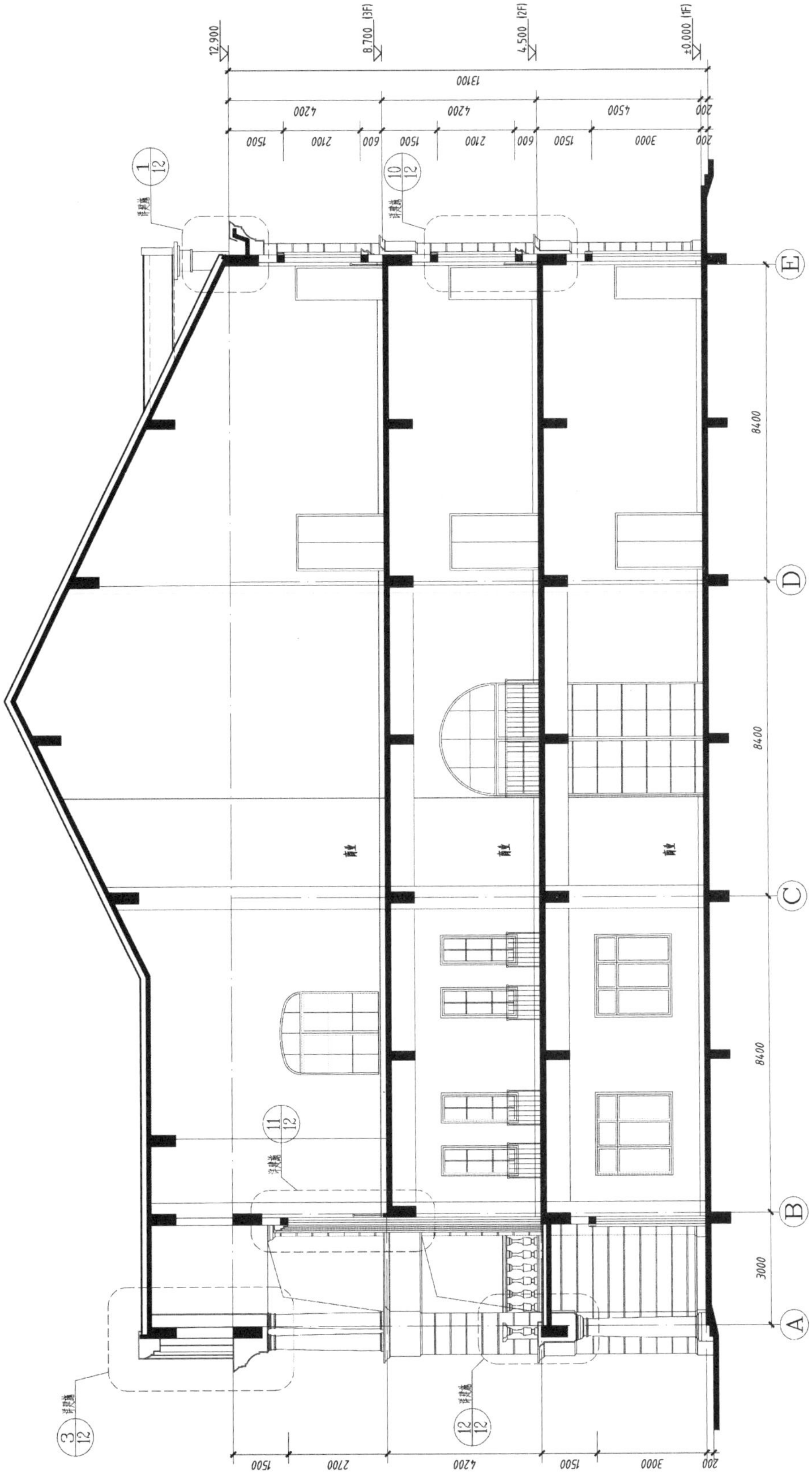

图4-21 建筑剖面图

4.5.2 建筑剖面图的有关规定和要求

1. 定位轴线

在剖面图中，一般只画出两端的轴线及其编号，以便与平面图对照识读。

2. 图线

室内外地面线用粗实线表示；剖切到的墙身、楼板、屋面板、楼梯段、楼梯平台等轮廓线用粗实线表示；未剖切到但可见的门窗洞、楼梯段、楼梯扶手和内外墙的轮廓线用中粗实线表示；门窗扇及其分格线、雨水管等用细实线表示。尺寸线、尺寸界线、引出线和标高符号亦画成细实线。

3. 图例

剖面图与平面图、立面图一样，门窗也应按规定的图例绘制。

在1∶100的剖面图中，剖切到的砖墙和钢筋混凝土的材料图例画法与1∶100的平面图画法相同。

4. 尺寸标注

建筑剖面图中，主要标注高度尺寸和标高。外墙的高度尺寸应标注三道尺寸。最外侧的一道尺寸为室外地面以上的总高尺寸；中间一道为层高尺寸，即底层地面到二层楼面、各层楼面到上一层楼面、顶层楼面到檐口处屋面的尺寸；同时还应注明室内外地面的高差尺寸及檐口的高度尺寸。最里面的一道尺寸为门窗洞到洞间墙的高度尺寸。此外，还应标注某些局部尺寸，如内墙上门窗洞的高度尺寸、窗台的高度尺寸及一些不另画详图的构配件尺寸等。剖面图上两轴线间的尺寸也必须注出。

在建筑剖面图中，除标注高度尺寸外，还必须注明室内外地面、楼面、楼梯平台面、屋顶檐口顶面等处的建筑标高，以及某些梁的底面、雨篷底面等处的结构标高。

5. 其他规定及要求

在剖面图中，凡需绘制详图的部位，均应画上索引符号。剖面图的剖切位置应到底层平面图中表示。

4.5.3 建筑剖面图识图示例

图4-22和图4-23分别为某学校办公楼的1—1剖面图和2—2剖面图。阅读建筑剖面图时应以建筑平面图为依据，由建筑平面图到建筑剖面图，由外部到内部，由下到上，反复对照查阅，形成对房屋的整体认识。

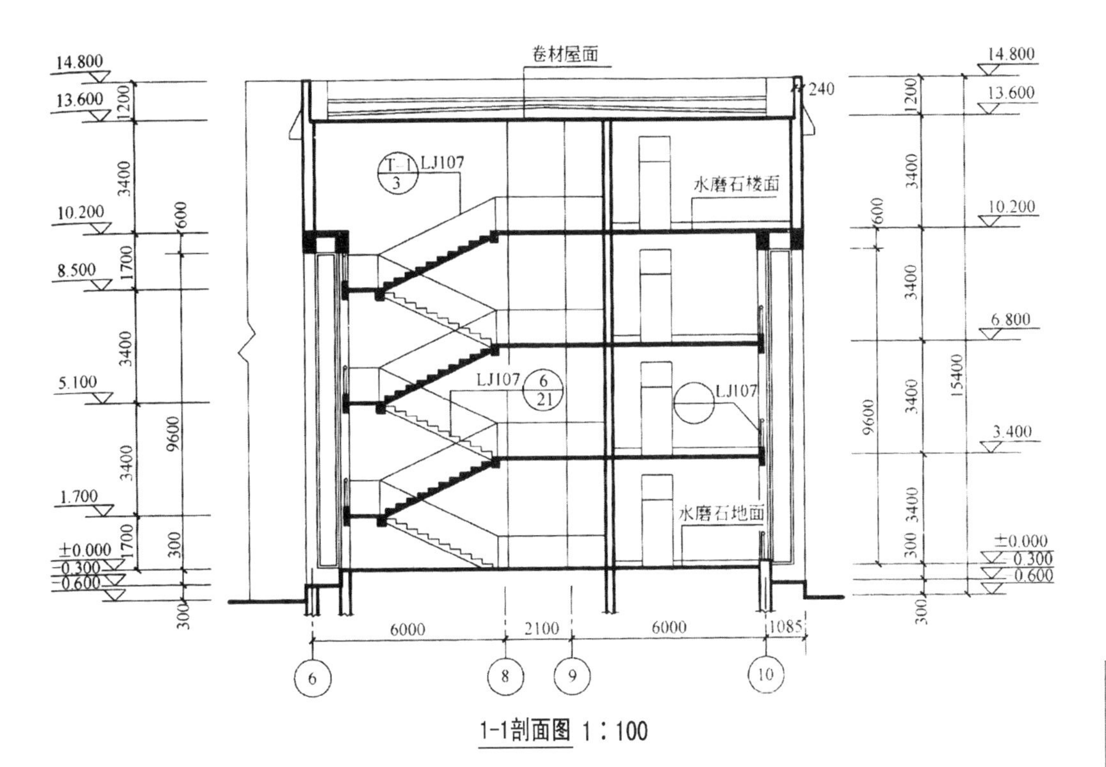

图 4-22　1—1 剖面图

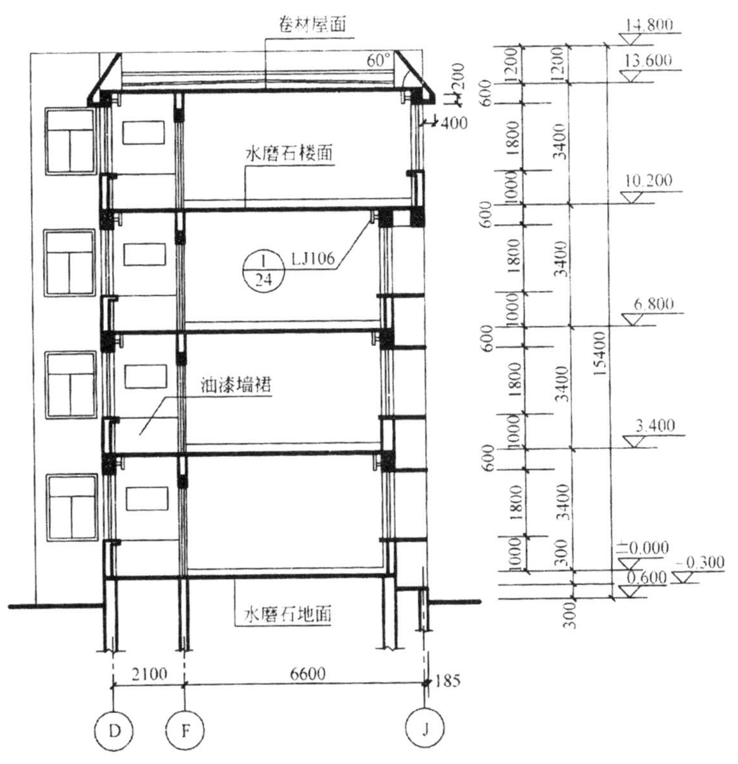

图 4-23　2—2 剖面图

由底层平面图中的剖切符号可知，1—1 剖面图是通过大门厅、楼梯间的一个纵剖面图，仅表达了办公楼东端剖切部分的内容。而中、西部的未剖到部分与南立面图相同，故在此不再表示，用折断线表示。

1—1 剖面图的剖切位置通过每层楼梯的第二个梯段，而每层楼梯的第一个梯段则为未剖到而可见的梯段，但各层之间的休息平台是被剖切到的。图中的涂黑断面均为剖到的钢筋混凝土构件的断面。该办公楼的屋顶为平屋顶，利用屋面材料做出坡度形成双坡排水，檐口采用包檐的形式。办公楼的层高为 3.400m，室内、外地面的高差为 0.600m，檐口的高度为 1.200m。另外，从图中还可以得知各层楼面、休息平台面、屋面、檐口顶面的标高尺寸。

图中注写的文字表明办公楼采用水磨石楼、地面，屋面为卷材屋面。

4.5.4　建筑剖面图的绘图步骤

在绘制建筑剖面图之前，一定要找准切剖位置和投影方向，注意底层平面图上的剖切符号，看准其剖切位置及投影方向。

建筑剖面图的绘图步骤如图 4-24 所示。

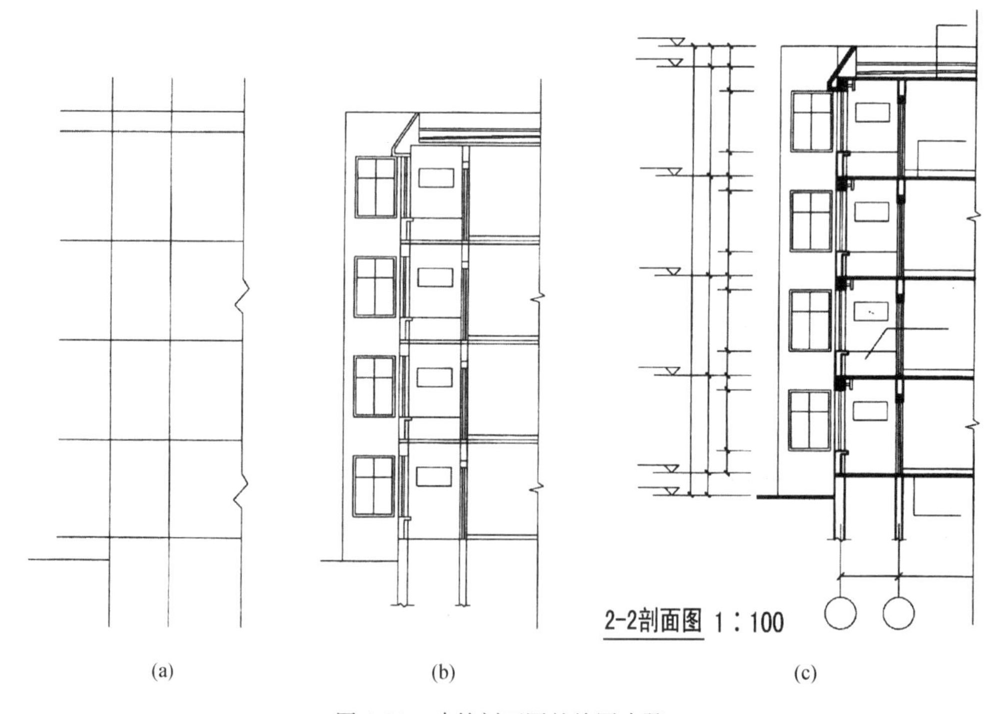

图 4-24　建筑剖面图的绘图步骤

① 定轴线、室内外地坪线、楼面线、屋面线。

② 画细部，如门窗洞、墙身、楼梯、梁板、雨篷、檐口、屋面等。

③ 经检查无误后，擦掉多余线条，按照剖面图的线型要求加深图线，并画出断面的材料图例。

④ 标注标高、尺寸、轴线、索引符号、图名、比例及有关的文字说明。

建筑平、立、剖面图之间的相互关系

建筑施工图一般按照“平—立—剖”的顺序绘制。绘图时，应从大到小，先整体后局部，先骨架后细部，先底稿后加深，先绘图后注字，逐步深入细致地完成。

绘制建筑平、立、剖面图时，应注意它们的完整性和统一性。例如，立面图上外墙面的门窗布置和门窗宽度应与平面图上相应的门窗布置和门窗宽度一致。同时，立面图上各部位的高度尺寸，除了使用功能和立面的造型外，是根据剖面图中构配件的关系来确定的。因此，在设计和绘图中，立面图和剖面图相应的高度关系必须一致，立面图和平面图相应的长度和宽度关系必须一致。

对于小型的房屋，当平、立、剖面图能够画在同一张图纸上时，则利用它们相应部分的一致性来绘图，就更为方便。

4.6 建筑详图

建筑平面图、立面图、剖面图一般采用较小的比例，在这些图纸上难以表示清楚建筑物某些部位的详细情况，根据施工需要，必须另外绘制比例较大的图样，将某些建筑构配件（如门、窗、楼梯等）及一些构造节点（如檐口、勒脚等）的形状、尺寸、材料、做法详细表达出来，这就是建筑详图。建筑详图是建筑平、立、剖面图的补充，是建筑施工中的重要依据之一。

建筑详图所采用的比例一般为1:1，1:2，1:5，1:10，1:20等。建筑详图的尺寸要齐全、准确，文字说明要清楚明白。

在建筑平、立、剖面图中，凡需绘制详图的部位均应画上索引符号，而在所画出的详图上则应编上相应的详图符号。详图符号与索引符号必须对应一致，以便看图时查找相互有关的图纸。对于套用标准图或通用图的建筑构配件和剖面节点，只要注明所套用图集的名称、编号和页次，不必另画详图。索引符号与详图符号的画法规定及编号方法详见表4-2。

表4-2　索引符号与详图符号的画法规定及编号方法

名称	符号	说明
索引符号	(5/—) 详图的编号；详图在本张图纸上 (5/—) 局部剖面详图的编号；剖面详图在本张图纸上	细实线单圆圈直径应为8～10mm 详图在本张图纸上
	(5/4) 详图的编号；详图所在的图纸编号 (5/4) 局部剖面详图的编号；剖面详图所在的图纸编号	详图不在本张图纸上
	J103 (5/4) 标准图册编号；标准详图编号；详图所在的图纸编号	标准详图
详图符号	(5) 详图的编号	粗实线单圆圈直径应为14mm 被索引的本张图纸上
	(5/2) 详图的编号；被索引的图纸编号	被索引的不在本张图纸上

建筑详图包括局部构造详图（外墙剖面详图、楼梯详图、门窗详图等）、房间设备详图（厕所详图、实验室详图等）及内外装修详图（顶棚详图、花饰详图等）。

4.6.1　外墙剖面详图

1．外墙剖面详图的形成及表达内容

外墙剖面详图实际上是建筑剖面图中有关部位的局部放大图。外墙剖面详图主要表达房屋的屋面、楼面、地面和檐口的构造，楼板与墙的连接，以及窗台、窗顶、勒脚、室内外地面、防潮层、散水等处的构造、尺寸和用料等。

外墙剖面详图往往在窗洞中间断开，成为几个节点详图的组合。多层房屋中如各层情况相同时，则可只画出底层、顶层或加一个中间层。有时，也可不画整个墙身详图，只分别用几个节点详图表示。

阅读外墙剖面详图时，首先应根据详图中的轴线编号找到所表示的建筑部位，然后与平、立、剖面图对照阅读。看图时应由下而上或由上而下逐个节点阅读，了解各部位的详细做法与构造尺寸，并注意与设计说明中的材料做法核对。

2. 外墙剖面详图识图示例

图 4-25 为某学校办公楼的外墙剖面详图。由详图中的轴线编号并对照平、立、剖面图可知，该外墙为办公楼的东外墙。由于该办公楼二、三层楼层处构造相同，而四层楼层处构造做法与二、三层有所区别，所以阅读时可分为四大部分。第一部分为勒脚、地面、散水、防潮层；第二部分为二、三层楼层处节点；第三部分为四层楼层处节点；第四部分为檐口节点。

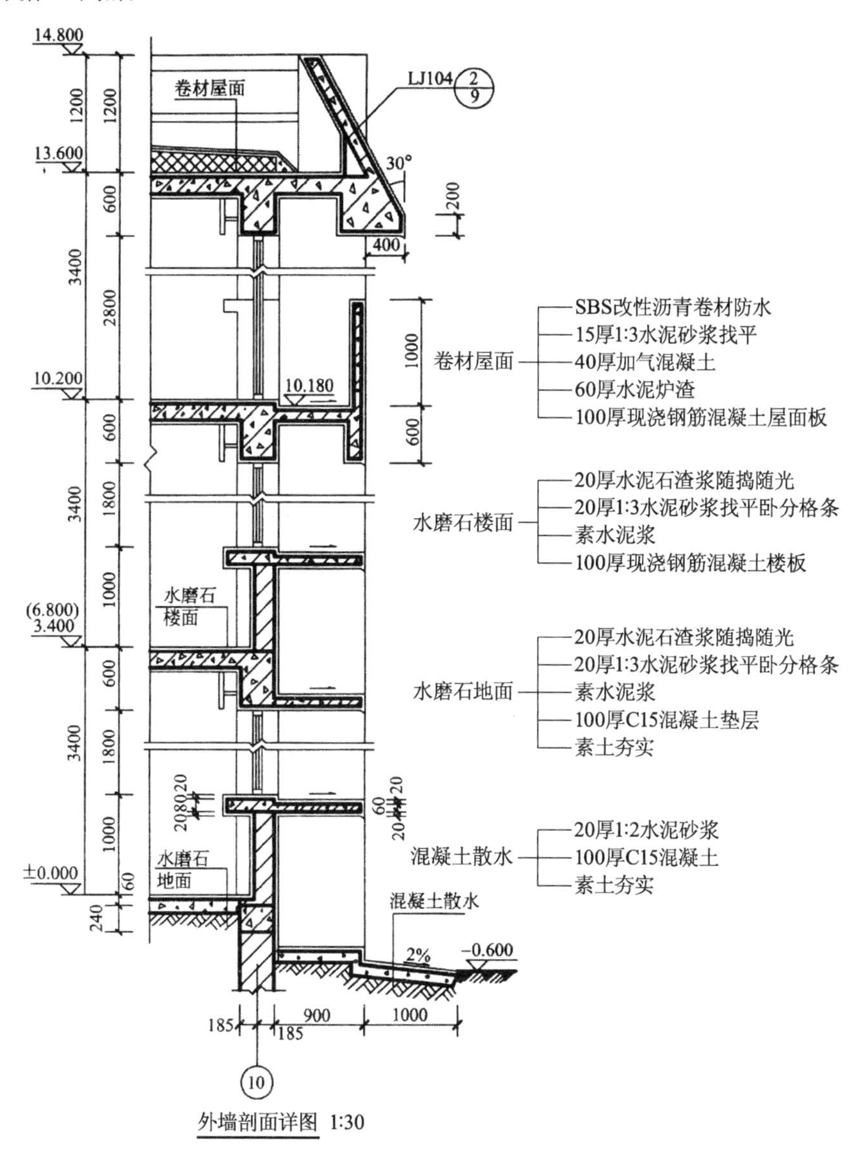

图 4-25　外墙剖面详图

（1）勒脚、散水节点

由图4-25可以看出房屋外墙的防潮、防水和排水的做法。在底层室内地面以下60mm处设置370mm×240mm的基础圈梁一道，兼起防潮层的作用，以防土壤中的水分和潮气从基础端上升而侵蚀上面的墙身。在外墙面，在室外地面300～600mm高度范围内，应用防水和耐久性好的材料做成勒脚，以保护接近地面部分的墙身免受雨水侵蚀，同时也防止各种机械性的破坏。有时考虑立面处理的需要，勒脚高度可不受限制。本例中勒脚的做法与整个外墙面相同，均为白色面砖贴面。沿外墙四周向外做出的倾斜坡面叫作散水，散水的作用是迅速排走勒脚附近的水，以防雨水或地面水侵蚀墙基。本例中的散水为混凝土散水。基层为素土夯实，垫层为100mm厚的C15混凝土，面层为20mm厚的1∶2水泥砂浆抹面，坡度为2%，散水宽度为1000mm。图中还表明室内地面为水磨石地面，室内墙面踢脚板为水磨石踢脚，墙身厚度为370rnm。

（2）二、三层楼层处节点

窗台为预制钢筋混凝土窗台，外窗台挑出墙面900mm，内墙面凹进窗台120mm，从而使窗台下方的墙身厚度变为240mm，形成暖气片槽，以利于暖气片的安装。窗台的面层做法与外墙面的做法一致，为白色面砖贴面。窗台顶面做出一定的坡度以利排水，窗台底面做出滴水斜口，以免雨水顺流渗入下面的墙身。从窗顶部分可以看出过梁和圈梁的构造做法。门窗过梁的作用是承受门窗洞口上部的荷载并将其传至两侧的墙上；圈梁的作用是提高建筑物的整体性。本例中用L形钢筋混凝土圈梁，圈梁兼起过梁的作用。圈梁挑出外墙900mm，与窗台一起形成立面上的线脚，从而加强立面的效果。在圈梁底的外侧做出滴水斜口，以防外墙面上的雨水顺流到墙上。从图中还可以看出，楼板为100mm厚现浇钢筋混凝土板，楼面为水磨石楼面。

（3）四层楼层处节点

该外墙处设置了门联窗以通向外面的阳台。圈梁与阳台板、阳台栏杆浇筑在一起。阳台板的顶面标高为10.180，比四层楼面低20mm。阳台板顶面向外抹出一定的坡度，以便将雨水排出。

（4）檐口节点

本例中屋顶的承重层为100mm厚现浇钢筋混凝土板，板上做水泥炉渣和加气混凝土保温隔热层，待水泥砂浆找平后，再做SBS改性沥青卷材防水层。屋面檐口的形式为包檐，窗顶部分为挑檐，挑檐天沟与圈梁浇筑在一起。为增强立面效果，挑檐的立面做60°的斜坡面，上贴砖红色波形瓦。在挑檐的内侧做成垂直面，并预埋防腐木砖以固定卷材防水的收头。

在墙身详图中，应注明室内底层地面、室外地面、楼层地面、窗台、窗顶、顶棚及檐口底面的标高。当同一个图上有几个标高数字时，带括号的数字表示与此相应的高度上，该图形仍然适用。

此外，在墙身详图中，还应注明高度方向的尺寸及墙身细部的尺寸。

4.6.2 楼梯详图

楼梯是多层房屋中上下交通的主要设施，由楼梯段、休息平台、栏杆或栏板组成。楼梯的构造比较复杂，在建筑平面图和建筑剖面图中不能将其表示清楚，所以必须另画详图表示。楼梯详图是楼梯施工放样的主要依据，主要表示楼梯的类型、结构形式、各部位的尺寸及装修做法等。

楼梯详图一般分建筑详例与结构详图，应分别绘制并编入建筑施工图和结构施工图中。对于一些构造和装修较简单的现浇钢筋混凝土楼梯，其建筑详图和结构详图可合并绘制，编入建筑施工图或结构施工图均可。

楼梯的建筑详图包括楼梯平面图、楼梯剖面图、踏步和栏杆等节点详图。楼梯平面图与剖面图比例要一致，以便对照阅读。踏步、栏杆等节点详图比例要大些，以便能清楚地表达该部分的构造情况。

1. 楼梯平面图

假想用一个水平剖切平面在每一层（楼）地面以上 1m 的位置将楼梯间剖开，移去剖切平面以上部分，绘出剩余部分的水平正投影图，称为楼梯平面图，如图 4-26 ~ 图 4-28 所示。

对于多层房屋，一般应分别画出底层楼梯平面图、顶层楼梯平面图及中间各层的楼梯平面图。如果中间各层的楼梯位置、梯段数量、踏步数、梯段长度都完全相同，可以只画一个中间层楼梯平面图，这种相同的中间层的楼梯平面图称为标准层楼梯平面图。必须指出，在标准层楼梯平面图中的楼层地面和休息平台面上应标注各层楼面以及平台面相应的标高，其次序应由下而上逐一注写。

楼梯平面图主要表明梯段的长度和宽度、上行或下行的方向、踏步数和路面宽度、楼梯休息平台的宽度、栏杆扶手的位置及其他一些平面形状。

楼梯平面图中，楼梯段被水平剖切后，其剖切线是水平线，而各级踏步也是水平线，为了避免混淆，剖切处规定画 45°折断符号，首层楼梯平面图中的 45°折断符号应以楼梯平台板与梯段的分界处为起始点画出，使第一梯段的长度保持完整。

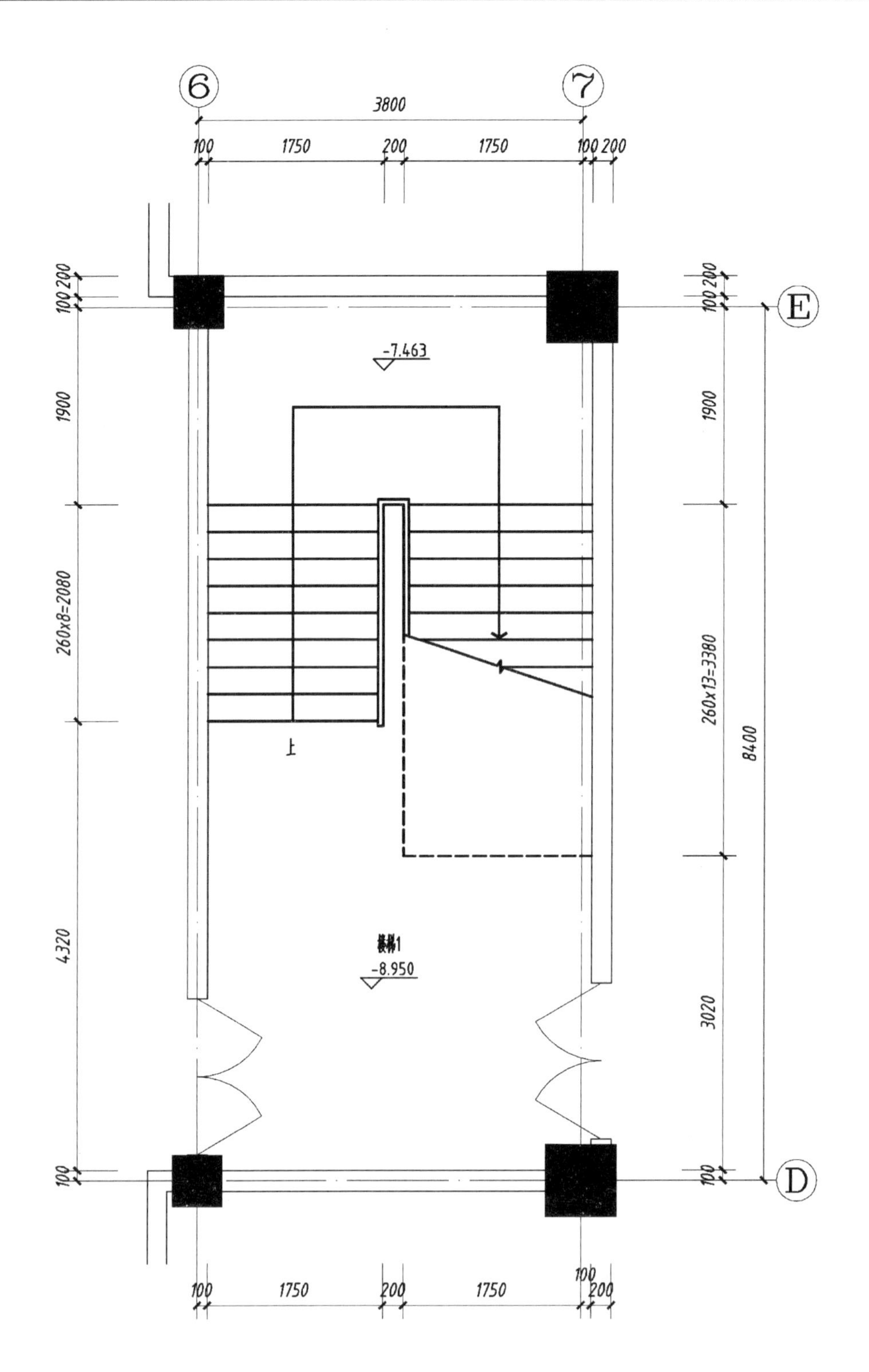

楼梯1 地下二层平面图 1：50

图 4-26 地下二层楼梯平面图

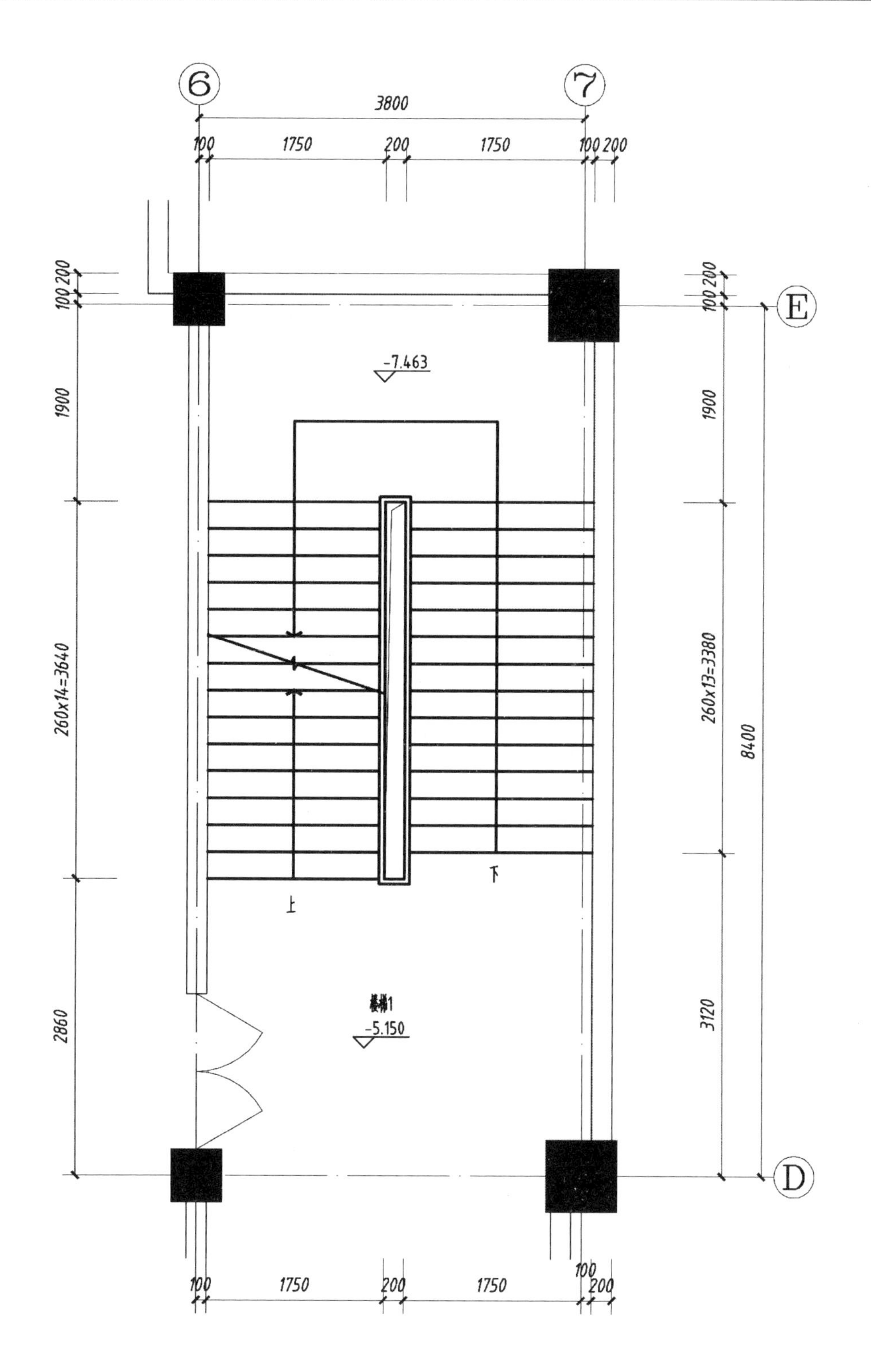

图 4-27　地下一层楼梯平面图

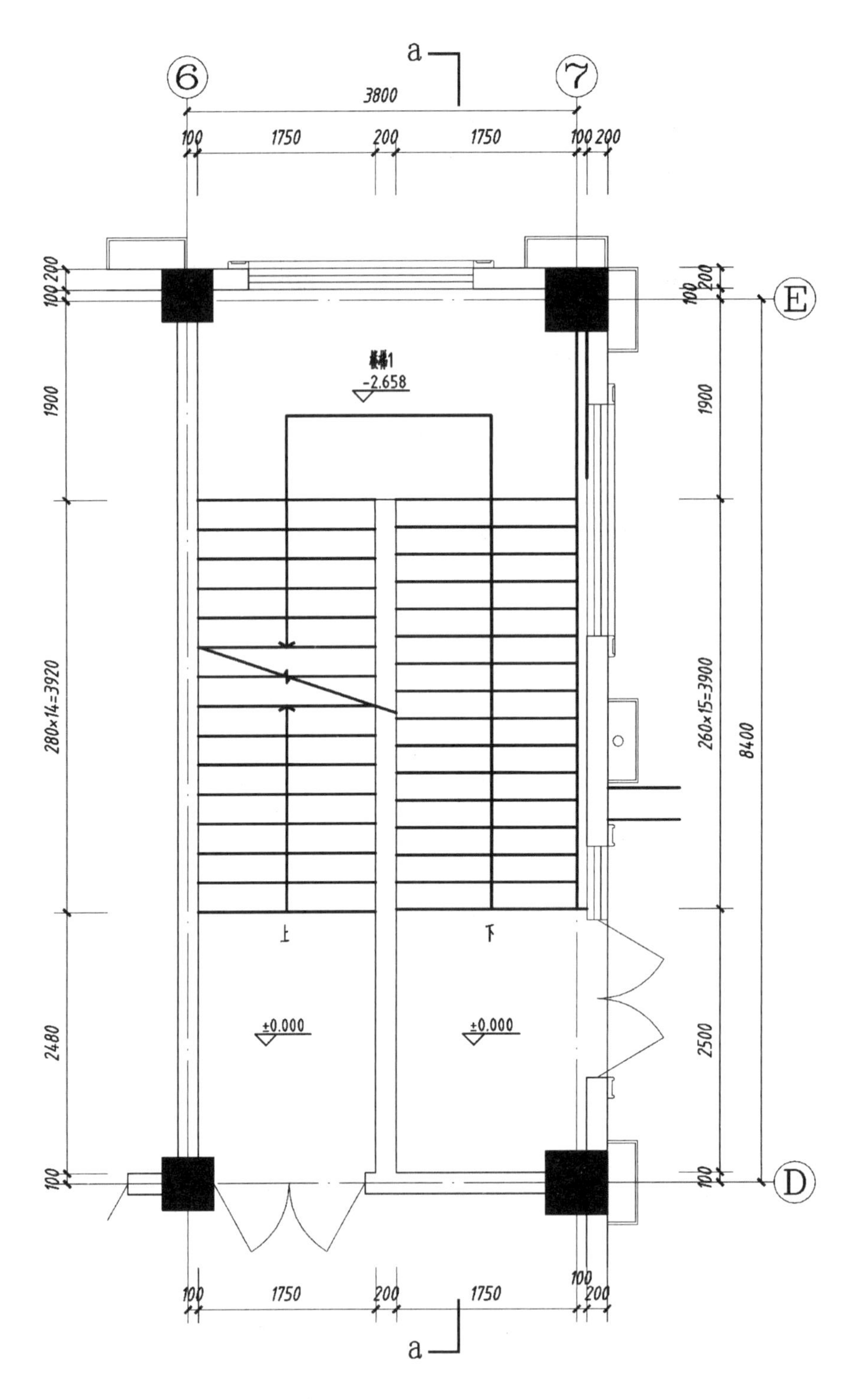

图 4-28　一层楼梯平面图

楼梯平面图中，梯段的上行或下行方向是以各层楼地面为基准标注的。向上者称上行，向下者称下行，并用长线箭头和文字在梯段上注明上行、下行的方向及踏步总数。

在楼梯平面图中，除注出楼梯闯的开间和进深尺寸、楼地面和平台面的尺寸及标高外，还需注出各细部的详细尺寸。通常用踏面数与踏面宽度的乘积来表示梯段的长度。通常三个平面图画在同一张图纸内，并互相对齐，这样既便于阅读，又可省略标注一些重复的尺寸。

阅读楼梯平面图时，要掌握各层平面图的特点。地下二层平面图在该套图纸中是底层平面图，只有一个被剖到的梯段和栏板，该梯段为上行梯段，所以长箭头上注明“上”字；一层平面图中由于是顶层平面图，能看到完整的下行梯段和平台，所以在梯口处只有一个注有“下”字的长箭头；地下一层平面图在该套图纸中属于中间层，即是标准层平面图，图中既画出了被剖到的往上走的梯段（画有“上”字的长箭头），还画出了该层往下走的梯段（画有“下”字的长箭头）及楼梯平台，往上走的梯段和往下走的梯段有投影重合，以45°折断线为界。

读图中还应注意的是，各层平面图上所画的每一分格表示梯段的一级。但因最高一级的踏面与平台面或楼面重合，所以平面图中每一梯段画出的踏面数，总比级数少一个。例如底层平面图中剖到的第一梯段有12级，但在平面图中只有11格，梯段长度为11×260=2860mm。

2. 楼梯剖面图

假想用一个竖直剖切平面沿梯段的长度方向将楼梯间从上至下剖开，然后往另一梯段方向投影所得的剖面图称为楼梯剖面图，如图4-29所示。

楼梯剖面图能清楚地表明楼梯梯段的结构形式、踏步的踏面宽、踢面高、级数及楼地面、楼梯平台、墙身、栏杆、栏板等的构造做法及其相对位置。

阅读楼梯剖面图时，应了解楼梯剖面图的习惯画法及有关规定。表示楼梯剖面图的剖切位置的剖切符号应在底层楼梯平面图中画出。剖切平面一般应通过第一剖，并位于能剖到门窗洞口的位置上，剖切后向未剖到的梯段进行投影。

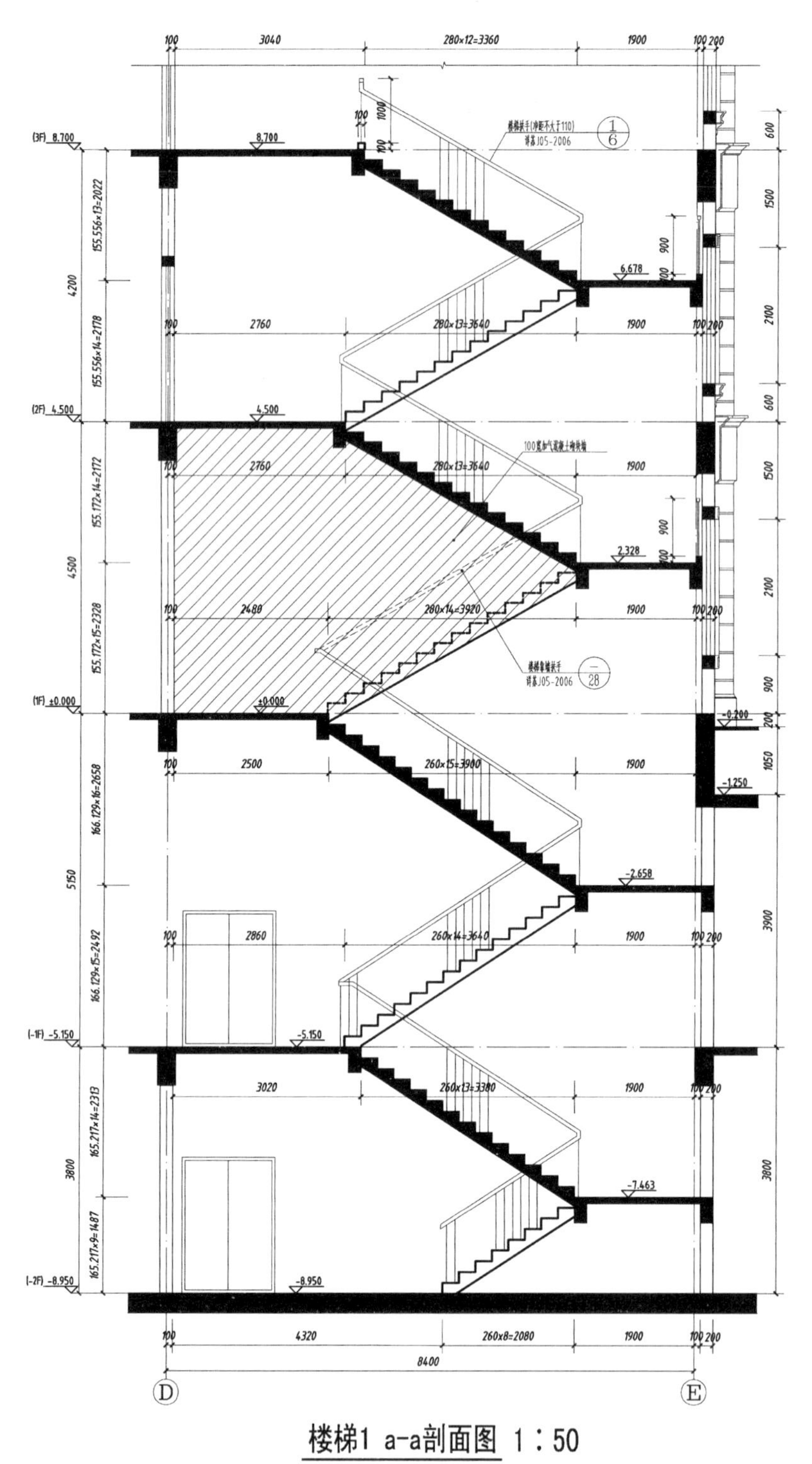

图 4-29　楼梯剖面图

在多层建筑中，若中间层楼梯完全相同时，楼梯剖面图可只画出底层、中间层、顶层的楼梯剖面，在中间层处用折断线符号分开，并在中间层的楼面和楼梯平台面上注写适用于其他中间层楼面的标高。若楼梯间的屋面构造做法没有特殊之处，一般不再画出。在楼梯剖面图中，应标注楼梯间的进深尺寸及轴线编号、各梯段和栏杆栏板的高度尺寸、楼地面的标高及楼梯间外墙上门窗洞口的高度尺寸和标高。梯段的高度尺寸可用级数与踢面高度的乘积来表示，应注意的是级数与踏面数相差为 1，即踏面数 = 级数 - 1。

标注与梯段坡度相同的倾斜栏杆栏板的高度尺寸应从踏面的中部起垂直量到扶手顶面，标注水平栏杆栏板的高度尺寸应以栏杆栏板所在地面为起点量取。

在楼梯剖面图中，需另画详图的部位，附画上索引符号。

3. 楼梯节点详图

在楼梯平面图和剖面图中没有表示清楚的踏步做法、栏杆栏板及扶手做法、梯段端点的做法等，常用较大的比例另画出详图，如图 4-30 所示。

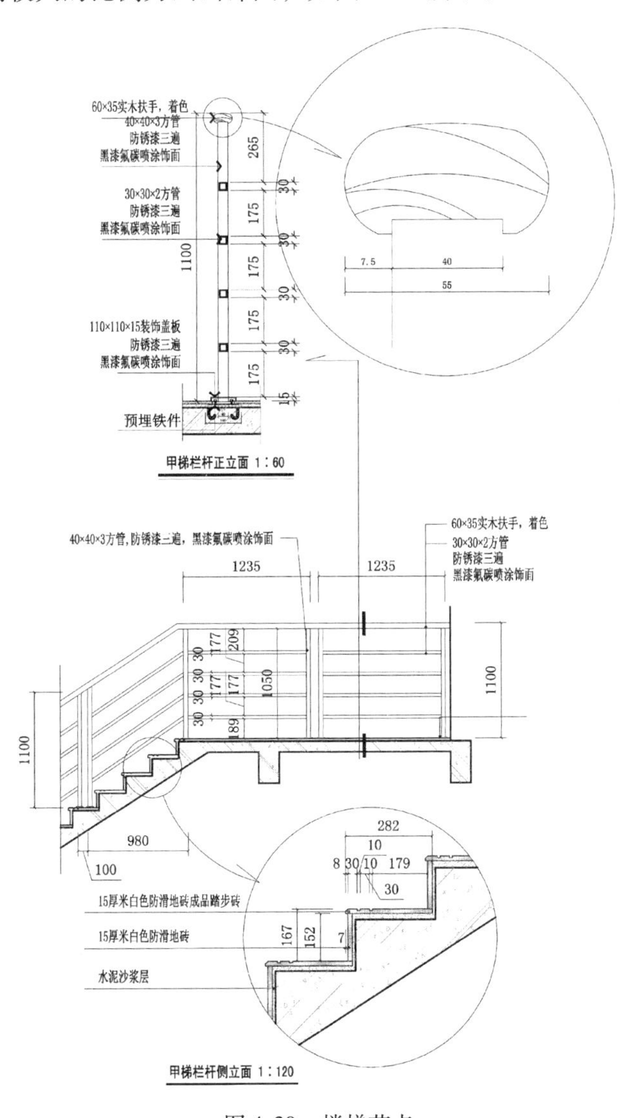

图 4-30　楼梯节点

踏步详图表明踏步的截面形状、大小、材料及面层的做法。本例踏面宽为282mm，踢面高度为167mm，为防行人滑跌，在踏步上设置了30mm的防滑条。

栏板与扶手详图主要表明栏板及扶手的形式、大小、所用材料及其与踏步的连接等情况。本例中栏板为砖砌，上做钢筋混凝土扶手，面层为水泥砂浆抹面。底层端点的详图表明底层起始踏步的处理及栏板与踏步的连接等。

某公司办公楼的楼梯详图如图4-31所示。

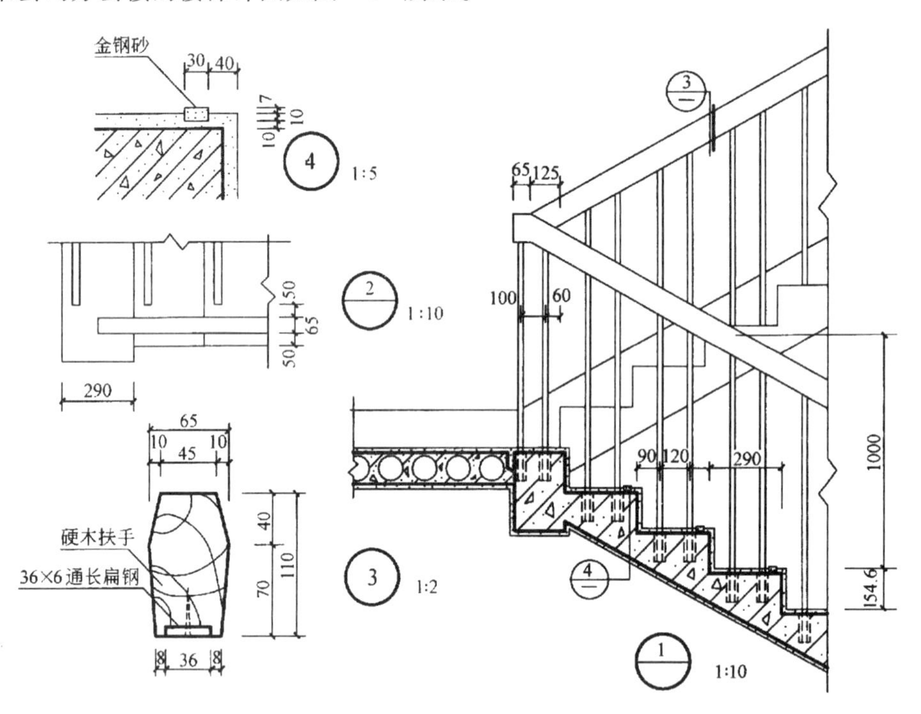

图4-31　某办公楼楼梯节点详图

4.6.3　楼梯平面图、楼梯剖面图的绘图步骤

楼梯平面图具体绘图步骤（图4-32）如下：

① 确定楼梯间的轴线位置，并画出梯段长度、平台深度、梯段宽度、梯井宽度等。

② 根据踏面数、踏面宽度，用几何作图中等分平行线的方法等分梯段长度，画出踏步。

③ 画栏板、箭头等细部，并按线型要求加深图线。

④ 标注标高、尺寸、轴线、图名、比例等。

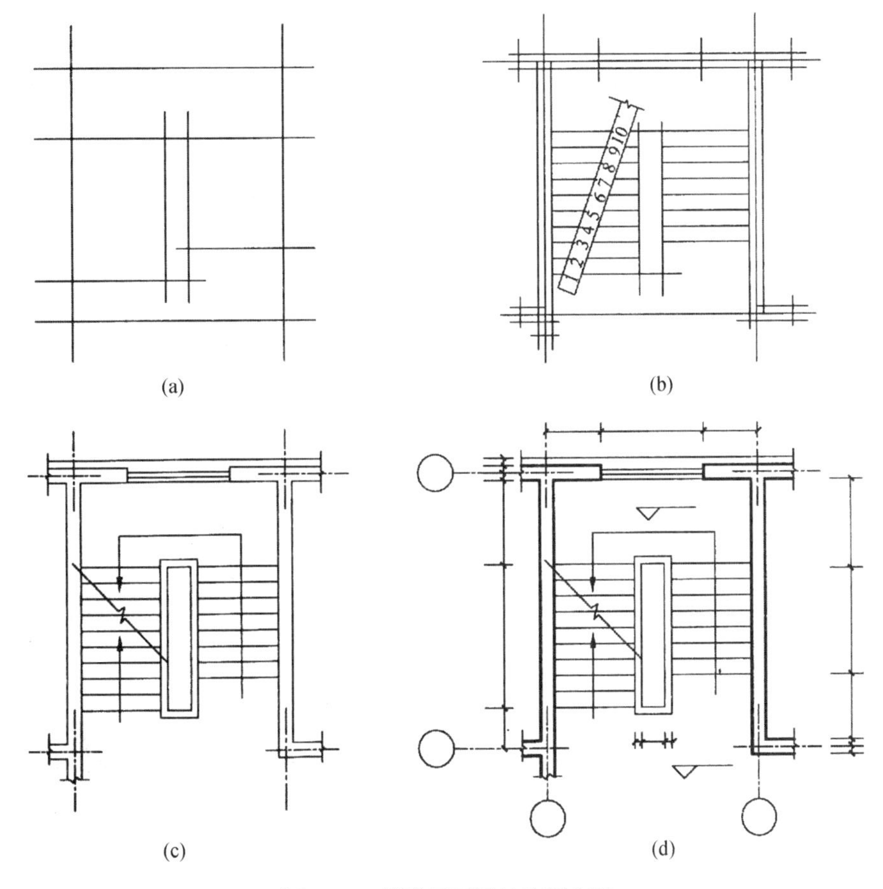

图 4-32　楼梯平面图的绘图步骤

2. 楼梯剖面图的绘图步骤

绘制楼梯剖面图时，应注意图形比例应与楼梯平面图一致。画栏杆、栏板时，其坡度应与梯段一致。具体绘图步骤（图 4-33）如下：

① 确定楼梯间的轴线位置，确定楼地面、平台面与梯段的位置。

② 确定墙身并定踏步位置，确定踏步时仍用等分平行线间距的方法。

③ 画细部，如窗、梁、栏板等。

④ 经检查无误后，按线型要求加深图线。

⑤ 标注轴线、尺寸、标高、索引符号、图名、比例等。

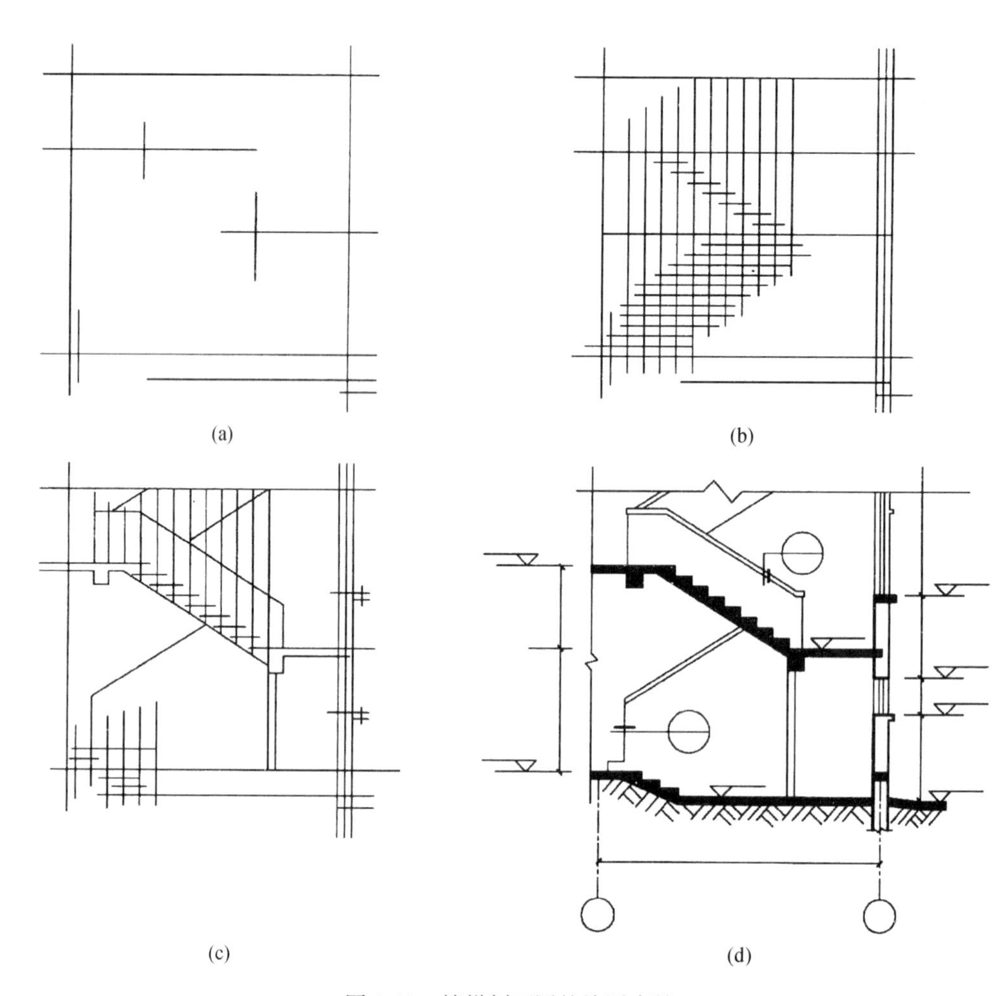

图 4-33　楼梯剖面图的绘图步骤

第 5 章　结构施工图的识读

5.1　概　述

建筑施工图主要表达了房屋的外形、内部布局、建筑构造和内外装修等内容，而房屋的各承重构件（如基础、梁、板、柱）的布置、结构构造等内容没有被表达出来。因此，在房屋设计中，除了进行建筑设计，画出建筑施工图以外，还要进行结构设计，画出结构施工图。

建筑结构按受力形式可分为砖墙与钢筋混凝土梁板结构、框架结构、桁架结构、空间结构等；按主要承重结构所使用的材料可分为木结构、砖石结构、砖墙与钢筋混凝土梁板结构（混合结构）、钢筋混凝土结构、钢结构等。

5.1.1　结构施工图的分类及内容

结构施工图主要表达结构设计的内容，它是表达建筑物各承重构件（基础、承重墙、梁、板、柱、屋架等）的布置、形状、大小、材料、构造及其相互关系的图样。它还反映出其他专业（建筑、给水排水、暖通、电气等）对结构的要求。结构施工图主要用来作为施工放线、挖基槽、支模板、绑扎钢筋、设置预埋件、浇捣混凝土，安装梁、板、柱等构件，以及编制预算和施工组织计划的依据。

结构施工图一般包括以下三项内容；

1. 结构设计说明

结构设计说明以文字叙述为主，主要说明设计的依据，如地基情况、风雪荷载、抗震情况；选用材料的类型、规格、强度等级；施工要求；选用标准图集等。

2. 结构布置图及钢筋图

结构布置图是房屋承重结构的整体布置图，主要表示结构构件的位置、数量、型号及相互关系。常用的结构平面布置图有基础平面图、楼层结构布置平面图、屋面结构布置平面图等。《混凝土结构施工图平面整体表示方法制图规则和构造详图》中把结构构件的尺寸和配筋等，按照施工顺序和平面整体表示法制图规则，整体地直接表达在各类构件的结构平面布置图上，再与标准构造详图相配合，构成一套新型完整的结构施工图。对于一般的房屋常将结构布置图和配筋图合二为一，分为柱平面配筋图、楼面板配筋图、屋面板配筋图、楼面梁配筋图、屋面梁配筋图，如果梁较多，则分楼（屋）面水平梁配筋图和楼（屋）面垂直梁配筋图。

3. 构件详图

构件详图是表示单个构件形状、尺寸、材料、构造及工艺的图样，包括：梁、柱、板及基础结构详图；楼梯结构详图；屋架结构详图；其他详图，如天沟、雨篷等。

5.1.2 结构施工图中的有关规定

由于房屋结构中的构件繁多，布置复杂，为了图示简明，方便识图，国家《建筑结构制图标准》（GB/T 50105—2010）对结构施工图中的图线绘制进行了明确的规定。

① 常用构件代号用各构件名称的汉语拼音的第一个字母表示，详见表5-1。

表5-1 常用构件代号

序号	名称	代号	序号	名称	代号	序号	名称	代号
1	板	B	13	梁	L	25	框支梁	KZL
2	屋面板	WB	14	屋面梁	WL	26	屋面框架梁	WKL
3	空心板	KB	15	吊车梁	DL	27	檩条	LT
4	槽形板	CB	16	单轨吊车梁	DDL	28	屋架	WJ
5	折板	ZB	17	轨道连接梁	DGL	29	托架	TJ
6	密肋板	MB	18	车档	CD	30	天窗架	CJ
7	楼梯板	TB	19	圈梁	QL	31	框架	KJ
8	盖板或沟盖板	GB	20	过梁	GL	32	钢架	GJ
9	挡雨板或檐口板	YB	21	连系梁	LL	33	支架	ZJ
10	吊车安全走道板	DB	22	基础梁	JL	34	柱	Z
11	墙板	QB	23	楼梯梁	TL	35	框架柱	KZ
12	天沟板	TGB	24	框架梁	KL	36	构造柱	GZ

续表

序号	名称	代号	序号	名称	代号	序号	名称	代号
37	承台	CT	43	垂直支撑	CC	49	预埋件	M
38	设备基础	SJ	44	水平支撑	SC	50	天窗端垫	TD
39	桩	ZH	45	梯	T	51	钢筋网	W
40	挡土墙	DQ	46	雨篷	YP	52	钢筋骨架	G
41	地沟	DG	47	阳台	YT	53	基础	J
42	柱间支撑	ZC	48	梁垫	LD	54	暗柱	AZ

注：1. 预制钢筋混凝土构件、现浇钢筋混凝土构件、钢构件和木构件，一般可直接采用表 5-1 中的构件代号。在绘图中需要区别上述构件的材料种类时，可在构件代号前加注材料代号，并在图纸中加以说明。

2. 预应力钢筋混凝土构件的代号，应在构件代号前加注“Y－”，如图 Y－DL 表示预应力钢筋混凝土吊车梁。

② 结构施工图上的轴线及编号应与建筑施工图一致。

③ 结构施工图上的尺寸标注应与建筑施工图相符合，但结构图所注尺寸是结构的实际尺寸，即不包括表层粉刷或面层的厚度。

④ 结构施工图应用正投影法绘制。

⑤ 结构施工图的图线、线型、线宽应符合表 5-2 的规定。

表 5-2　结构施工图中的图线

名称	线型	线宽	一般用途
粗实线	————————	b	螺栓，钢筋线，结构平面布置图中单线结构构件线，钢木支撑及系杆线等
中实线	————————	$0.5b$	结构平面图中及详图中剖到或可见墙身轮廓线，基础轮廓线，可见钢筋混凝土构件轮廓线等
细实线	————————	$0.25b$	钢筋混凝土构件的轮廓线、尺寸线，基础平面图中的基础轮廓线
粗虚线	— — — —	b	不可见的钢筋、螺栓线、结构平面图中的不可见的钢、木支撑线及单线结构构件线，不可见钢筋线
中虚线	- - - - - - - -	$0.5b$	结构平面图中不可见的墙身轮廓线及钢、木构件轮廓线，不可见的钢筋线
细虚线	--------------	$0.25b$	基础平面图中的管沟轮廓线、不可见的钢筋混凝土构件轮廓线
粗点画线	—— - —— -	b	垂直支撑，柱间支撑线
细点画线	—·—·—·—	$0.25b$	中心线，对称线，定位轴线

续表

名称	线型	线宽	一般用途
粗双点画线	——— - - ———	b	预应力钢筋线
折断线		$0.25b$	断开界线
波浪线		$0.25b$	断开界线

5.1.3 钢筋混凝土结构图的图示方法

钢筋混凝土构件只能看见其外形，内部的钢筋是不可见的。为了清楚地表明构件内部的钢筋，可假设混凝土为透明体，使包含在混凝土中的钢筋成为“可见”，这种能显示混凝土内部钢筋配置的投影图称为配筋图。配筋图包括平面图、立面图、断面图等，它们主要表示构件内部的钢筋配置、形状、数量和规格，是钢筋混凝土构件图的主要图样。必要时，还可把构件中的各种钢筋抽出来绘制钢筋详图并列出钢筋表。

对于形状比较复杂的构件或设有预埋件的构件，还需画模板图（表达构件形状、尺寸及预埋件位置的投影图）和预埋件详图，以便于模板的制作和安装及预埋件的布置。

5.2 钢筋混凝土结构基本知识

5.2.1 钢筋混凝土简介

钢筋混凝土是土木工程中应用极为广泛的一种建筑材料。它由钢筋和混凝土组合而成，主要利用混凝土的抗压性能及钢筋的抗拉性能。

混凝土是由水泥、砂、石子和水按一定比例配合搅拌后，把其灌入定型模板，经振捣密实和养护凝固后形成坚固如同天然石材的混凝土构件。混凝土构件的抗压性能好，但抗拉性能差，受拉容易断裂。钢筋的抗拉和抗压能力都很好，但价格较贵，且易腐蚀。为了解决这一矛盾，充分发挥混凝土的抗压能力，常在混凝土的受拉区域或相应部位加入一定数量的钢筋，使这两种材料有机地结合成一个整体，共同承受外力，这种配有钢筋的混凝土，称为钢筋混凝土。用钢筋混凝土制成的构件，称为钢筋混凝土构件。

图 5-1 所示为梁的受力示意图。图 5-1a 所示为素混凝土（不含钢筋的混凝土）梁，其在承受向下的荷载作用时，由于抗拉能力差而容易断裂；图 5-1b 所示为钢筋混凝土梁，其在承受向下的荷载作用时，表现为下部受拉，上部受压。

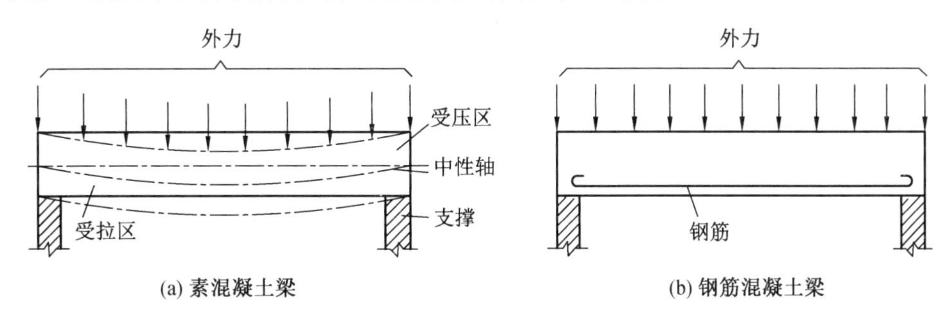

(a) 素混凝土梁　　(b) 钢筋混凝土梁

图 5-1　梁的受力示意

钢筋混凝土构件，如果是在施工现场直接浇筑的，称为现浇钢筋混凝土构件；如果是预先制作的，称为预制钢筋混凝土构件。此外，有一些钢筋混凝土构件，在制作时通过张拉钢筋预先对混凝土施加一定的压力，以提高构件的抗拉和抗裂性能，这种构件称为预应力钢筋混凝土构件。

5.2.2　混凝土的等级、钢筋的品种与代号

混凝土强度等级是指用边长为 150mm 的标准立方体试块在标准养护室（温度 20 ± 3℃，相对湿度不小于 90%）养护 28 天以后，用标准方法所测得的抗压强度值。如抗压强度为 20 MPa 的混凝土称为混凝土强度等级为 C20。普通混凝土的强度等级有 C7.5，C10，C15，C20，C25，C30，C35，C40，C45，C50，C55，C60，共 12 级。

钢筋的品种与代号见表 5-3。

表 5-3　钢筋的品种与代号

钢筋品种	代　号	钢筋品种	代　号
Ⅰ级钢筋 HPB235	Φ	Ⅳ级钢筋 RRB400	$Φ^R$
Ⅱ级钢筋 HRB335	Φ	冷拔低碳钢丝	$Φ^b$
Ⅲ级钢筋 HRB400	Φ	冷拉Ⅰ级钢筋	$Φ^L$

5.2.3　钢筋的分类和作用

如图 5-2 所示，配置在钢筋混凝土构件中的钢筋，按其作用不同可分为下列几种。

① 受力筋：承受构件内拉、压应力的钢筋。用于梁、板、柱等各种钢筋混凝土构件中。

② 钢箍（箍筋）：承受剪力或扭力的钢筋，并同时用来固定受力筋的位置，构成钢

筋骨架。一般多用于梁和柱内。

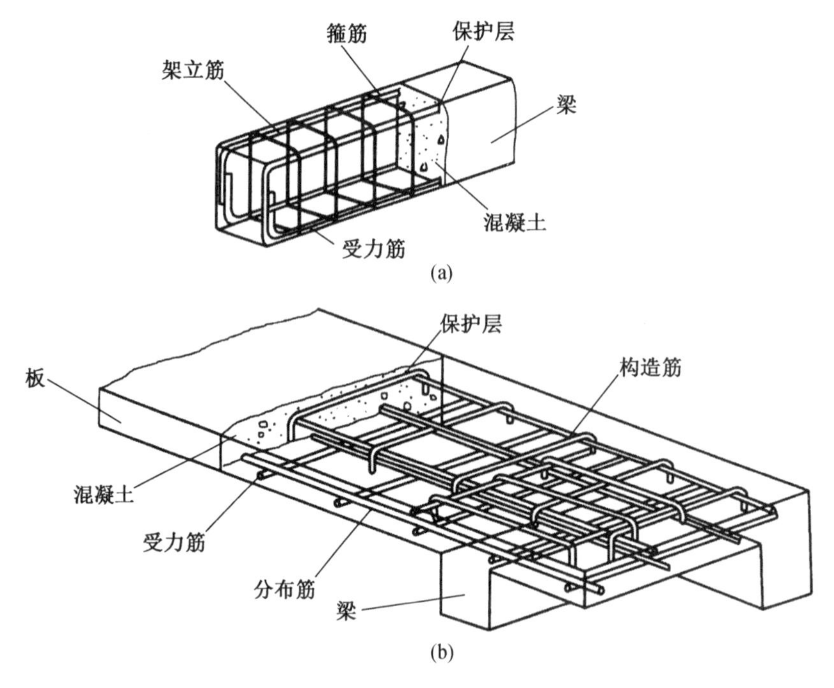

图 5-2　钢筋混凝土构件中的钢筋

③ 架立筋：用于固定梁内箍筋位置，与受力筋、箍筋一起构成梁内的钢筋骨架。

④ 分布筋：多用于板式结构，与板中的受力筋垂直布置，将承受的荷载均匀地传给受力筋，并固定受力筋的位置，以及抵抗热胀冷缩所引起的温度变形。

⑤ 构造筋：因构件的构造要求或施工安装需要而配置的钢筋，如腰筋、吊环、预埋锚固筋等。

5.2.4　钢筋的弯钩和保护层

为了提高钢筋与混凝土的黏结力，避免钢筋在受拉时滑动，光圆钢筋的两端需做成弯钩。钢筋的弯钩有半圆弯钩和直弯钩等形式，其形状和尺寸如图 5-3a ~ c 所示。钢箍两端在交接处也要做出弯钩，弯钩的形式如图 5-3d 所示。

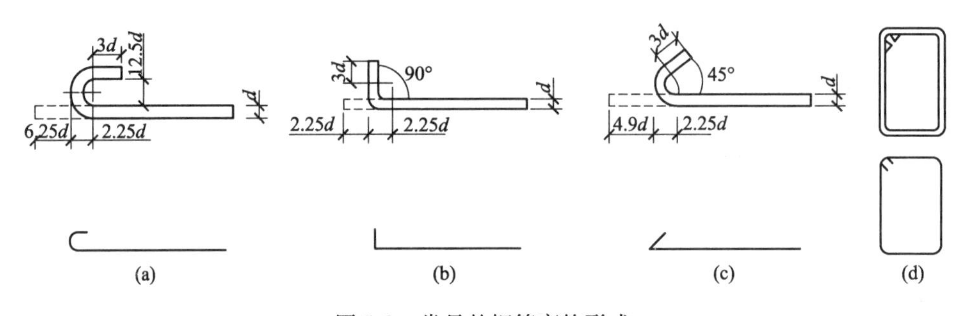

图 5-3　常见的钢筋弯钩形式

为了保护钢筋，防锈、防火、防腐蚀，以及加强钢筋与混凝土的黏结力，钢筋的外缘到构件表面之间应留有一定厚度的混凝土保护层。各种构件混凝土保护层的最小厚度见表5-4。

表5-4　钢筋混凝土构件钢筋保护层的厚度　mm

环境条件	构件类别	混凝土强度等级		
		≤C20	C25及C30	≥C35
室内正常环境	板、墙、壳	15		
	梁和柱	25		
露天或室内高温环境	板、墙、壳	35	25	15
	梁和柱	45	35	25

5.2.5　钢筋的一般表示方法

在结构图中，通常用单根的粗实线表示钢筋的立面，用黑圆点表示钢筋的横断面，常见的具体表示方法见表5-5。在结构施工图中钢筋的常规画法见表5-6。

表5-5　一般钢筋常用图例

名　　称	图　例	说　　明
钢筋横断面	●	
无弯构的钢筋端部		下图表示长、短钢筋投影重叠时，可在短钢筋的端部用45°短画线表示
带半圆形弯钩的钢筋端部		
带直钩的钢筋端部		
带丝扣的钢筋端部		
无弯钩的钢筋搭接		
带半圆弯钩的钢筋搭接		
带直钩的钢筋搭接		
套管接头（花篮螺钉）		

表 5-6　钢筋常规画法

说　明	图　例
在平面图中配置双层钢筋时，这层钢筋弯钩应向上或向左，顶层钢筋则向下或向右	底层　顶层
配双层钢筋的墙体，在配置立面图中，远面钢筋的弯钩应向上或向左，而近面钢筋则向下或向右（JM—近面，YM—远面）	JM　YM　JM　YM
如在断面图中不能表示清楚钢筋布置，应在断面图外面增加钢筋大样图	
图中所表示的箍筋、环筋，如布置复杂，应加画钢筋大样图及说明	或
每组相同的钢筋、断筋或环筋，可以用粗实线画出其中一根来表示，同时用横穿的细实线表示其余的钢筋、断筋或环筋，横线的两端带斜短画线表示该号钢筋的起止范围	

5.3　钢筋混凝土结构施工图识读

5.3.1　基础图

建在地基（支撑建筑物的土层称为地基）以上至房屋首层室内地坪（±0.000）以下的承重部分称为基础。基础的形式、大小与上部结构系统、荷载大小及地基的承载力有关，一般有条形基础、独立基础、桩基础、筏形基础、箱形基础等形式。

基础图是表达基础结构布置及详细构造的图样，是施工时放线、开挖基槽、砌筑基础的依据，包括基础平面图和基础详图。

1. 基础平面图

基础平面图是假想用贴近首层地面并与之平行的剖切平面把整个建筑物切开，移走上层的房屋和基础周围的回填土，向下投影所得到的水平剖面图。在基础平面图中，只画出基础墙、柱及基础底面的轮廓线，基础的细部轮廓（如条形基础的大放脚、独立基础的锥形轮廓线等）则省略不画。

基础平面图的识读包括如下内容：

① 了解图名、比例。

② 了解纵横定位轴线及其编号。

③ 了解基础的平面布置，即基础墙、柱，以及基础底面的形状、大小及其与轴线的关系。

④ 了解基础梁的位置及代号。

⑤ 了解施工说明。

以图 5-4 为例，假设用一水平的截平面沿室内地坪以下位置水平剖切，移去截平面以上部位及基础两边的回填土，然后从上向下作一水平投影，即得到条形基础平面图。

该基础平面图的识读：

① 了解图名，比例。从图中可知，该图为基础平面图，比例为 1：100。

② 了解基础平面布置，轴线尺寸。该基础为墙下条形基础，纵墙 A ~ E 轴线尺寸分别为 2700mm，3600mm，2400mm，6300mm；横墙① ~ ⑥ 轴线尺寸分别为 3600mm，3600mm，4200mm，9000mm，9000mm。

③ 了解基槽的宽度、基础墙的厚度，以及与轴线的关系。从图中可知，纵横方向的基础底宽均为 1000mm、基础墙厚均为 240mm、所有轴线居中。

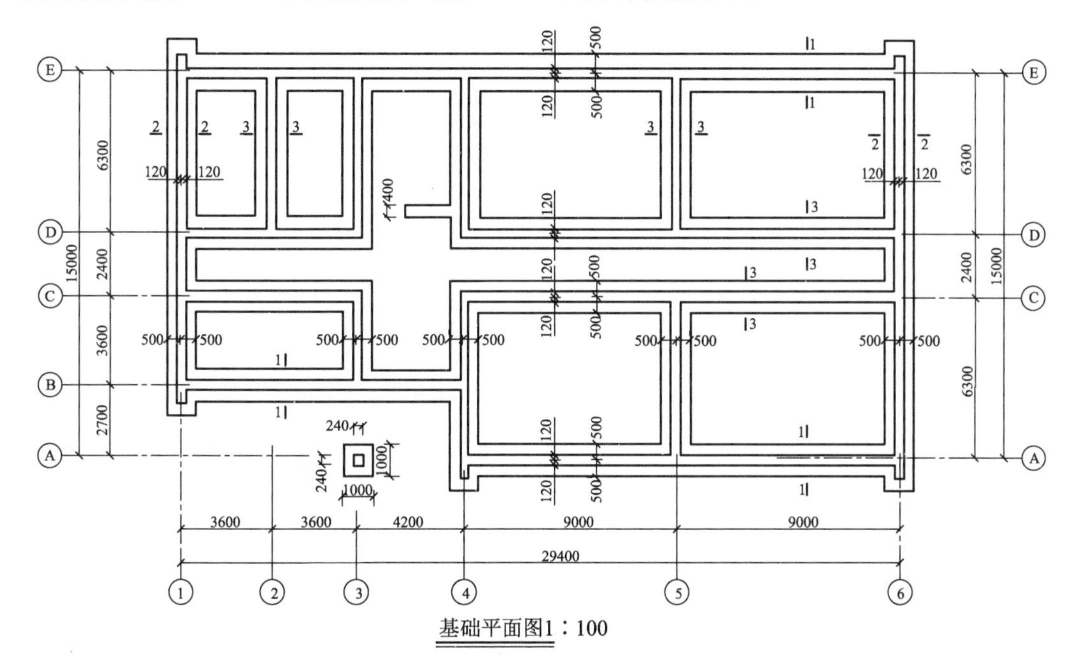

图 5-4　基础平面图（条形基础）

2. 基础详图

基础详图是将基础垂直切开所得到的断面图（对独立基础，有时还附一单个基础的平面详图）。基础详图主要表达基础的形状、尺寸、材料、构造及基础的埋置深度等。不同类型的基础其图示方法有所不同。

以图 5-5 为例，基础详图的识读方法如下：

① 先了解详图的剖切位置及投影方向，从平面图中可知，I－I 详图在 A 轴线（或⑧⑥ 轴线）纵墙位置垂直剖切，再从右向左作正投影，即为 1－1 基础详图。

② 了解基础各部位的构造做法。基础垫层为 100mm 厚素混凝土，两侧宽出基础 100mm；基础墙厚 240mm，底部大放脚进行了六次出挑，等高式，最上一级出挑尺寸为宽 80mm，其余每次出挑尺寸均为宽 60mm，高均为 120mm（等高式）。基础地圈梁设在室内地坪以下 500mm 处，断面尺寸为 240mm×240mm，以增加建筑物的整体性及减少地基不均匀沉降，并兼作防潮层。

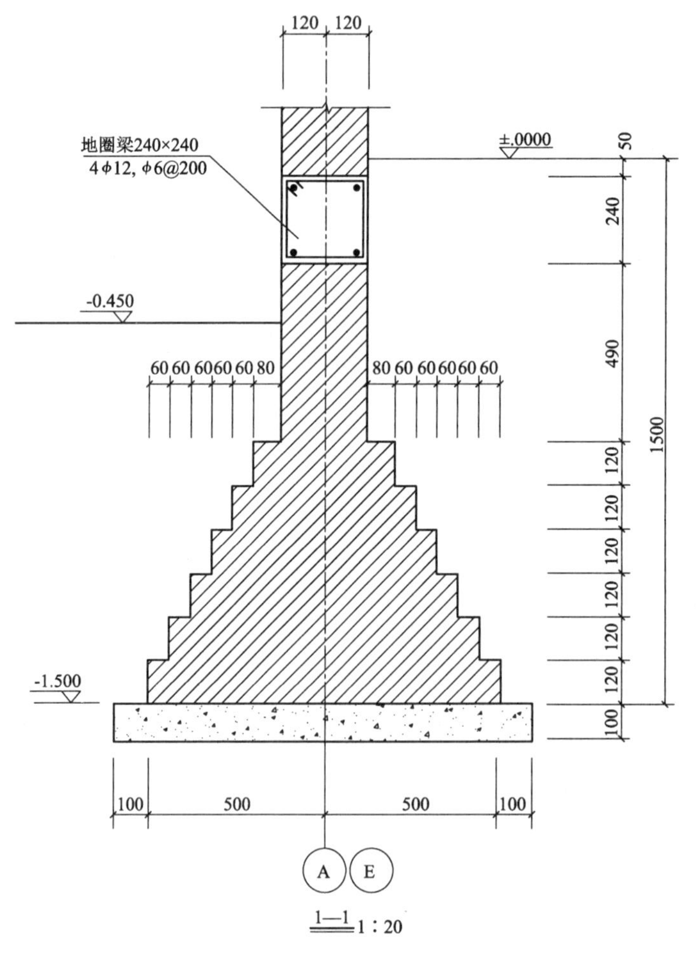

图 5-5 基础详图

③ 了解基础底标高及埋深。基础底标高为 -1.500m，室内外高差为450mm，整个基础埋置深度为1050mm。

5.3.2　配筋图

1. 平面整体配筋图的表示方法及识读

柱平面整体配筋图是在柱平面布置图上，采用列表注写方式或截面注写方式表达配筋情况的。图5-6是用双比例法画柱平面配筋图。各柱断面在柱所在平面位置经放大后，在两个方向上分别注明同轴线的关系，将柱配筋值、配筋随高度变化值及断面尺寸、尺寸高度变化值与相应的柱高范围成组对应在图上列表注明。柱箍筋加密区与非加密区间距值用“/”线分开。

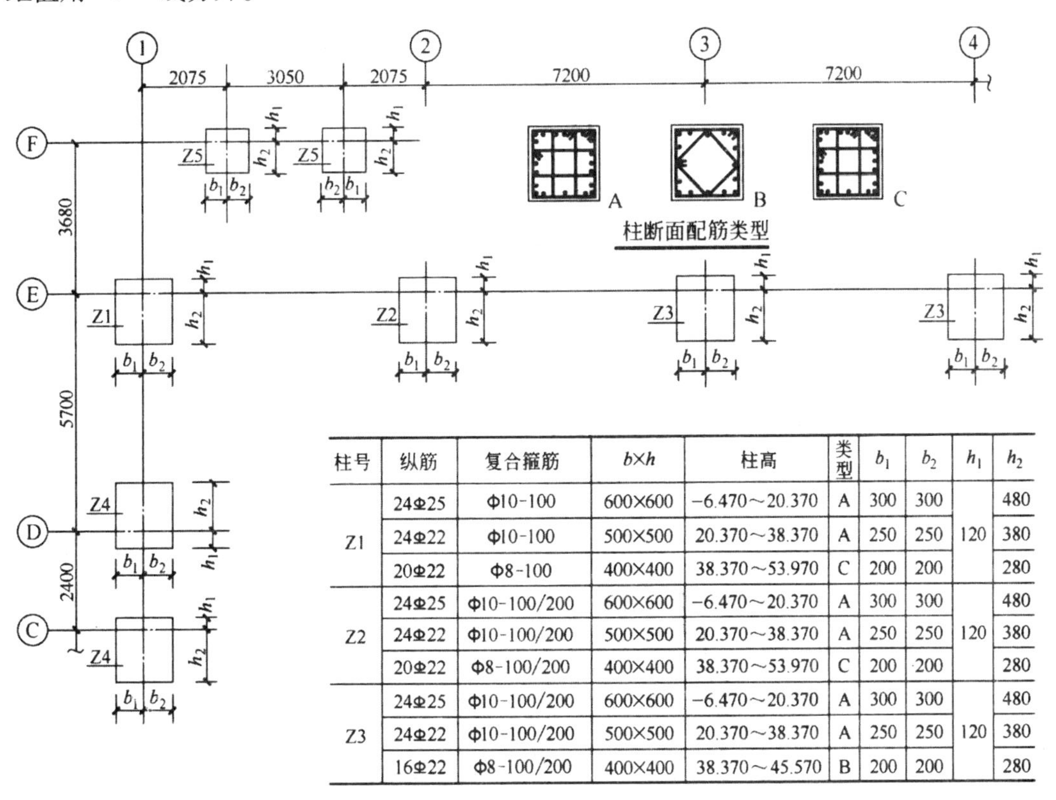

柱号	纵筋	复合箍筋	$b\times h$	柱高	类型	b_1	b_2	h_1	h_2
Z1	24Φ25	Φ10-100	600×600	-6.470～20.370	A	300	300	120	480
	24Φ22	Φ10-100	500×500	20.370～38.370	A	250	250		380
	20Φ22	Φ8-100	400×400	38.370～53.970	C	200	200		280
Z2	24Φ25	Φ10-100/200	600×600	-6.470～20.370	A	300	300	120	480
	24Φ22	Φ10-100/200	500×500	20.370～38.370	A	250	250		380
	20Φ22	Φ8-100/200	400×400	38.370～53.970	C	200	200		280
Z3	24Φ25	Φ10-100/200	600×600	-6.470～20.370	A	300	300	120	480
	24Φ22	Φ10-100/200	500×500	20.370～38.370	A	250	250		380
	16Φ22	Φ8-100/200	400×400	38.370～45.570	B	200	200		280

图5-6　柱平面施工图例表注写方式示例

多层框架柱的柱断面尺寸和配筋值变化不大时，可将断面尺寸和配筋值直接注在断面上。图5-7所示为柱平法施工图截面注写方式。从图中柱的编号可知，LZ1表示梁上柱，KZ1，KZ2，KZ3则表示框架柱。

LZ1柱旁的标注意义：

LZ1——梁上柱，编号为1。

250×300——柱LZ1的截面尺寸为250mm×300mm。

$6\phi16$——柱周边均匀对称布置 6 根直径为 16mm 的Ⅱ级钢筋。

$\phi8@200$——柱内箍筋直径为 8mm，Ⅰ级钢筋，间距 200mm，均匀布置。

KZ3 柱旁的标注意义：

KZ3——框架柱，编号为 3。

650 × 600——柱 KZ3 的截面尺寸为 650mm × 600mm。

$24\phi22$——柱周边均匀对称布置 24 根直径为 22mm 的Ⅱ级钢筋。

$\phi10@100/200$——柱内箍筋直径为 10mm，Ⅰ级钢筋，加密区间距为 100mm，非加密区间距为 200mm。

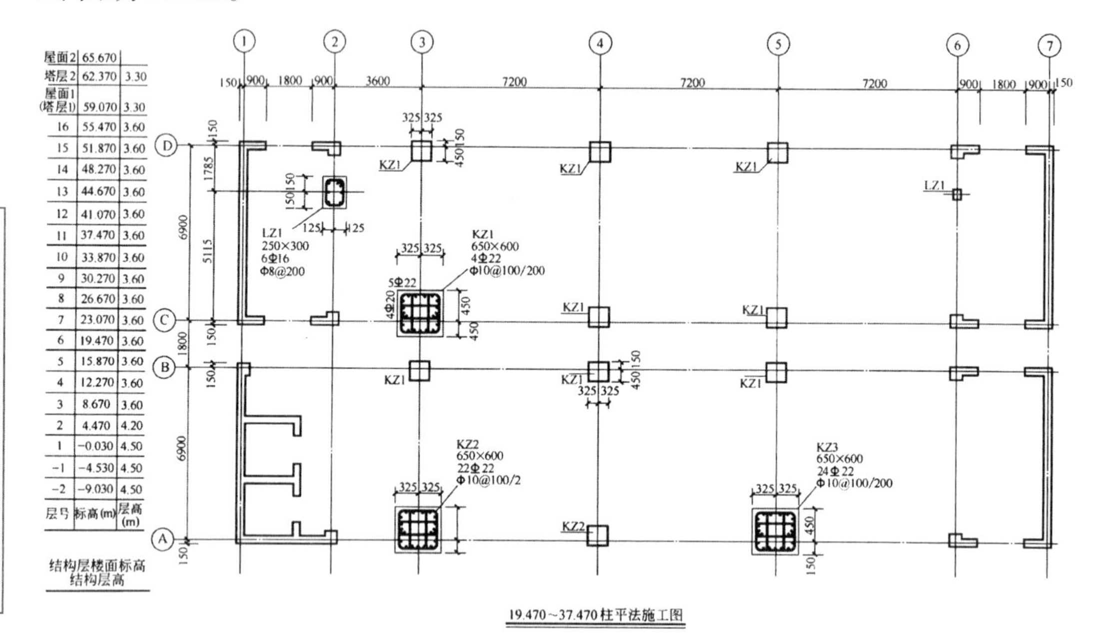

图 5-7　柱平法施工图截面注写方式示例

图 5-8 所示为柱布置图。从图中可知，在底层有 Z1 和 Z2 两种柱子，其截面尺寸均为 300mm × 300mm；Z1 纵向在四个角处各配置一根直径为 22mm 的Ⅱ级钢筋，前后两侧各配置一根直径为 22mm 的Ⅱ级钢筋，配置横向箍筋为直径 8mm 的Ⅰ级钢筋，加密区箍筋中心距离 100mm，非加密区箍筋中心距离 200mm；Z2 纵向在四个角处各配置一根直径为 18mm 的Ⅱ级钢筋，配置横向箍筋为直径 18mm 的Ⅱ级钢筋，加密区箍筋中心距离 100mm，非加密区箍筋中心距离 200mm。在 2 ~ 3 层，对应 Z1 和 Z2 处为 GZ1 和 GZ2，其截面尺寸均变为 240mm × 240mm；GZ1 纵向在四个角处各配置一根直径为 6mm 的Ⅱ级钢筋，配置横向箍筋同 Z2。在二层平面图雨篷处增加三个 GZ6，其截面尺寸均为 120mm × 120mm，柱高为3. 60 ~ 4. 45m。

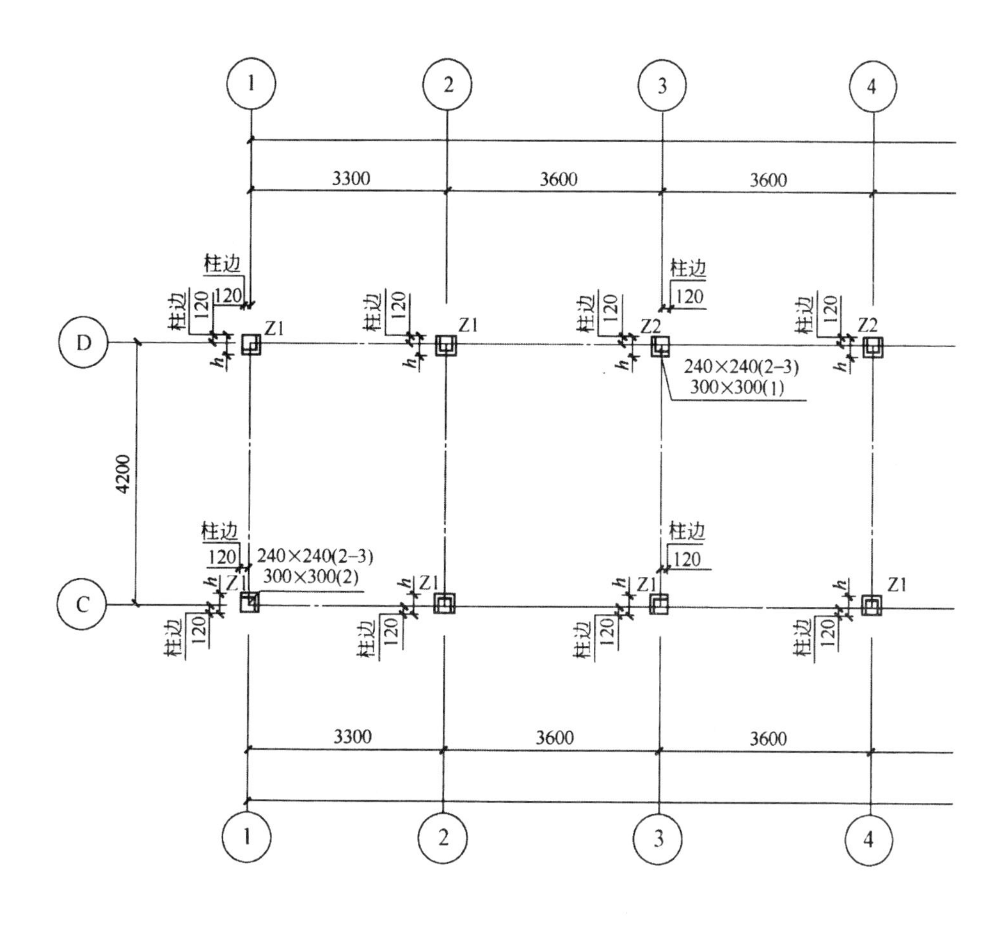

1
2
3
4
3300
3600
3600
柱边
120
Z1
Z2
240×240(2-3)
300×300(1)
D
C
4200
240×240(2-3)
300×300(2)
h

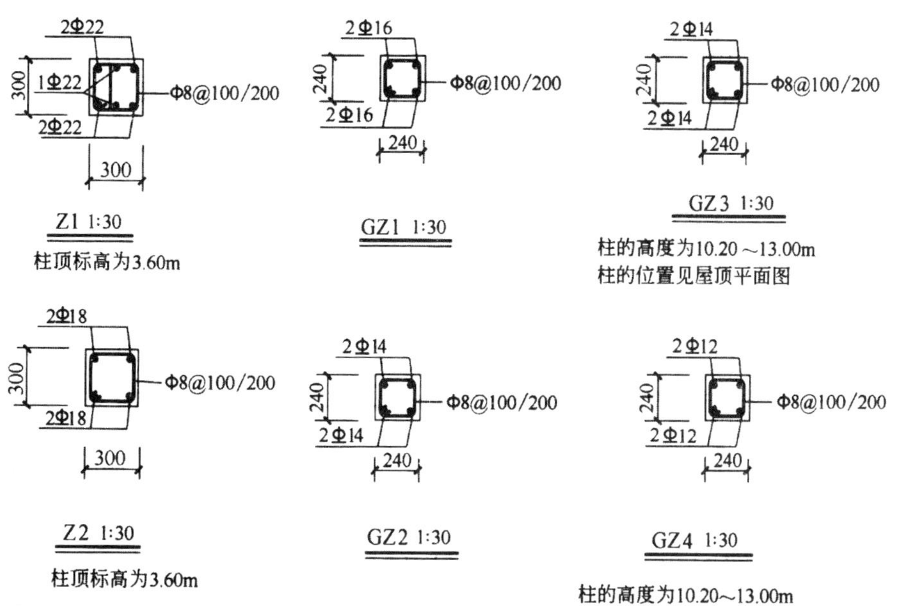

2Φ22
1Φ22
2Φ22
300
Φ8@100/200
Z1 1:30
柱顶标高为3.60m
2Φ16
240
GZ1 1:30
2Φ14
GZ3 1:30
柱的高度为10.20～13.00m
柱的位置见屋顶平面图
2Φ18
Z2 1:30
柱顶标高为3.60m
GZ2 1:30
2Φ12
GZ4 1:30
柱的高度为10.20～13.00m
柱的位置见屋顶平面图
柱的顶部与GZ3相交，底部与屋面QL1相交

图5-8　柱布置图

2. 梁的配筋图

梁平面整体配筋图是在各结构层梁平面布置图上，采用平面注写方式或截面注写方式表达配筋情况的。

① 平面注写方式是在梁的平面布置图上，将不同编号的梁各选一根，在其上直接注明梁代号、断面尺寸 $B\times H$（宽 × 高）和配筋数值。当某跨断面尺寸或箍筋与基本值不同时，则将其特殊值从所在跨中引出另注。

如图 5-9 所示，平面注写采用集中注写与原位注写相结合的方式标注。原位注写表达梁的特殊数值。将梁上、下部受力筋逐跨注写在梁上、下位置，如受力筋多于一排时，用斜线“/”将各排纵筋自上而下分开。

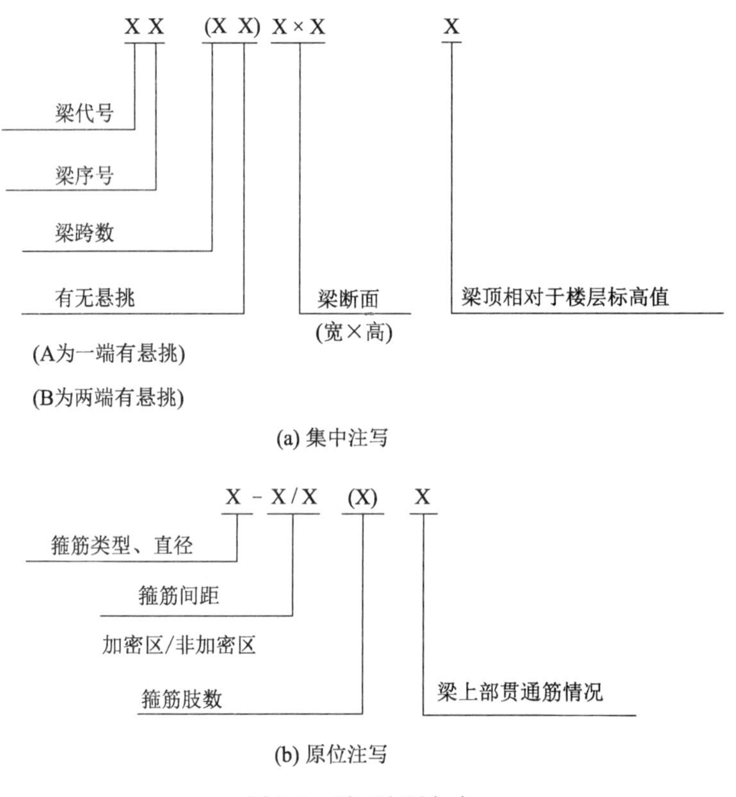

图 5-9　平面注写方式

如图 5-10 所示，集中注写 JKLI（IB）表示 1 号基础框架梁，有一跨，两端有悬挑。

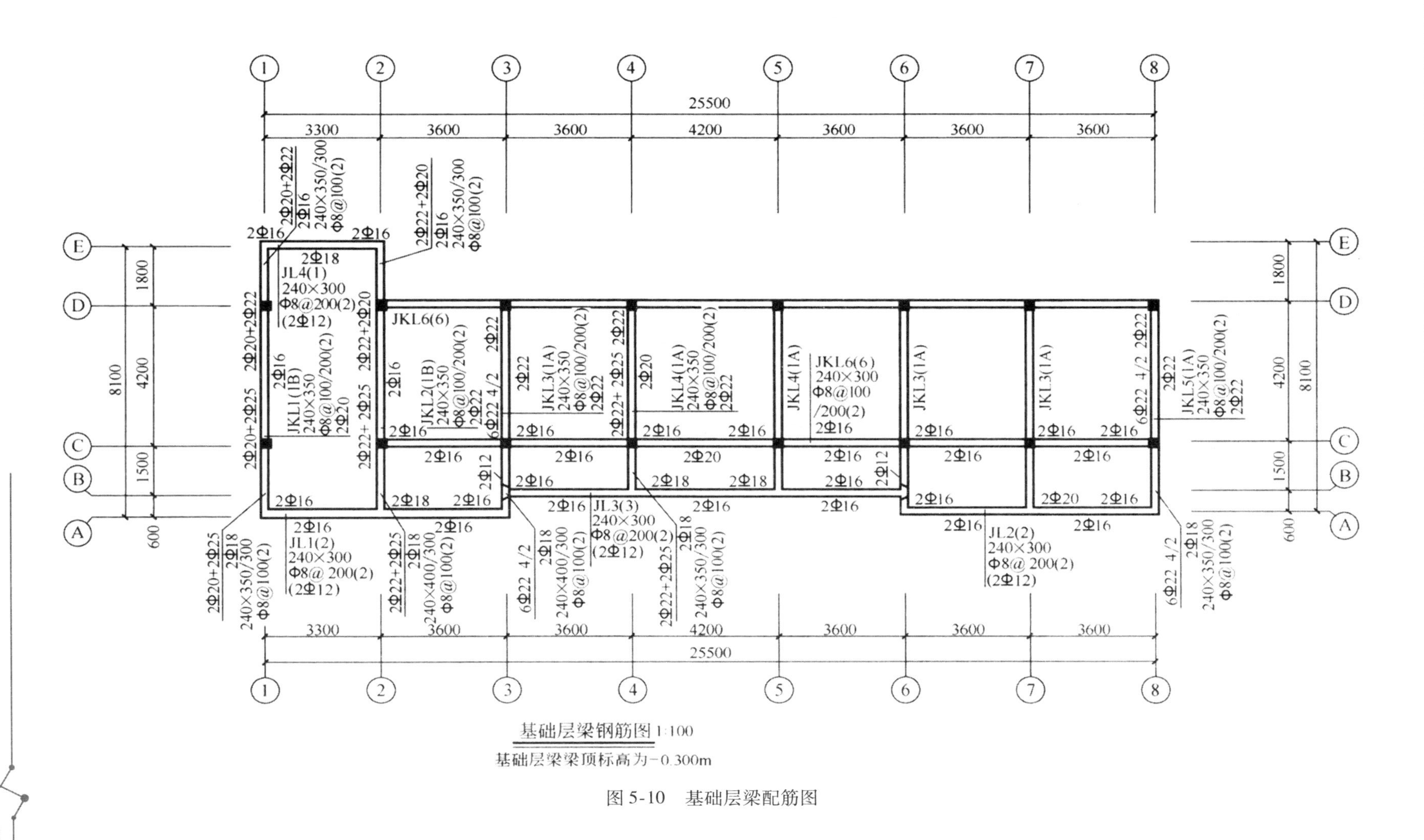

图 5-10 基础层梁配筋图

240 × 350 表示梁断面为 240mm × 350mm；

ϕ8@100/200（2）表明此梁箍筋是直径为 8mm 的 I 级钢筋，间距为 200mm，加密区间距为 100mm；

2ϕ20 表明在梁的上部贯通直径为 20mm 的Ⅱ级钢筋 2 根。

在① 轴线上，*C*，*D* 轴线间梁下部中间段 2ϕ16 为该梁下部配筋，即直径为 16mm 的Ⅱ级钢筋 2 根，且全部伸入支座；

在⑥轴处，梁上部注写的 2ϕ20 + 2ϕ25，表示梁支座上部有四根纵筋，2ϕ20 放在角部，2ϕ25 放在中部。

当梁支座两边的上部纵筋相同时，可以仅在一边标注配筋值，另一边省略不注，如⑥轴前方、⑥轴后方所示。当集中注写的数值中某一项（或几项）数值不适应某跨或某悬挑部分时，则按其不同数值原位注写在该跨或该悬挑部分处，施工时，按原位标注的数值优先选用。如⑩ 轴线后方悬挑梁部分 240 × 350/300 表示悬挑梁宽 240mm，梁根部高 350mm，端部高 300mm；ϕ8@100（2）表示悬挑部分的箍筋通长均为直径 8mm，间距 100mm 的双肢箍。梁支座上部纵筋的长度根据梁的不同编号类型，按标准中的相关规定执行。

② 截面注写方式是将断面号直接画在平面梁配筋图上，断面详图画在本图或其他图上。截面注写方式既可以单独使用，也可与平面注写方式结合使用，如在梁密集区，采用截面注写方式表达更清晰。

图 5-11 所示为平面注写和截面注写结合使用的图例。图中吊筋直接画在平面图中的主梁上，用引线注明总配筋值，如 L3 中吊筋 2ϕ18。

当楼面梁数量较多时，往往将其布置和配筋图按纵横两个方向分别画，形成横向（或 *Y* 向）梁配筋图和纵向（或 *X* 向）梁配筋图，如图 5-12 和图 5-13 所示。梁除了采用平面整体配筋图外，常常还辅以配筋构造详图，图 5-14 所示为梁 L 配筋构造。

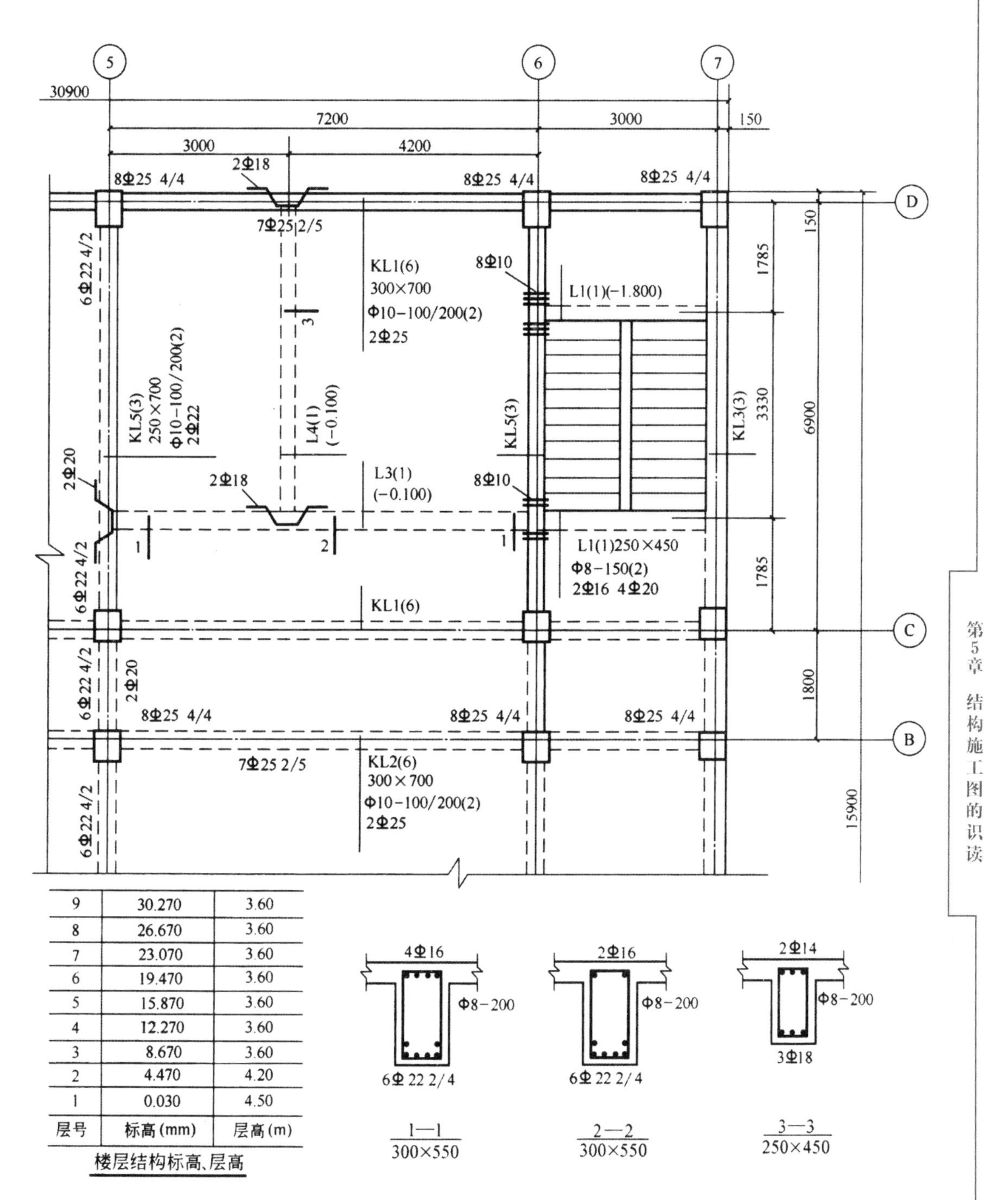

层号	标高(mm)	层高(m)
9	30.270	3.60
8	26.670	3.60
7	23.070	3.60
6	19.470	3.60
5	15.870	3.60
4	12.270	3.60
3	8.670	3.60
2	4.470	4.20
1	0.030	4.50

楼层结构标高、层高

图5-11 梁平面注写和截面注写结合使用举例

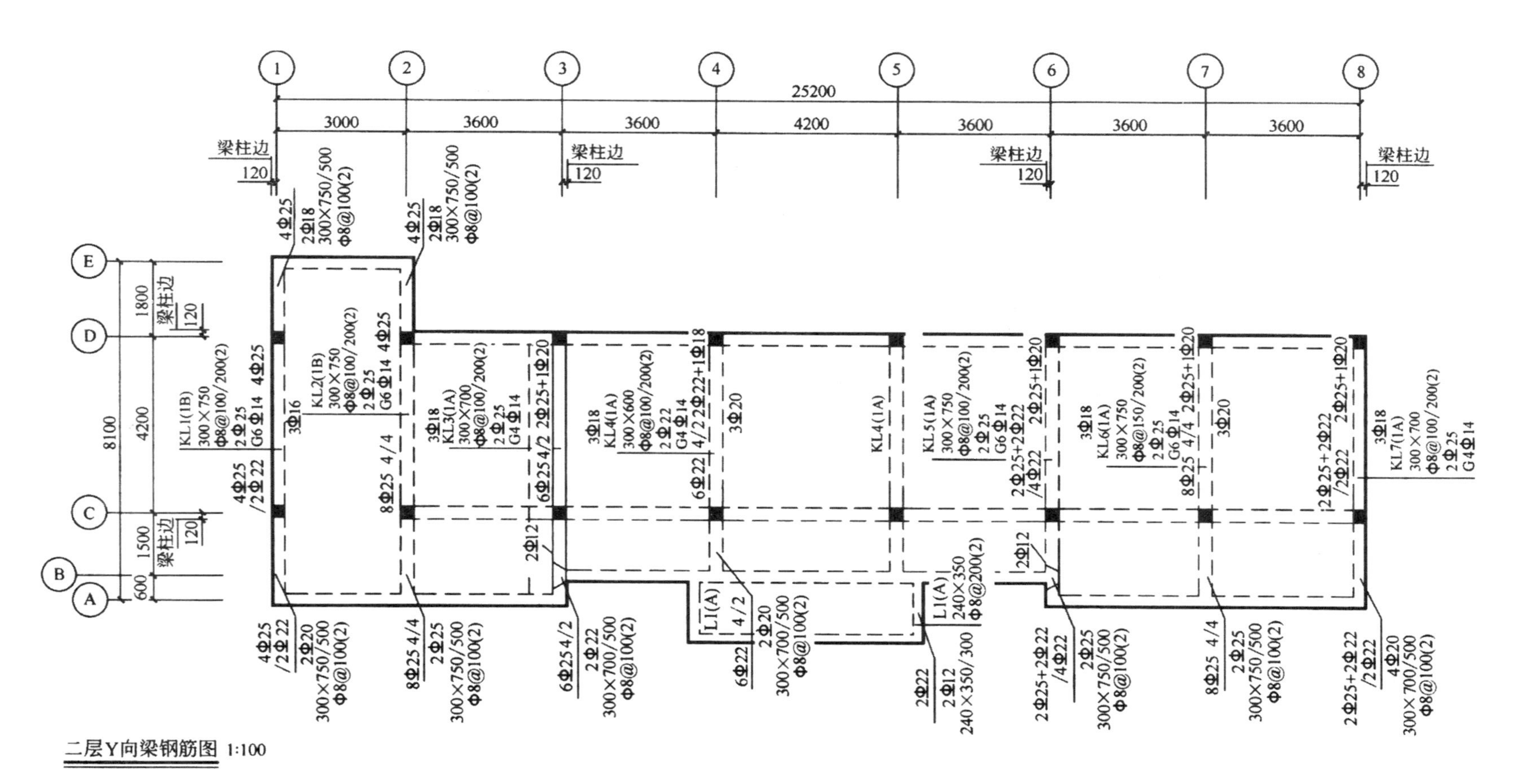

图 5-12　二层 Y 向梁配筋图

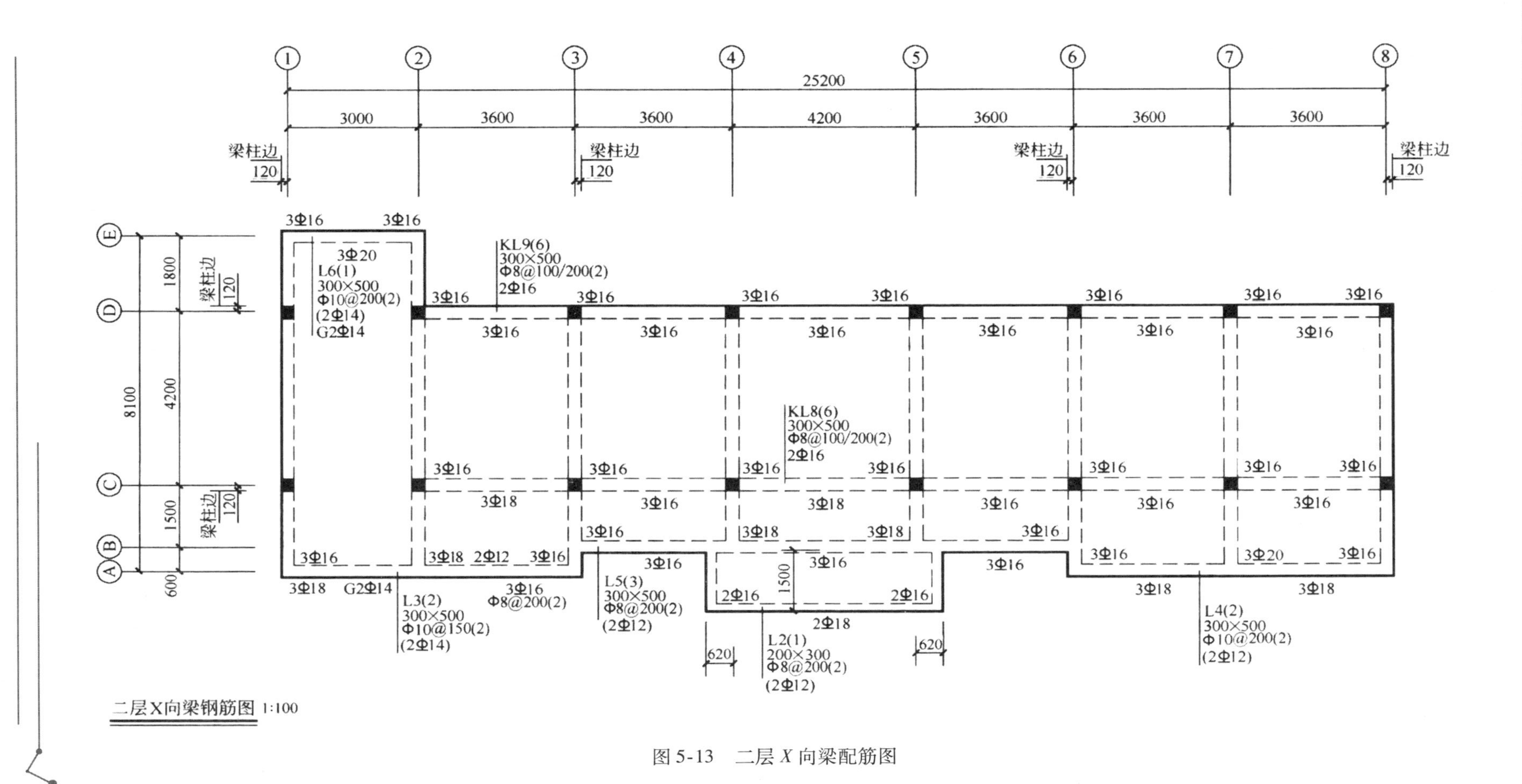

图 5-13　二层 X 向梁配筋图

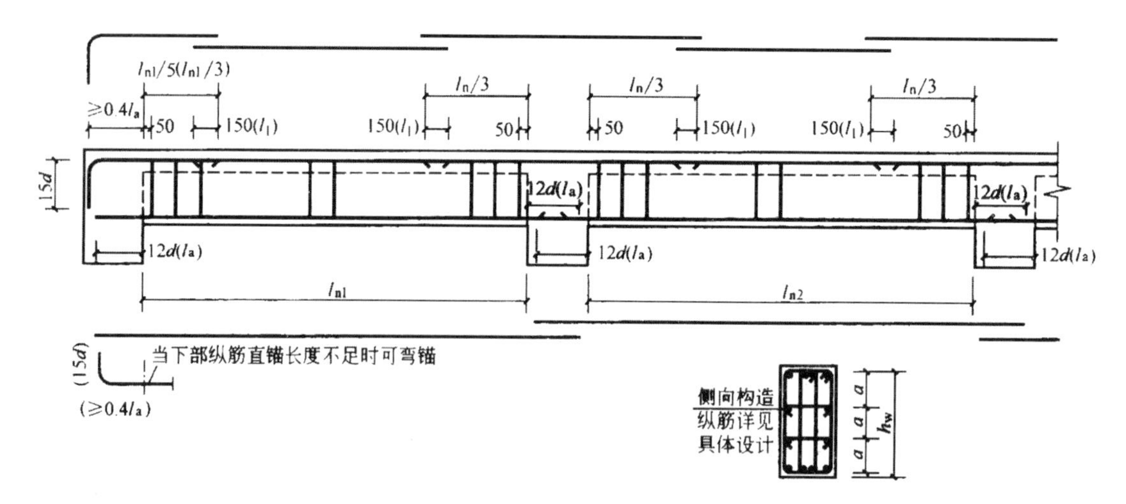

图 5-14　梁 L 配筋构造

图 5-14 中括号内的数字用于弧行非框架梁，当端支座为柱、剪力墙、框支梁或深梁时，梁端部上部筋取 $l_n/3$（l_n 为相邻左右两跨中跨度较大一跨的跨度值）。图中锚固长度 l_a 见表 5-7。梁下部肋形钢筋的直锚长度见图注，当为光圆钢筋时，直锚长度为 $15d$。

表 5-7　受拉钢筋的最小锚固长度 L

钢筋种类		混凝土强度等级									
		C20		C25		C30		C35C		≥C40	
		$d\leqslant25$	$d>25$	$d\leqslant25$	$d>25$	$d\leqslant25$	$d>25$	$d\leqslant25$	$d>25$	$d\leqslant25$	$d>25$
HPB235	普通钢筋	$31d$	$31d$	$27d$	$27d$	$24d$	$24d$	$22d$	$22d$	$20d$	$20d$
HRB335	普通钢筋	$39d$	$42d$	$34d$	$37d$	$30d$	$33d$	$27d$	$30d$	$25d$	$27d$
	环氧树脂涂层钢筋	$48d$	$53d$	$42d$	$46d$	$37d$	$41d$	$34d$	$37d$	$31d$	$34d$
HRB400 RRB400	普通钢筋	$46d$	$51d$	$40d$	$44d$	$36d$	$39d$	$33d$	$36d$	$30d$	$33d$
	环氧树脂涂层钢筋	$58d$	$63d$	$50d$	$55d$	$45d$	$49d$	$41d$	$45d$	$37d$	$41d$

注：1. 当弯锚时，有些部位的锚固长度大于或等于 $0.41a+15d$，见各类构件的标准构造详图。
2. 当钢筋在混凝土施工过程中易受扰动（如滑模施工）时，其锚固长度应乘以修正系数 1.1。
3. 在任何情况下，锚固长度不得小于 250mm。
4. HPB235 钢筋为受拉时，其末端应做成 180°弯钩。弯钩平直段长度不应小于 $3d$。当为受压时，可不做弯钩。

3. 板的配筋图

钢筋混凝土现浇板的配筋通常用平法施工图来表示，即在楼面板和屋面板布置图上，采用平面注写的表达方式，如图 5-15 所示。

板平面注写主要包括板（带）集中标注和板（带）支座原位标注。

从图 5-15 中可以看出这是楼面标高为 15.870～26.670 四层楼面板的板平法施工图。

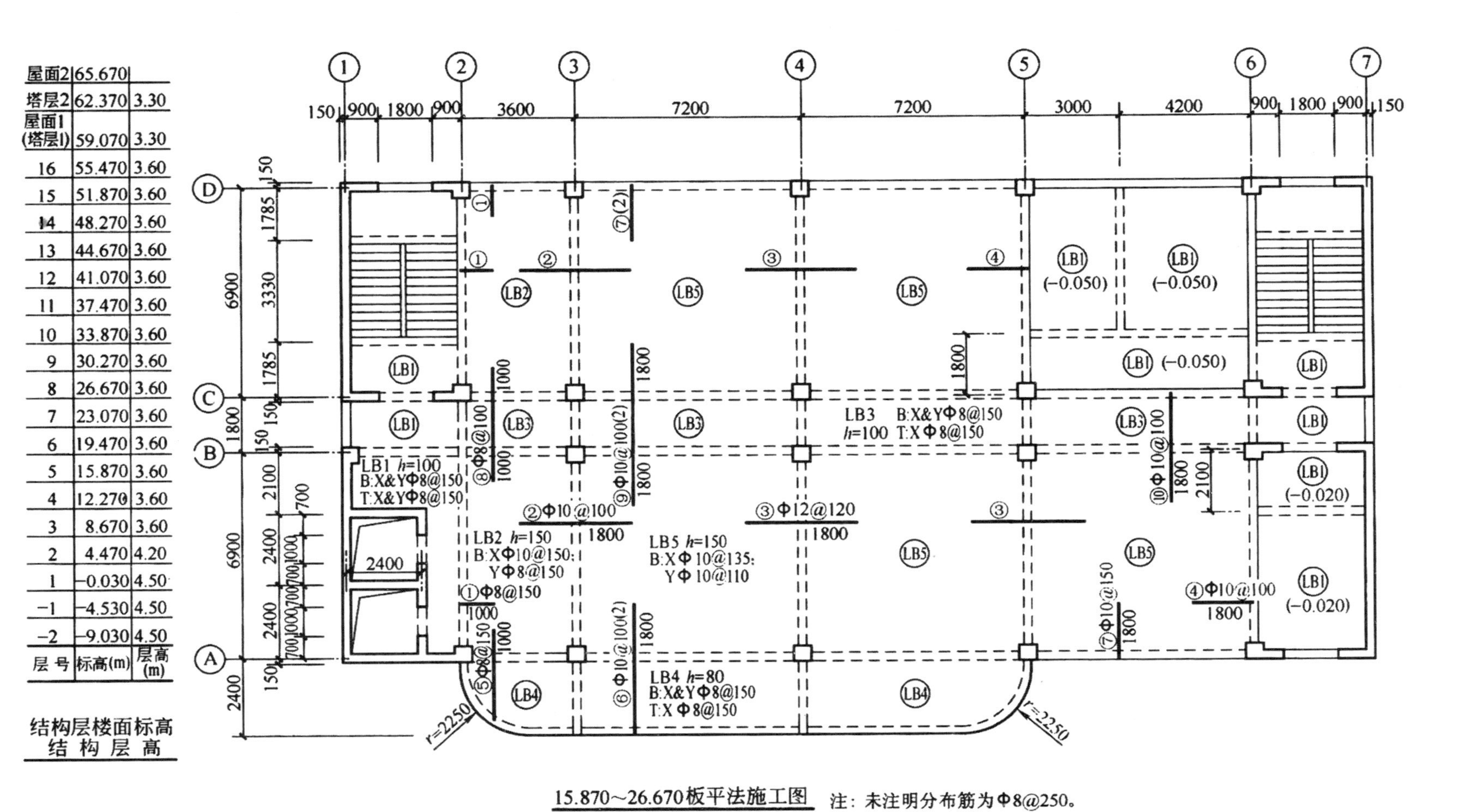

层号	标高(m)	层高(m)
屋面2	65.670	
塔层2	62.370	3.30
屋面1(塔层1)	59.070	3.30
16	55.470	3.60
15	51.870	3.60
14	48.270	3.60
13	44.670	3.60
12	41.070	3.60
11	37.470	3.60
10	33.870	3.60
9	30.270	3.60
8	26.670	3.60
7	23.070	3.60
6	19.470	3.60
5	15.870	3.60
4	12.270	3.60
3	8.670	3.60
2	4.470	4.20
1	−0.030	4.50
−1	−4.530	4.50
−2	−9.030	4.50

结构层楼面标高
结构层高

图5-15　板平法施工图平面注写方式示例

可在结构层楼面标高、结构层高表中设混凝土强度等级等栏目，在图中集中标注。

LB1 $h=100$——“LB1”表示1号楼面板，“$h=100$”表示板厚为100mm。

B：X&Yϕ8@150——“B”表示下部配筋，“X&Y8ϕ@150”表示在X和Y方向上均配置直径为8mm的Ⅰ级钢筋，其中心间距为150mm的贯通纵筋。

T：X&Yϕ8@150——“T”表示上部配筋，“X&Yϕ8@150”意义同上。

LB2 $h=150$——“LB2”表示2号楼面板，“$h=150$”表示板厚为150mm。

B：Xϕ10@150；Yϕ8@150——板下部X方向配ϕ10@150的贯通纵筋，Yϕ8@150表示Y方向配置ϕ8@150的贯通纵筋。

图中板支座原位标注：$\frac{②\phi10@100}{1800}$表示支座上部②号非贯通筋为ϕ10@100，自支座中线向两边跨内的延伸长度均为1.8m。

$\frac{⑨\Phi10@100\ (2)}{1800\quad 1800}$表示支座上部⑨号非贯通筋为$\phi$10@100，沿支撑梁连续布置2跨，自支座中线向两边跨内的延伸长度均为1.8m。

⑦（2）——该筋同⑦号纵筋，沿支座梁连续布置2跨。

4. 传统配筋图表示方法及识读

（1）柱的配筋图

以图5-16所示Z1柱平法表示为例，改用传统方法表达：该柱的配筋图由柱立面图、断面图组成。读图时先看图名，了解柱在平面图中的位置，再看立面图和断面图，综合了解柱的外形、尺寸及柱的配筋情况等。图中Z1表示编号为1的钢筋混凝土柱。综合立面图和断面图的阅读，可知该柱为正方形柱，断面尺寸为600×600，柱高±0.00以下为-6.470m，以上为20.370m，该段柱全长为26.840m；编号①柱纵筋为24根、直径25mm、Ⅱ级钢筋，编号②为柱复合箍筋，直径10mm，间距100mm、Ⅰ级钢筋。

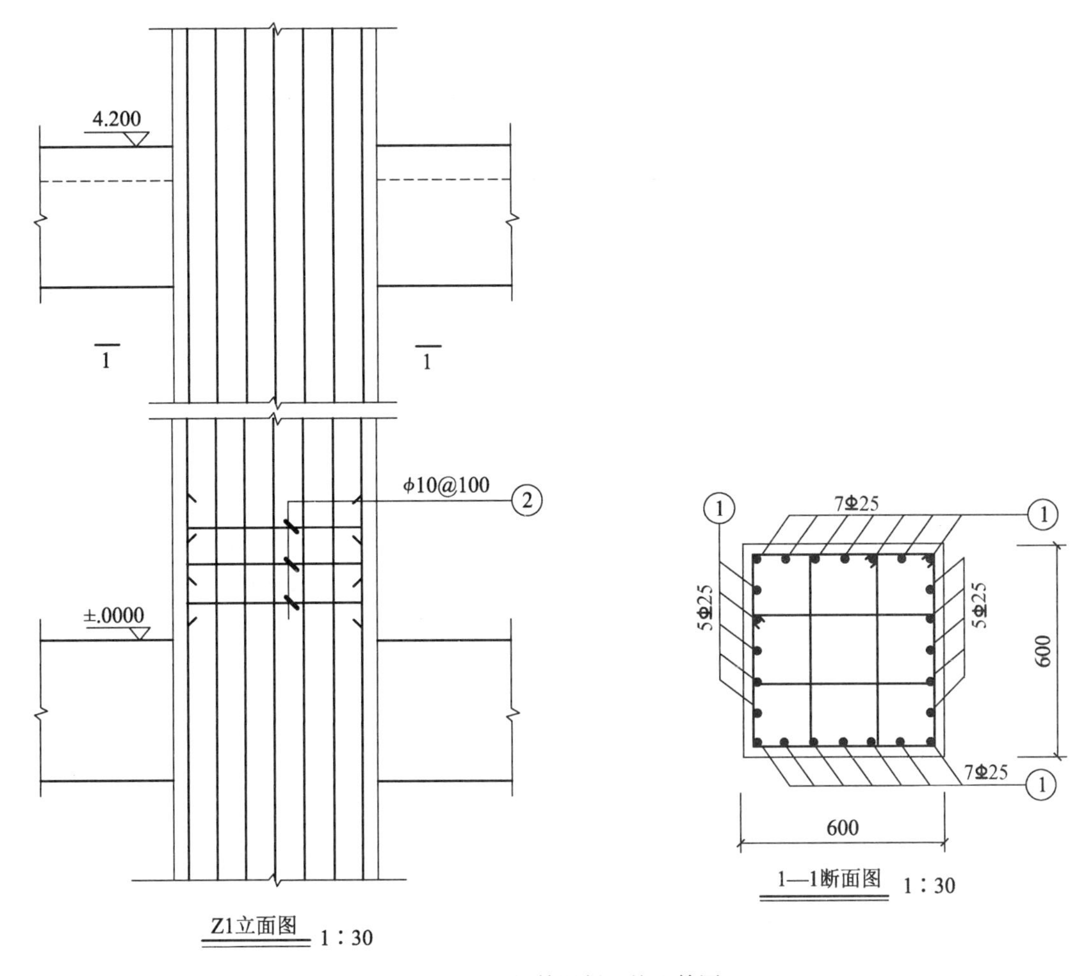

图 5-16 Z1 钢筋混凝土柱配筋图

（2）梁的配筋图

以图 5-17 所示二层 *X* 向梁钢筋图 KL－8 平法表示为例，改用传统方法表达：该梁的配筋图由梁立面图、断面图组成。读图时先看图名，了解该梁在楼层结构平面图中的位置，再看立面图和断面图，综合了解该梁的外形、尺寸及梁的配筋情况等。

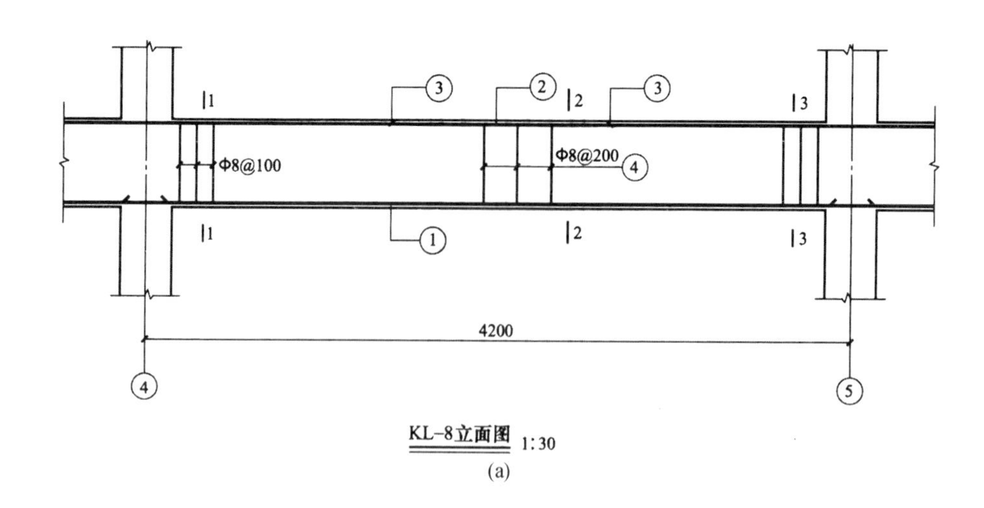

(a)

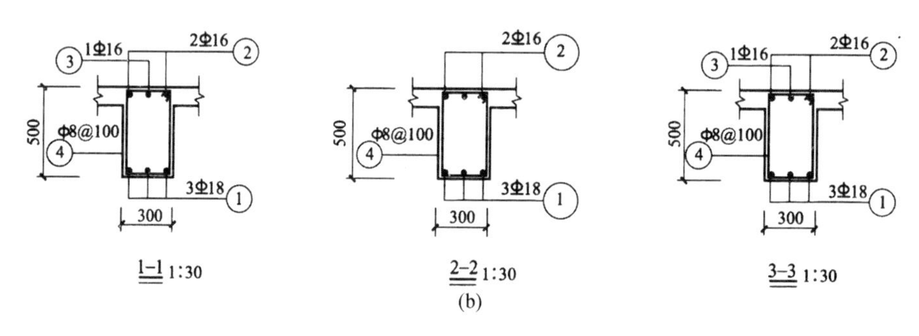

(b)

图 5-17　KL－8 钢筋混凝土梁配筋图

图中 KL 表示框架梁，编号为 8，阅读综合立面图和断面图，可知该梁为矩形梁，梁长为 420mm、梁宽为 300mm、梁高为 500mm。梁下部为受力筋，编号为①，共 3 根直径 18mm 的Ⅱ级钢筋；梁上部为架立筋，编号为②，共 2 根直径 16mm 的Ⅱ级钢筋；编号④为梁箍筋，直径 8mm，Ⅰ级钢筋，跨中间距为 200mm，两端支座处加密区间距为 100mm。梁上部两端支座处各加配了 1 根直径 16mm 的端支座钢筋，编号为③，主要抵抗梁上部产生的负弯矩。

（3）板的配筋图

以图 5-18 所示 LB5 板配筋图平法表示为例，改用传统方法表达：该板的配筋图由平面图和重合断面图组成。一般将板的配筋直接画在平面图上，每种钢筋只画一根，用粗实线表示。板的断面图直接画在平面图上，称为重合断面图，主要表示板的形状、板厚及板的标高等。

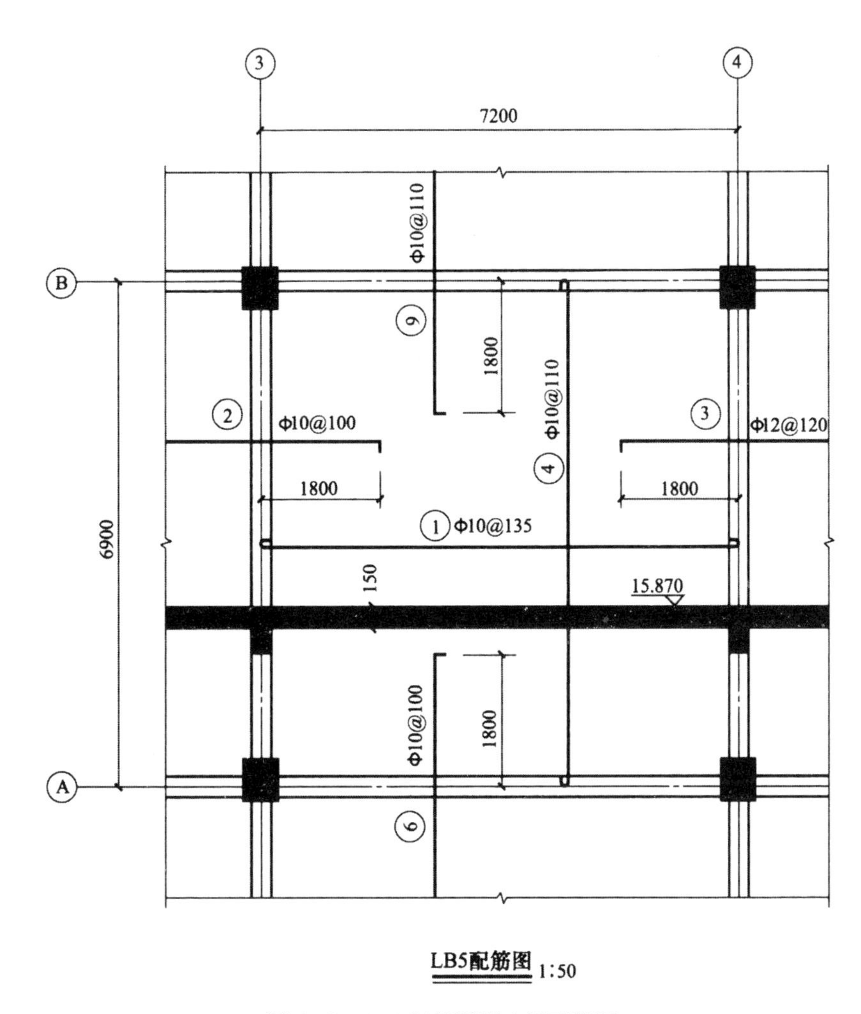

图 5-18　LB5 钢筋混凝土板配筋图

读图时先看图名，了解板在平面图中的位置，再看板平面图，综合了解该跨板的尺寸、配筋、板标高等。从平面图中可知，LB5（双向板）板跨③～④轴线尺寸为7200mm，Ⓐ～Ⓑ轴线尺寸为6900mm，板厚为150mm，板标高为15.870m，编号①长跨配筋为直径10mm，中心距为135mm的Ⅰ级钢筋；编号④短跨配筋为直径10mm，中心距为110mm的Ⅰ级钢筋，称为受力钢筋，均放在板的下部；板四边支座处，编号②⑥⑨配筋为直径10mm，中心距为100mm，③配筋为直径12mm，中心距为120mm，自支座中轴线向板跨两边内的延伸长度均为1800mm，称为非贯通筋，均放在板上部，主要抵抗板上部产生的负弯矩及防止板边沿出现开裂。

第6章　设备施工图的识读

6.1　室内给水排水施工图

给水也称上水，排水也称下水，分室内、室外两种，这里只介绍室内。室内给水排水施工图，是针对房屋建筑内需要供水的厨房、卫生间等房间，以及工矿企业中的锅炉房、浴室、实验室、车间内的用水设备等给水和排水工程，主要包括设计说明、材料统计表、管道平面布置图、管路系统轴测图及详图。

室内给水系统由房屋引入管、水表节点、给水管网（由干管、立管、横支管组成）、给水附件（水龙头、阀门）、用水设备（卫生设备）、水泵、水箱等附属设备组成。室内排水系统由污废水收集器、排水横支管、排水立管、排水干管和排出管组成。室内给水排水管网的组成如图6-1所示。

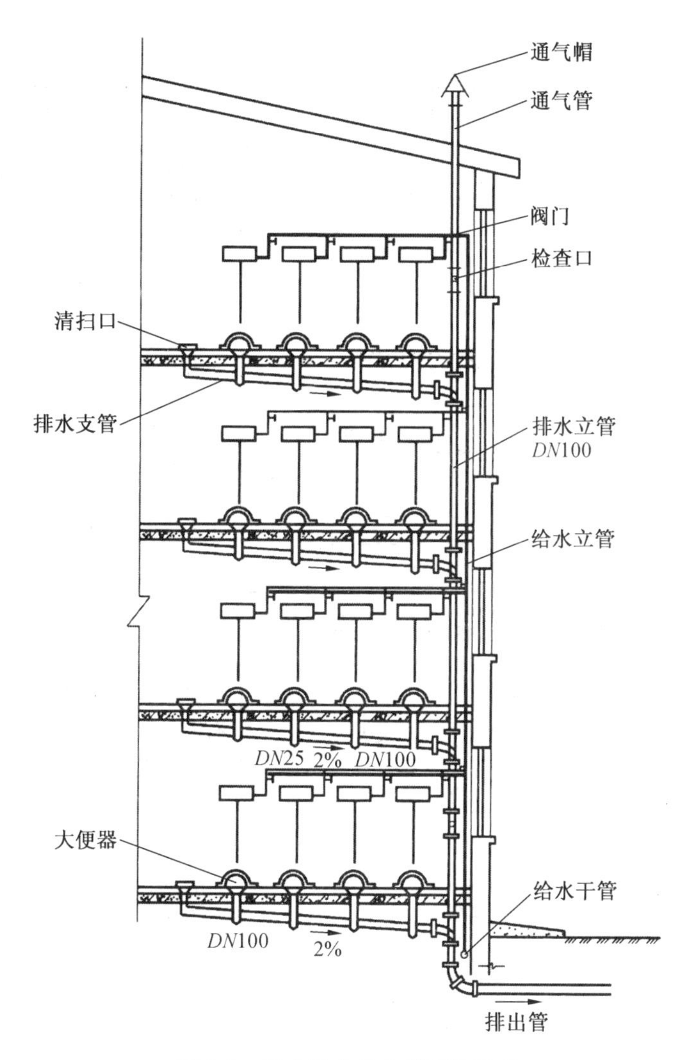

图 6-1 室内给水排水管网的组成

6.1.1 室内给水排水施工图的特点

① 给水排水施工图中的管道设备常采用统一的图例和符号表示，这些图例和符号并不能完全表示管道设备的实样。因此在绘制和识读给水排水施工图前，应首先熟悉和阅读常用的图例符号所表示的内容（见表 6-1）。

表 6-1 给水排水施工图常用图例

<table>
<tr><th>序号</th><th>名 称</th><th>图 例</th><th>说 明</th></tr>
<tr><td rowspan="4">1</td><td rowspan="4">管道</td><td>—— J ——</td><td rowspan="2">用汉语拼音字头表示管道类别：J（G）给水管，P（W）排水管，Y 雨水管，X 消防管，R 热水管</td></tr>
<tr><td>—— P ——</td></tr>
<tr><td>————</td><td rowspan="2">用图例表示管道类别</td></tr>
<tr><td>— — — — —</td></tr>
</table>

序号	名 称	图 例	说 明
2	交叉管	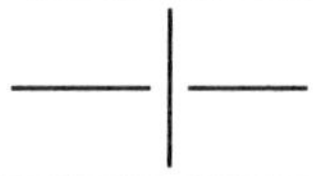	管道交叉不连接，在下方、后面的要断开
3	三通或四通连接	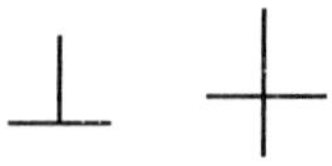	管道在空间相交连接
4	多孔管		开孔淋水管
5	管道立管	 XL XL	X 为管道类别 L 为立管代号
6	水龙头	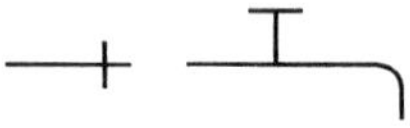	左图：平面 右图：立面
7	截止阀		
8	存水弯		排水管道处用。左图为 S 形存水弯；右图为 P 形存水弯
9	地漏		左图：平面 右图：立面
10	清扫口		左图：平面 右图：立面
11	检查口	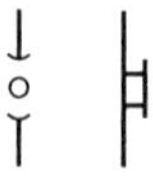	
12	洗脸盆		
13	浴盆	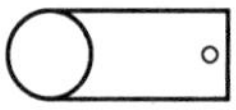	
14	盥洗台		
15	污水池	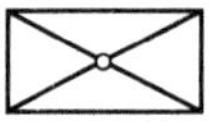	
16	小便槽		
17	蹲式大便器	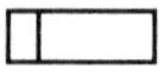	
18	坐式大便器	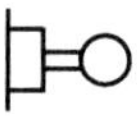	

续表

序号	名　称	图　例	说　明
19	淋浴喷头		左图：平面 右图：立面
20	水管坡度		
21	通气帽		左图：通气罩 右图：通气帽

② 给水排水管道系统图的图例线条较多，绘制识读时，要根据水源的流向进行，一般情况如下：

a. 室内给水系统：进户管（房屋引入管）→水表井（阀门井）→干管→立管→横支管→用水设备。

b. 室内排水系统：污水收集器→横支管→立管→干管→排出管。如有分流（合流）时，沿一个方向看到底，然后看其他方向。

③ 给水排水管道的空间布置往往是纵横交叉，用平面图难以表达。因此，在给水排水施工图中常用轴测投影的方法画出管道的空间位置情况，这种图称为管道系统轴测图，简称管道系统图。绘图时，要根据管道的各层平面图绘制，识读时要与平面图一一对应。

④ 给水排水施工图与土建施工图有紧密的联系，尤其是留洞、打孔、预埋件等对土建的要求必须在图纸上明确表示和注明。

6.1.2　室内给水排水施工图的内容

1. 设计说明

设计说明用于反映设计人员的设计思路及用图无法表示的部分，同时也反映设计者对施工的具体要求，主要包括设计范围、工程概况、管材的选用、管道的连接方式、卫生洁具的安装、标准图集的代号等。

2. 主要材料统计表

主要材料统计表是设计者为使图纸能顺利实施而规定的主要材料的规格型号。小型施工图可省略此表。

3. 平面图

平面图表示建筑物内给水排水管道及卫生设备的平面布置情况，它包括如下内容：

① 用水设备（如盥洗槽、大便器、拖布池、小便器等）的类型及位置。

② 各立管、水平干管、横支管的各层平面位置、管径尺寸、立管编号及管道的安装

方式。

③ 各管道零件如阀门、清扫口的平面位置。

④ 在底层平面图上，还反映给水引入管、污水排出管的管径、走向、平面位置及与室外给水排水管网的组成联系。

图 6-2 所示为某工程集体宿舍楼室内给水排水管道平面布置图实例。各层均设有盥洗槽一个，拖布池两个，小便槽一个，蹲式大便器四个，地漏一个，淋浴喷头两个，各水龙头之间的距离为 600mm，给水引入管进入室内后，分三根给水立管分别供水，从图 6-2b 中可以看到 JL－I 供小便槽、一个拖布池及一个盥洗槽用水，JL－2 供四个大便器高位水箱用水，JL－3 供两个淋浴喷头及一个拖布池用水。

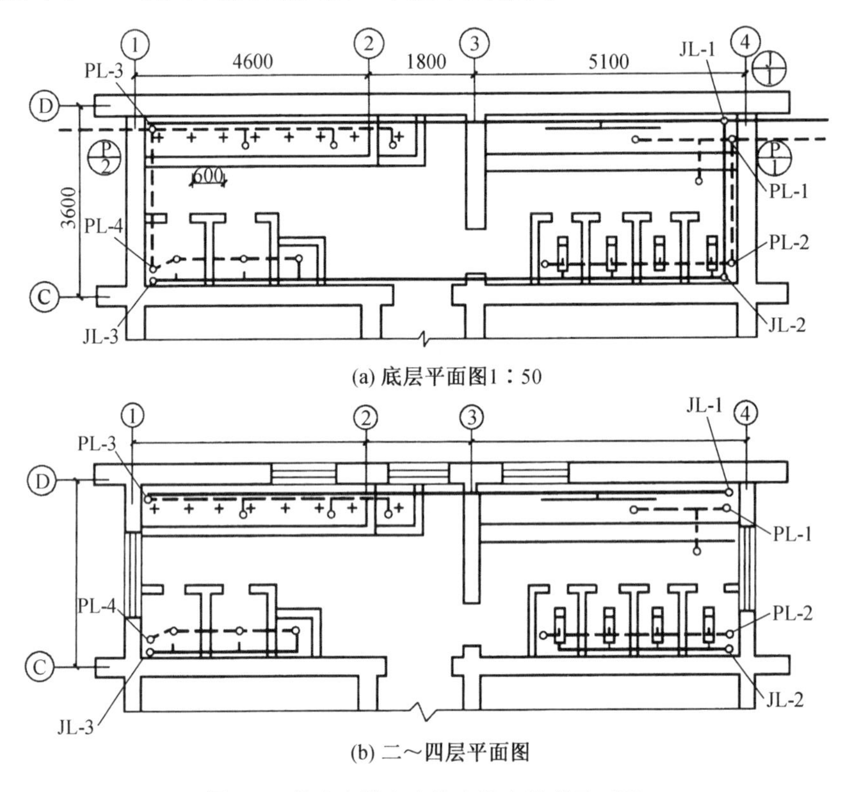

(a) 底层平面图1∶50

(b) 二～四层平面图

图 6-2　某宿舍楼室内给水排水管道平面图

各层的地漏、大便器、小便槽污水通过各层的排水横支管，流到排水立管 PL－1，PL－2，汇流到排出管$\frac{P}{1}$，以底层穿基础，通过排出管进入检查井。各层的盥洗槽、拖布池、淋浴间污水通过各层的排水横支管，进入排水立管 PL－3 和 PL－4，汇流到排出管$\frac{P}{2}$，从底层穿基础，通过排出管流向市政污水井。

4. 系统轴测图

系统轴测图可分为给水系统轴测图和排水系统轴测图，是用轴测投影的方法，根据各层平面图中卫生设备、管道及竖向标高绘制而成的，分别表示给水排水管道系统的上、下层之间，前、后、左、右之间的空间关系。在系统图中除注有各管径尺寸及立管编号外，还注有管道的标高和坡度，如图6-3和图6-4所示，识图时只有把系统图与平面图互相对照起来阅读，才能了解整个室内给水排水系统的全貌。

① 识读给水系统轴测图时，从引入管开始，沿水流方向经过干管、立管、支管到用水设备。如图6-3所示，引入管（管径70mm）进户位置在JL－1下部标高－1.300m处穿基础，进入室内管径70mm的主管JL－I同弯头返高至－0.300m处，由三通分出管径为40mm的水平干管和DN50的JL－I，由水平干管引出管径为40mm和32mm的两根支管JL－2、JL－3，在各立管上引出各层的水平支管至用水设备。

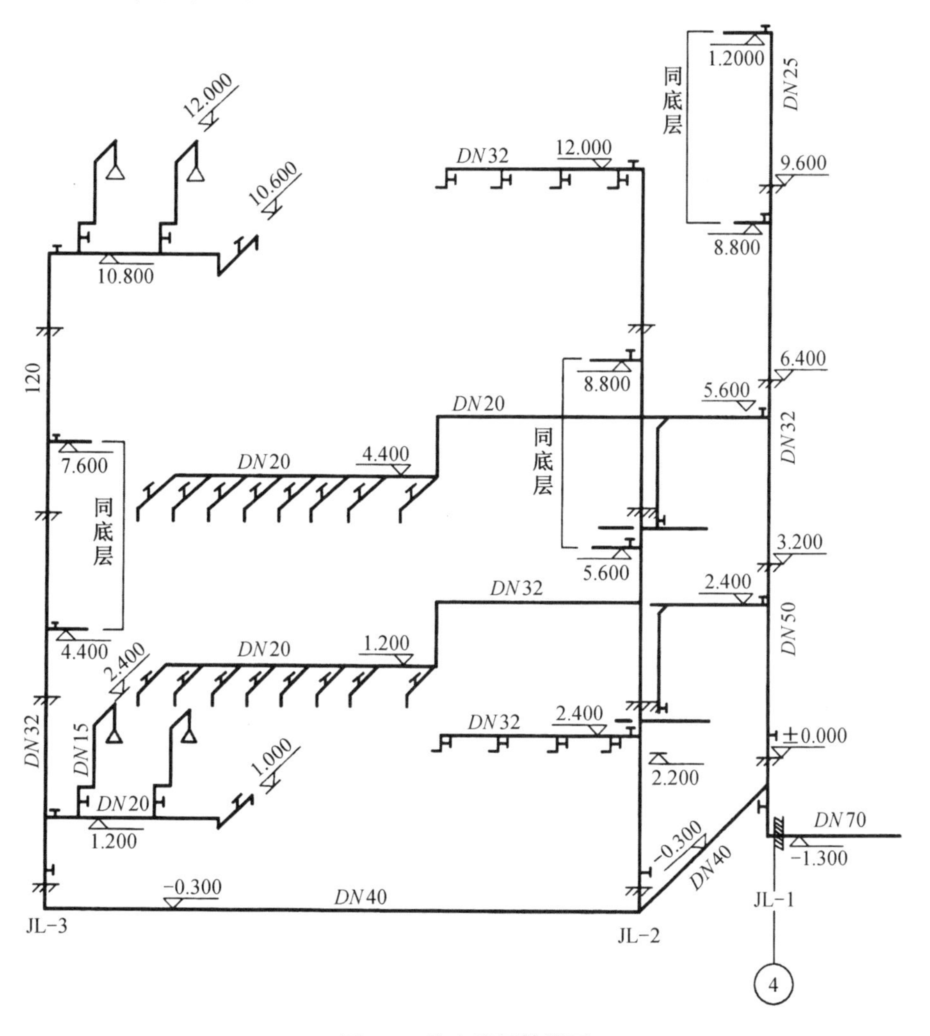

图6-3　给水管网轴测图

② 识读排水系统轴测图时，可从上而下，自下排水设备开始，沿污水流向经横支管、立管、干管到总排出管。如图6-4所示，各层地漏、大便器、小便槽污水是流经各

水平横支管（坡度为2%）到管径为100mm的立管，向下至标高 -1.300m 处，再经水平干管（排出管）$\frac{P}{1}$穿基础而过排入到室外检查井。各层的盥洗槽、拖布池、淋浴间污水是流经各水平支管（坡度为2%）到管径为75mm的立管，向下至标高 -1.300m 处，再经水平干管（排出管）$\frac{P}{2}$穿过基础排入室外市政污水井。

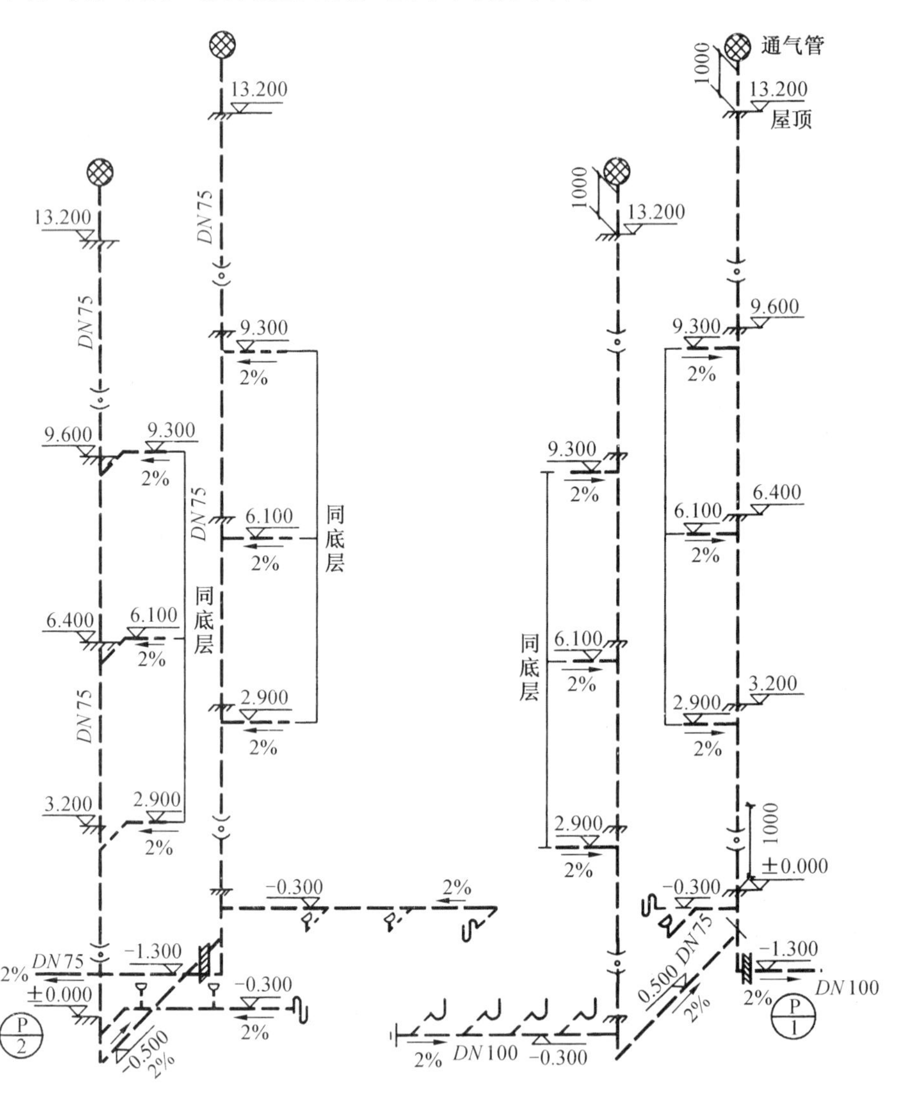

图6-4　排水管网轴测图

③ 在图6-2中，只表明了各管道穿过楼板、墙的平面位置，而在图6-3和图6-4中，还表明了各管道穿过楼板、墙的标高。

5. 详图

详图又称大样图，它表明某些给水排水设备或管道节点的详细构造与安装要求。图6-5所示拖布池的安装详图，表明了水池安装与给水排水管道的相互关系及安装控制尺寸。有些详图可直接查询有关标准图集或室内给水排水设计手册，如水表安装详图、卫生设备安装详图等。

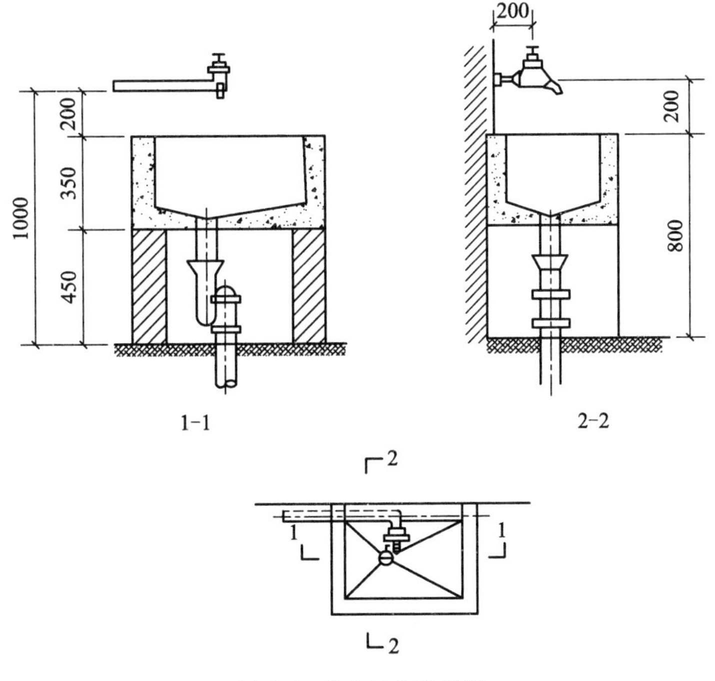

图 6-5　拖布池安装详图

6.1.3　画图步骤

1. 平面布置图

① 室内给水排水平面布置图，是从房屋建筑施工图中将用水房间部分抄绘而成的平面图，采用的比例可与建筑平面图相同，也可以根据需要将比例放大绘成，其中定位轴线编号、尺寸一定要与建筑平面图相同，墙身和门窗等一律画成 0.25*b* 的细线，门只需画出门洞位置，室内外地面、楼面、屋顶等均需注出标高，这些标高可从房屋建筑平面图、立面图、剖面图中查到。

② 各层的卫生设备在房屋建筑平面图中一般都已布置好，只须用宽度 *b*/2 的中实线直接抄绘到平面图上，不标注尺寸，如果有特殊要求则可注上安装时的定位尺寸。

③ 平面布置图中的管道，无论管径大小一律用宽度为 6mm 的粗实线表示。如图 6-2 所示，给水管道用粗实线，排水管用粗虚线，立管用小圆圈，闸阀、地漏、清扫口、淋浴喷头等均是用中实线（中虚线）图例表示。为便于识图，管道须按系统给予标记、编号，给水管道的标记和编号为$\frac{J}{1}$$\frac{J}{2}$或$\frac{G}{1}$$\frac{G}{2}$，排水管道为$\frac{P}{1}$$\frac{P}{2}$或$\frac{W}{1}$$\frac{W}{2}$，外圆直径为 10mm。

2. 系统轴测图

① 系统轴测图，一般按斜等轴测投影原理绘制，与坐标轴平行的管道在轴测图中反映实长。但有时为了绘图美观，也可不按实际比例制图。

② 当空间交叉的管道在系统轴测图中相交时，要判断前、后、上、下的关系，然后按给水排水施工图中常用图例交叉管的画法画出，即在下方、后面的要断开。

③ 系统轴测图中给水管道仍用粗实线表示，排水管道用粗虚线表示。管径一般用“DN”标注，如 DN50 表示公称直径为 50mm 的管子。给水、排水管道均应标注标高。

④ 排水管应标出坡度，如在排水管图线上标注“$\xrightarrow{2\%}$”，箭头表示坡降方向。

⑤ 给水系统与排水系统轴测图的画图步骤基本相同，为了便于安装施工，给水与排水管道系统中，相同层高的管道尽可能布置在同一张图纸的同一水平线上，以便相互对照查看。

6.2 室内采暖施工图

在寒冷地区，为了保持人们在室内生活和工作的温度，必须设置采暖设备。城镇大多采用集中供热采暖，这种方式既经济、卫生，效果又好。集中供热，就是由锅炉将水加热成热水（或蒸汽），然后由室外供热管送至各个建筑物，由各干管、立管、支管送至各散热器，经散热降温后由支管、立管、干管、室外管道送回锅炉重新加热继续循环供热。

热水采暖是以水为热媒的采暖系统。如图 6-6 中所示，当热水采暖系统全部充满水后，在循环水泵 3 的作用下，整个系统就会不断地循环流动。从循环水泵 3 出来的水被压入锅炉 1，水在锅炉中被加热至 90℃左右后，经供水总立管 6、供水干管 7、供水立管 8、供水支管 10 输送到散热器 11 散热，使室温升高，水温降低（一般为 70℃左右）后，又经支管、立管、回水干管 12、回水总管 13 被循环水泵抽出重新压入锅炉进行加热，形成一个完整的循环系统。

为了使系统充满水，不积存空气，保证热水采暖正常运行，在系统最高处设有集气罐 5。为了防止系统中的水因加热体积膨胀而胀裂，在系统中设有膨胀水箱 2，并用膨胀管 16 与回水管连接，使水对流，以防水箱中的水冻结，便于补充系统中漏失的少量水。膨胀水箱上设有溢流管 15 和检查管 14，使多余的水全部排入排水池 4。

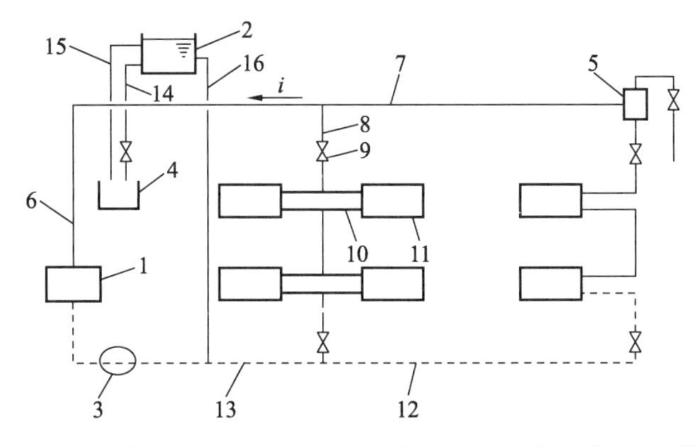

1—锅炉；2—膨胀水箱；3—循环水泵；4—排水池；5—集气罐；6—供水总立管；7—供水干管；8—供水立管；9—闸阀；10—供水支管；11—散热器；12—回水干管；13—回水总管；14—检查管；15—溢流管；16—膨胀管

图 6-6　机械循环热水采暖系统工作原理简图

6.2.1　采暖施工图的组成

采暖施工图一般分为室外和室内两部分，室外部分表示一个区域的采暖管网，包括总平面图、管道横剖面图与纵剖面图、详图及设计施工说明；室内部分表示一幢建筑物的采暖工程，包括采暖系统平面图、轴测图、详图及设计、施工说明。采暖施工图常用图例见表 6-2。

表 6-2　采暖施工图常用图例

序号	名　称	图　例	说　明
1	管道	——— G ———	用汉语拼音字头表示管道类别
		——— H ———	
		— — — — —	用图例表示管道类别
		—·—·—·—	
2	供水（汽）管	————————	
	回（凝结）水管	— — — — — —	
3	保温管		可用说明代
4	方形伸缩器		
5	圆形伸缩器		

续表

序号	名　称	图　例	说　明
6	套管伸缩器	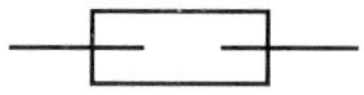	
7	流向		
8	丝堵		
9	固定支架	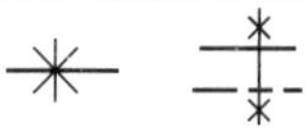	左图：单管 右图：多管
10	截止阀	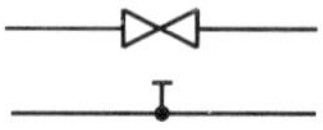	
11	闸阀		
12	止回阀		
13	散热器	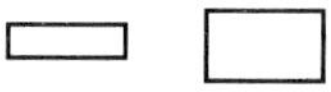	左图：平面 右图：立面
14	散热放风门	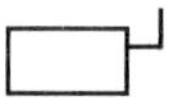	
15	手动排气阀		
16	自动排气阀		
17	流水器	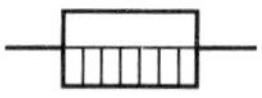	
18	集气罐	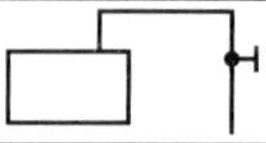	
19	管道泵		
20	过滤器	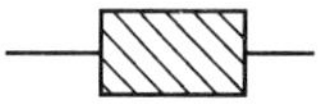	
21	除污器	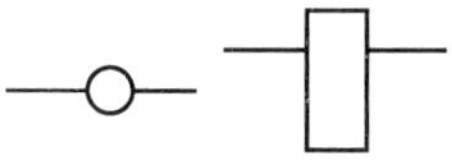	左图：平面 右图：立面
22	暖风机		

6.2.2　室内采暖施工图的内容

1. 采暖平面图

采暖平面图表示一幢建筑物内的所有采暖管道及设备的平面布置情况，包括如下内容。

（1）首层平面图

① 供热总管和回水总管的进出口，并注明管径、标高及回水干管的位置，管径坡

度、固定支架位置等。

② 立管的位置及编号。

③ 散热器的位置及每组散热器的片数，散热器的安装与立、支管的连接方式。

（2）楼层平面图（即中间层平面图）

① 立管的位置及编号。

② 散热器的位置及每组散热器的片数，散热器的安装与立、支管的连接方式。

（3）顶层平面图

① 供热干管的位置、管径、坡度、固定支架位置等。

② 管道最高处集气罐、放风装置、膨胀水箱的位置、标高、型号等。

③ 立管的位置及编号。

④ 散热器的位置及每组散热器的片数，散热器的安装与立、支管的连接方式。

图6-7和图6-8所示为某工程办公楼室内的采暖平面图实例。该办公楼采用热水采暖，供水干管设在顶层大花板下，回水干管设在底层地面上，过门处均设有地沟，总立管一根，标高为6.500m，系统为上行下给单管式，集气罐设在供水干管的最末端，且有一放气管接至卫生间，供水、回水出口标高为－0.700m，立管编号、散热器位置及片数均已标明。

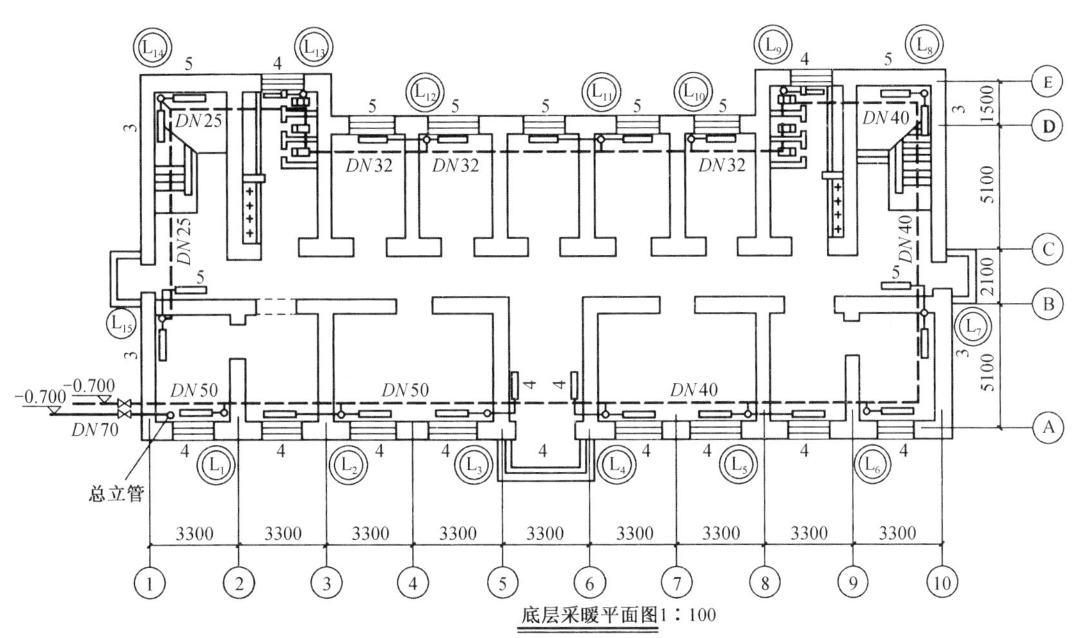

图6-7 底层采暖平面图

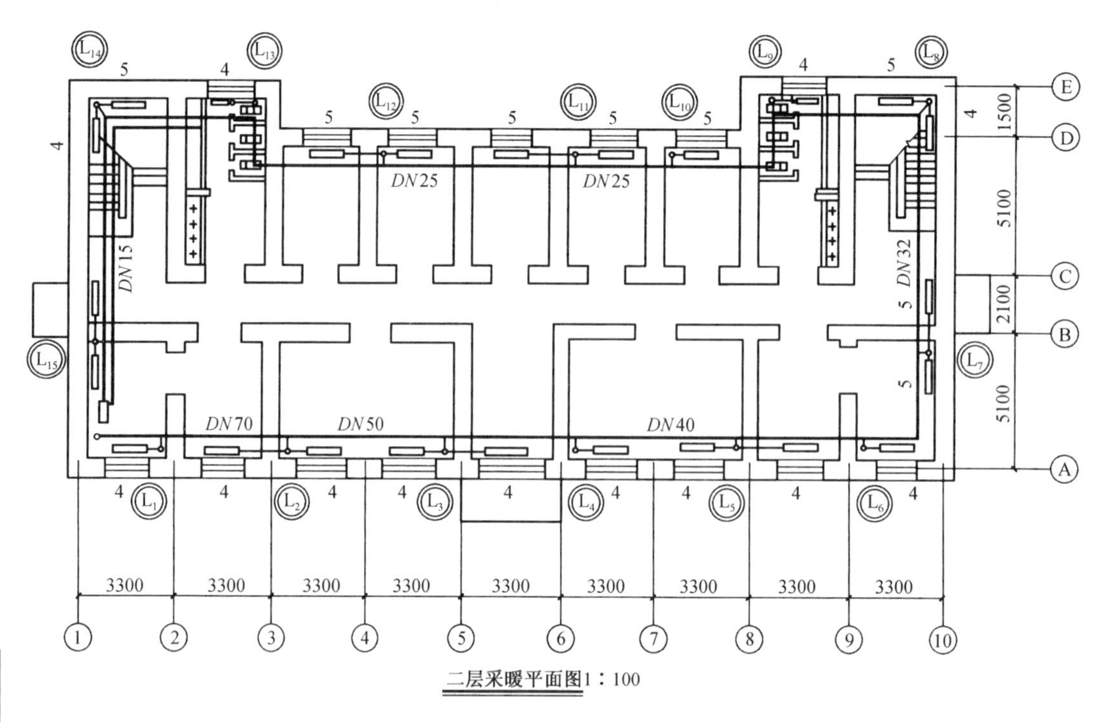

图 6-8　二层采暖平面图

2. 采暖系统轴测图

采暖系统轴测图表示整个建筑内采暖管道系统的空间关系，管道的走向及其标高、坡度，立管及散热器等各种设备配件的位置等。轴测图中的比例、标注必须与平面图一一对应。

图 6-9 所示为采暖系统轴测图，其比例与采暖平面图一致，将该图与其平面图对照，可以清楚地看到整个建筑采暖系统管路走向及其设备连接等空间关系。供热总管从建筑的西南角地下标高 -0.700m 处进入室内上升至标高 6.500m 处，在天花板下，沿着 $i=0.002$的上升坡度走至建筑西面标高 6.700m 处，在供热干管的末端处装一卧式集气罐，每根立管上、下端均装有阀门，供热干管和回水干管终点也均装有阀门，回水总管标高 -0.700m。为了图形表达清晰，不出现前后重叠，图中前后分开画出。

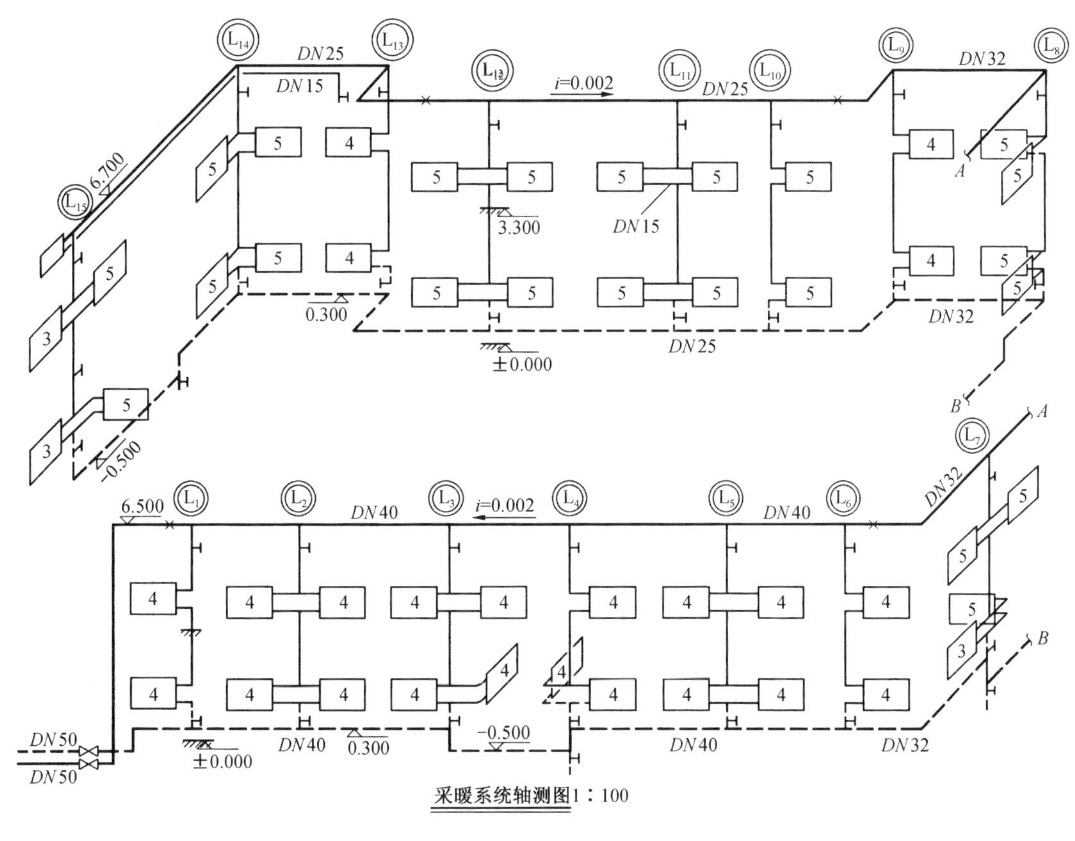

图 6-9　采暖系统轴测图

3. 详图

详图主要表明采暖平面图和系统轴测图中复杂节点的详细构造及设备安装方法。采暖施工图中的详图有散热器安装详图，集气罐的构造、管道的连接详图，补偿器、疏水器的构造详图。若采用标准详图，则可以不画详图，只标出标准图集编号。图 6-10 所示为散热器的安装详图。

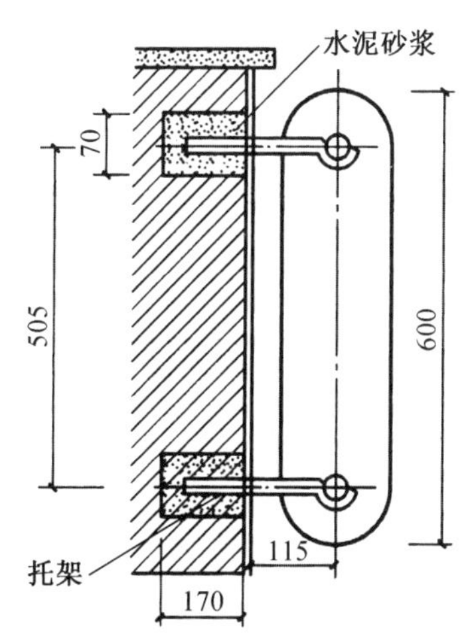

图 6-10　散热器的安装详图

6.2.3 画图步骤

1. 采暖平面图的画法

① 按比例用中实线抄绘房屋建筑平面图，图中只需绘出建筑平面的主要内容，如走廊、房间、门窗位置、定位轴线位置、编号。

② 用散热器的图例符号“┤▭├”，绘出各组散热器的位置。

③ 绘出总立管及各个立管的位置，供热立管用“。”表示，回水立管用“.”表示。

④ 绘出立管与支管、散热器的连接。

⑤ 绘出供水干管、回水干管与立管的连接及管道上的附件设备，如阀门、集气罐、固定支架、疏水器等。

⑥ 标注尺寸，对建筑物轴线间的尺寸、编号、干管管径、坡度、标高、立管编号及散热器片数等均须进行一一标注。

如图 6-7 和图 6-8 所示，图中为了突出整个采暖系统，房屋建筑图、散热器、支管、立管均采用了中实线绘出，供热干管采用粗实线绘出，回水干管用粗虚线绘出，回水立、支管用中虚线绘出。

2. 系统轴测图的画法

① 以采暖平面图为依据，确定各层标高的位置，带有坡度的干管，绘成与 X 轴或与 Y 轴平行的线段，其坡度用“$\xrightarrow{i=}$”表示。

② 从供热入口处开始，先画总立管，后画顶层供热干管，干管的位置、走向一定与采暖平面图一致。

③ 根据采暖平面图，绘出各个立管的位置，以及各层的散热器、支管，绘出回水立管、回水干管及管路设备（如集气罐）的位置。

④ 标明尺寸，对各层楼、地面的标高，管道的直径、坡度、标高，立管的编号，散热器的片数等均须标注，如图 6-9 所示。

6.3 建筑电气施工图

民用建筑电气包括室内照明、家用电气设备插座和电子设备系统（也称为弱电系统，主要有电信、有线电视、自动监控等)。室内照明与家用电器插座可以作为一个系统，而自动监控、电话、有线电视、宽带则是各自独立的系统。工业建筑还需要配备动力供电系统。用来表达以上电工和电子设备的施工图样称为建筑电气施工图。

6.3.1 概述

建筑电气设备系统一般可以分为供配电系统和用电系统，其中根据用电设备的不同又可将用电系统分为电气照明系统和动力系统。

建筑电气施工图主要用来表达建筑中电气工程的构成、布置和功能，描述电气装置的工作原理，提供安装技术数据和使用维护依据。

建筑电气施工图的种类包括照明工程施工图、变配电所工程施工图、动力系统施工图；另外还有电气设备控制电路图、防雷与接地工程施工图等。这里仅介绍室内照明施工图的有关内容和表达方法。

1. 室内电气照明系统的组成

室内建筑电气照明系统由灯具、开关、插座、配电箱和配电线路组成。

(1) 灯具

由电光源和控照器组合而成。电光源有白炽灯泡、荧光灯管等。控照器俗称灯罩，是光源的配套设备，用来控制和改变光源的光学性能并起到美化、装饰和安全的作用。

(2) 开关

用来控制电气照明。它的种类很多，按使用方式可分为拉线式和按钮式开关；按安装方式可分为明装和暗装开关；按控制数量可分为单联、双联、三联开关；按控制方式可分为单控、双控、三控开关。

(3) 插座

主要用来插接移动电气设备和家用电气设备。插座按相数可分为单相和三相插座；按安装方式可分为明装和暗装。

(4) 配电箱

主要用来非频繁地操作控制电气照明线路，并能对线路提供短路保护或过载保护。配电箱按安装方式可分为明装(有落地式、悬挂式)、暗装(嵌入式)。

(5) 配电线路

在照明系统中配电线路所用的导线一般是塑料绝缘电线，按敷设方式分为明线和暗线，现代建筑室内最常用的是线管和桥架式配线。

2. 室内电气照明施工图的有关规定

（1）图线

电气照明施工图对于各种图线的运用应符合表6-3中的规定。

表6-3 电气照明施工图中常用的线型

名称	线型	用途说明
粗实线	————————	基本线、可见轮廓线、可见导线、一次线路、主要线路
细实线	————————	二次线路、一般线路
虚线	----------------	辅助线、不可见轮廓线、不可见导线、屏蔽线等
单点长划线	—·—·—·—·—·—·—·	控制线、分界线、功能图框线、分组围框线等
双点长划线	—··—··—··—··—··—	辅助图框线、36V以下线路等

（2）安装标高

在电气施工图中，线路和电气设备的安装高度需要标注标高，通常采用与建筑施工图统一的相对标高，或者对本层地面的相对标高。例如，某建筑电气施工图中标注的总电源进线安装高度为5.0m，是指相对建筑基准标高±0.000的高度；某插座安装高度1.8m，是指相对于本层楼地面的高度。

（3）指引线

在电气施工图中，为了标记和注释图样中的某些内容，需要用指引线在旁边加上简短的文字说明。指引线一般为细实线，指向被注释的部位，并且根据注释内容的不同，在指引线所指向的索引部位加上不同的标记：指向轮廓线内，加一个圆点，如图6-11a所示；指向轮廓线上，加一个箭头，如图6-11b所示；指向电路线上，加一短斜线，如图6-11c所示。

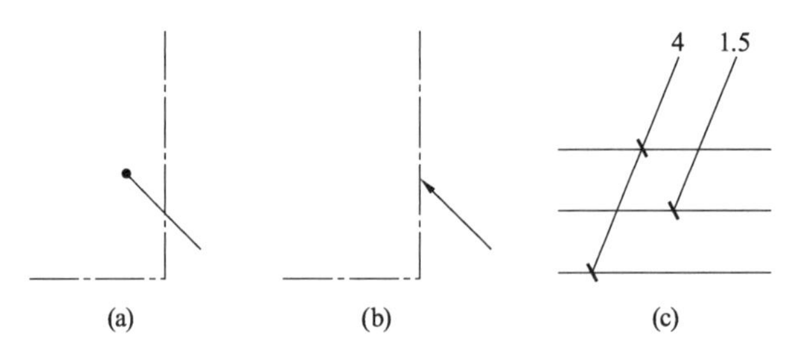

图6-11 指引线的末端标记

（4）图形符号和文字符号

在电气施工图中，各种电气设备、元件和线路都是用统一的图形符号和文字号表示的。应按照国家标准规定的符号绘制，如《电气简图用图形符号》（GB/T 4728）、《电气技术中文字符号制订通则》（GB 7159）等，一般不允许随意进行修改，否则会造成混乱，影响图样的通用性。对于标准中没有的符号可以在标准的基础上派生出新的符号，但要在图中明确加注说明。图形符号的大小一般不影响符号的含义，根据图面布置的需要也允许将符号按90°的倍数旋转或成镜像放置，但文字和指向不能倒置。表6-4～表6-9是一些室内电气照明系统中常用的文字符号及含义，表6-5是部分室内电气照明系统中常用的图形符号。

表6-4　电光源种类

文字符号	含义	文字符号	含义	文字符号	含义
IN	白炽灯	FL	荧光灯	Na	钠灯
I	碘钨灯	Xe	氙灯	Hg	汞灯

表6-5　线路敷设方式

文字符号	含义	文字符号	含义	文字符号	含义
E	明敷	C	暗敷	CT	电缆桥架
SC	钢管配线	T	电线管配线	M	钢索配线
P	硬塑料管配线	MR	金属线槽配线	F	金属软管配线

表6-6　线路敷设部位

文字符号	含义	文字符号	含义	文字符号	含义
B	梁	W	墙	C	柱
P	地面（板）	SC	吊顶	CE	顶棚

表6-7　导线型号

文字符号	含义	文字符号	含义	文字符号	含义
BX（BLX）	钢（铝）芯塑料绝缘线	BVV	钢芯塑料绝缘线	BV（BLV）	钢（铝）芯塑料绝缘线
BXR	铜芯塑料绝缘软线	BVR	铜芯塑料绝缘软线	RVS	铜芯塑料绝缘绞型软线

表6-8　设备型号

文字符号	含义	文字符号	含义	文字符号	含义
XRM	嵌入式照明配电箱	KA	瞬时接触继电器	QF	断路器
XXM	悬挂式照明配电箱	FU	熔断器	QS	隔离开关

表 6-9　其他辅助文字符号

文字符号	含义	文字符号	含义	文字符号	含义
E	接地	PE	保护接地	AC	交流
PEN	保护接地与中性线共用	N	中性线	DC	直流

表 6-10　室内电气照明施工图中常用的图形符号

序号	名　称	图　例	序号	名　称	图　例
1	单根导线	1	13	一般灯	
2	2 根导线	2	14	壁灯	
3	3 根导线	3	15	防水防尘灯	
4	4 根导线	4	16	单相插座	
5	*n* 根导线	*n*	17	单联单控跷板开关（圆圈涂黑表示暗装，有几横表示几联）	
6	导线引上、引下		18	配电箱	
7	导线引上并引下		19	电表	A　kW·h
8	导线由上引来并引下		20	熔断器	
9	导线由下引来并引上		21	闸开关	
10	球形吸顶灯		22	接线盒	
11	荧光灯		23	接地线	
12	半圆球形吸顶类				

（5）多线表示和单线表示法

电气施工图按电路的表示方法可以分为多线表示法和单线表示法。单线表示法是指并在一起的两根或两根以上的导线，在图样中只用一条线表示，这样图样简单了，但需要深入分析其具体连接方式。在同一图样中，必要时可以将多线表示法和单线表示法组合起来使用，在需要表达复杂连接的地方使用多线表示法，在比较简单的地方使用单线表示法。在用单线表示法绘制的电气施工平面图上，一根线条表示多条走向相同的线路，在线条上划上短斜线表示根数（一般用于三根导线），或者用一根短斜线旁标注数字表示导线根数（一般用于三根以上的导线数），对于两根相同走向的导线则通常不必标注根数。

（6）标注方式

在室内电气照明施工图中，设备、元件和线路除采用图形符号绘制外，还必须在图形符号旁加文字标注，用以说明其功能和特点，如型号、规格、数量、安装方式、安装位置等。不同的设备和线路有不同的标注方式。

① 照明灯具的文字标注方式

一般为：

$$a-b\frac{c\times d\times l}{e}f$$

其中：a——灯具数量；

b——灯具的型号或编号；

c——每盏照明灯具的灯泡数；

d——每个灯泡的容量，W；

e——安装高度，m；

f——灯具的安装方式；

l——电光源的种类，常省略不标。

灯具安装方式有：吸壁安装（W）、吊线安装（WP）、链吊安装（CH）、管吊安装（P）、嵌入式安装（R），吸顶安装（S）等。

例如：$10-\text{YG2}-2\frac{2\times 40}{2.5}\text{CH}$ 表示 10 盏型号为 YG2－2 型号的荧光灯，每盏灯有 2 个 40W 灯管，安装高度为 2.5m，链吊安装。

② 开关、熔断器及配电设备的文字标注方式

一般为：

$$a\frac{b}{c/i}\text{或 } a-b-c/i$$

其中：a——设备编号；

b——设备型号；

c——额定电流（A）或设备功率（kW），对于开关、熔断器标注额定电流，对于配电设备标注功率；

i——整定电流（A），配电设备不需要标注。

例如：$2\frac{HH3-100/3-100/80}{BX-3\times3.5-SC40-FC}$表示 2 号设备是型号为 HH3-100/3 的三极铁壳开关，额定电流为 100A，开关内熔断器的额定电流为 80A，开关的进线是 3 根截面为 $35mm^2$ 铜芯橡胶绝缘导线（BX），穿 40mm 的钢管（SC40），埋地（F）暗敷（C）。

③ 线路的文字标注方式

一般为：

$$a-b-c\times d-e-f$$

其中：a——线路编号或线路用途；

b——导线型号；

c——导线根数；

d——导线截面（mm^2），不同截面要分别标注；

e——配线方式和穿线管径（mm）；

f——导线敷设方式及部位。

例如：N1 - BV - 2 × 2.5 + PE2.5 - T20 - SCC 表示 N1 回路，导线为塑料绝缘铜芯线（BV），2 根截面为 $2.5mm^2$、1 根截面为 $2.5mm^2$ 的接零保护线（PE），穿直径 20mm 的电线管（T20），吊顶内（SC）暗敷（C）。

有时为了减少画图的标注量，提高图面清晰度，在平面图上往往不详细标注各线路，而只标注线路编号，另外提供一个线路管线表，根据平面图上标注的线路编号即可找出该线路的导线型号、截面、管径、长度等。

6.3.2 室内电气照明平面图识读

电气平面图是电气安装的重要依据，它是将同一层内不同高度的电器设备及管线都投影到同一平面上来表示的。

平面图一般包括变配电平面图、动力平面图、照明平面图、防雷接地平面图及弱电（电话、广播）平面图等。照明平面图实际上就是在建筑施工平面图上绘出的电气照明分布图，图上标有电源实际进线的位置、规格、穿线管径，配电箱的位置，配电线路的走向，干、支线的编号、敷设方法，开关、插座、照明器具的种类、型号、规格、安装方式和位置等。一般照明线路走向是电源从建筑物某处进户后，经总配电箱和分配电箱，由干线、支线连接起来，通向各用电设备。其中干线是由外线引入总配电箱，由总配电箱到分配电箱的连接线，支线是自分配电箱引至各用电设备的导线。图 6-12 所示为底层照明平面图。电源由二楼引入，用 2 根 BLX 型（耐压 500V）截面为 $6mm^2$ 的电线，穿 VG20 塑料管沿墙暗敷，由配电箱引 3 条供电回路（N1，N2，N3）和一条备用回路。N1

回路照明装置有 8 套 YG2 单管 1×40W 日光灯，悬挂高度距地 3m，悬吊方式为链吊，2 套 YG2 曰光灯为双管 40W，悬挂高度为 3m，悬持方式为链吊，日光灯均装有对应的开关。带接地插孔的单相插座有 5 个。N2 回路与 N1 回路相同。N3 回路装有 3 套 100W、2 套 60W 的大棚灯和 2 套 100W 壁灯，灯具装有相应的开关，带接地插孔的单相插座有 2 个。

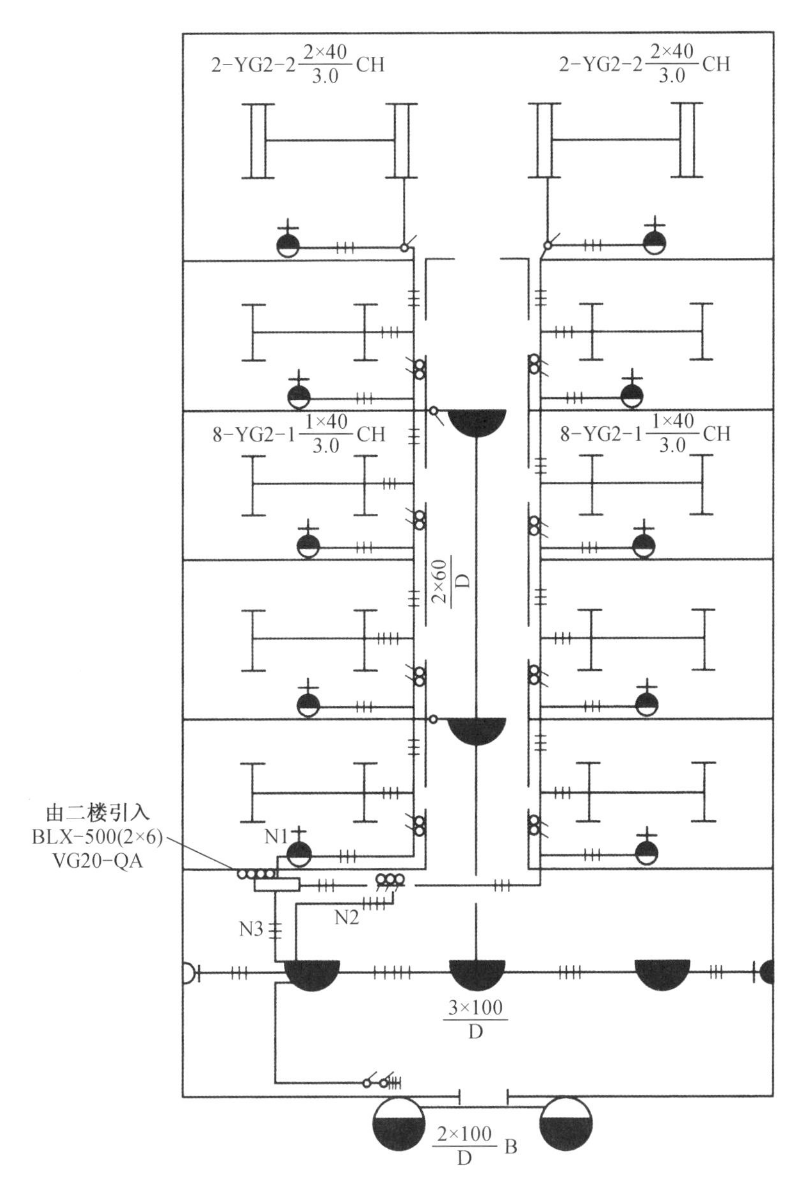

图 6-12　底层照明平面图

6.3.3　室内电气照明系统图

电气系统图分为电力系统图、照明系统图和弱电（电话、广播等）系统图。电气系统图上标有整个建筑物内的配电系统和容量分配情况、配电装置、导线型号、截面、敷设方式及管径等。图6-13表明，进户线用4根BLX型、耐压为500V、截面为16mm^{2}的电线从户外电杆引入。三根相线接三刀单投胶盖刀开关（规格为HKI－30/3），然后接入三个插入式熔断器（规格为RCIA－30/25）。再将A，B，C三相各带一根零线引到分配电盘。A相到达底层分配电盘，通过双刀单投胶盖刀开关（规格为HKI－15/2），接入插入式熔断器（规格为RCIA－15/15），再分N1，N2，N3和一个备用支路，分别通过规格为HKI－15/2的胶盖刀开关和规格为RCIA－10/4的熔断器，各线路用直径为15mm的软塑管沿地板墙暗敷。管内穿三根截面为1.5mm^{2}的铜芯线。

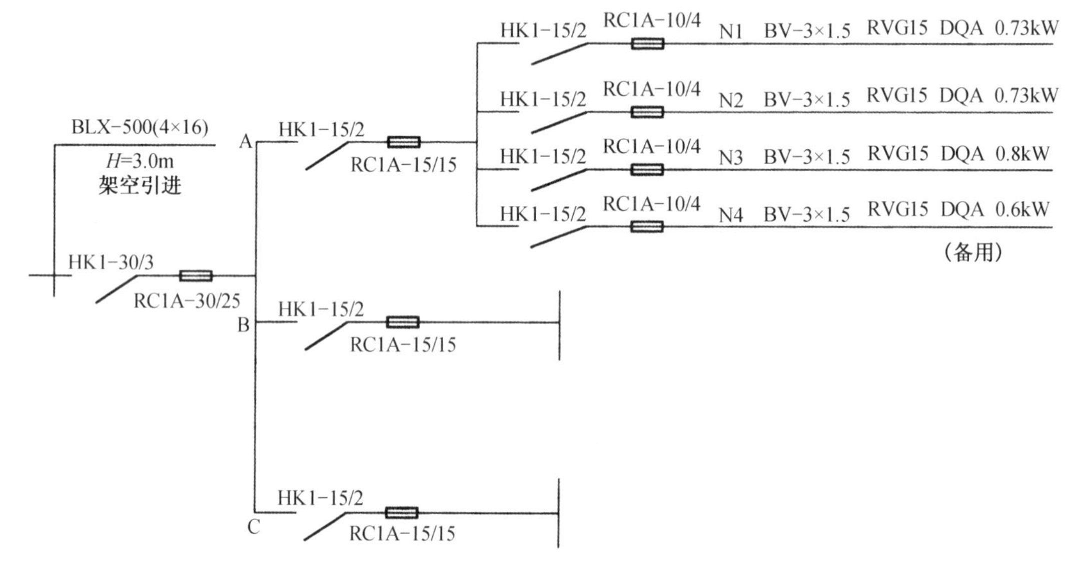

图6-13　电气系统图

电气安装工程的局部安装大样、配件构造等均要用电气详图表示出来才能施工。一般施工图不绘制电气详图，电气详图与一些具体工程的做法均参考标准图或通用图册施工。有些设计单位为避免重复作图，提高设计速度，还自行编绘了通用图集供安装施工使用。图6-14所示为两只双控开关在两处控制一盏灯的接线方法。图6-15所示为日光灯的接线原理图。

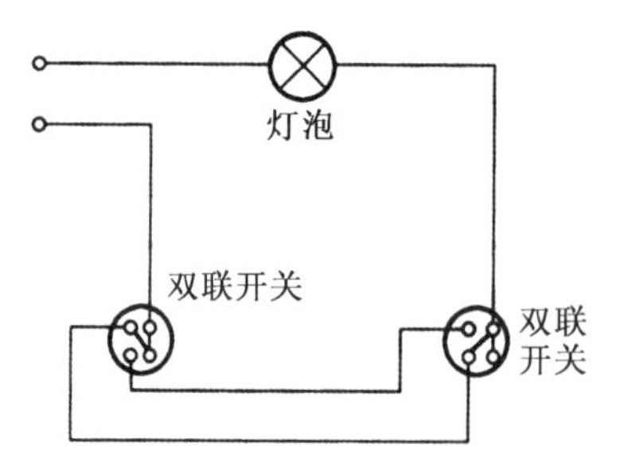

图6-14　两只双控开关在两处控制一盏灯的接线方法

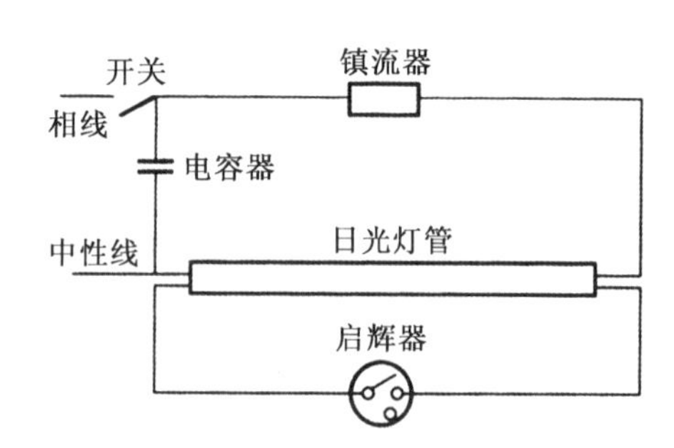

图6-15　日光灯的接线原理图

第 7 章　计算机辅助制图

7.1　CAD 软件简介

AutoCAD 是 Autodesk 公司推出专门用于的计算机辅助设计的软件，它提供了一个直观的人机对话的绘图平台，在这个交互平台上，用户可以十分直观快捷地绘制和编辑图形来完成设计工作。

这里我们主要介绍 AutoCAD2012 这款软件的操作方法。

7.1.1　CAD 常用绘图命令

1. 直线命令

（1）激活方法

方法一：点击图标 ⁄

方法二：输入快捷键“L”

方法三：点击下拉菜单“绘图”—“直线”

（2）操作步骤

绘制一条长度为 500mm 的直线，步骤如下：

① 按以上三种方法中的任意一种，激活直线命令；

② 用鼠标左键在绘图区中任意单击一点；

③ 右手通过鼠标控制直线的方向，左手在键盘上输入 500；

④ 回车或空格两次，完成操作。

小提示

如果想画水平或垂直的直线，可以按下“F8”键（打开正交命令），之后如果想绘制斜线，再按下“F8”键（关闭正交命令）。

2. 射线命令

（1）激活方法

方法一：点击图标

方法二：输入快捷键“XL”

方法三：点击下拉菜单“绘图”—“射线”

（2）操作步骤

绘制一条任意方向的射线，步骤如下：

① 按以上三种方法中的任意一种，激活射线命令；

② 用鼠标左键在绘图区中任意单击一点；

③ 确定好射线方向后，再单击左键一下；

④ 回车或空格一次，完成操作。

3. 多段线命令

（1）激活方法

方法一：点击图标

方法二：输入快捷键“PL”

方法三：点击下拉菜单“绘图”—“多段线”

（2）操作步骤

绘制一条宽度为20mm，长度为500mm的多段线，步骤如下：

① 按以上三种方法中的任意一种，激活多段线命令；

② 用鼠标左键在绘图区中任意单击一点；

③ 输入“H”设置多段线的半宽，回车或空格一次；

④ 键盘输入10，回车或空格一次；

⑤ 再一次输入10，回车或空格一次；

⑥ 右手通过鼠标控制多段线的方向，左手在键盘上输入500；

⑦ 回车或空格两次，完成操作。

4. 正多边形命令

(1) 激活方法

方法一：点击图标

方法二：输入快捷键“POL”

方法三：点击下拉菜单“绘图”—“正多边形”

(2) 操作步骤

绘制一个内接于半径为60mm的正八边形，步骤如下：

① 按以上三种方法中的任意一种，激活正多边形命令；

② 键盘输入“8”，回车或空格一次；

③ 用鼠标左键在绘图区中任意单击一点，选择“内接于圆”；

④ 输入60；

⑤ 回车或空格一次，完成操作。

5. 矩形命令

(1) 激活方法

方法一：点击图标

方法二：输入快捷键“REC”

方法三：点击下拉菜单“绘图”—“矩形”步骤如下：

(2) 操作步骤

绘制一个长为50mm，宽为60mm的矩形

① 按以上三种方法中的任意一种，激活矩形命令；

② 用鼠标左键在绘图区中任意单击一点；

③ 键盘输入“@50，60”；

④ 回车或空格一次，完成操作。

6. 圆命令

(1) 激活方法

方法一：点击图标

方法二：输入快捷键“C”

方法三：点击下拉菜单“绘图”—“圆”

(2) 操作步骤

绘制一个半径为60mm的圆形，步骤如下：

① 按以上三种方法中的任意一种，激活圆命令；

② 用鼠标左键在绘图区中任意单击一点，确定圆心；

③ 键盘输入“60”；

④ 回车或空格一次，完成操作。

7．样条曲线命令

（1）激活方法

方法一：点击图标 ～

方法二：输入快捷键“SPL”

方法三：点击下拉菜单“绘图”—“样条曲线”

（2）操作步骤

用样条曲线命令做一个 S 形，步骤如下：

① 按以上三种方法中的任意一种，激活样条曲线命令；

② 用鼠标左键在绘图区中任意单击一点，确定起点；

③ 按 S 形的轮廓连续点三下；

④ 按空格键三下，完成操作。

小提示

做好样条曲线的关键是找好控制点。

8．椭圆命令

（1）激活方法

方法一：点击图标

方法二：输入快捷键“EL”

方法三：点击下拉菜单“绘图”—“椭圆”

（2）操作步骤

绘制一个长径为 80mm，短径为 40mm 的椭圆，步骤如下：

① 按以上三种方法中的任意一种，激活椭圆命令；

② 用鼠标左键在绘图区中任意单击一点，确定椭圆长径的起点；

③ 用鼠标控制方向，键盘输入“80”，按空格键，完成长径的设置；

④ 用鼠标控制方向，键盘输入“20”，按回车或空格一次，完成操作。

椭圆的两个半径，在 CAD 的操作中，输入值长径为实长，短径为实长的一半，如在上例的操作中，该椭圆的长径实长为 80mm，输入 80，短径实长为 40mm，输入 20。

9．块命令

(1) 激活方法

方法一：点击图标

方法二：输入快捷键“B”

方法三：点击下拉菜单“绘图”—“块”—“创建”

(2) 操作步骤

绘制一个方套圆的图形，将其创建成一个块，步骤如下：

① 按以上三种方法中的任意一种，激活块命令；

② 在弹出的块定义对话框中名称栏里输入“圆方”，对所做的块进行命名；

③ 用鼠标点击拾取点左边的图标，在圆心处用鼠标点击一下；

④ 用鼠标点击选择命令左边的图标，用鼠标将圆形和方形选中；

⑤ 回车或空格一次，再次回到块定义对话框；

⑥ 点击确定键，完成操作。

当我们再次点击物体时会发现这两个物体已经变成一个物体了。

10．插入块命令

(1) 激活方法

方法一：点击图标

方法二：输入快捷键“I”

(2) 操作步骤

插入上面设置好的“圆方”块，步骤如下：

① 按以上两种方法中的任意一种，激活块命令；

② 在弹出的插入对话框中名称栏里输入“圆方”；

③ 点击确定键；

④ 在绘图区将出现的块移到相关位置，单击左键，完成操作。

11. 点命令

(1) 激活方法

方法一：点击图标

方法二：输入快捷键“PO”

方法三：点击下拉菜单“绘图”—“点”

(2) 操作步骤

绘制一个斜十字交叉点，步骤如下：

① 点击下拉菜单中“格式”—“点样式”；

② 在弹出的点样式对话框中点选斜十字交叉点图案；

③ 点大小采用默认值5；

④ 点击确定键，完成操作；

⑤ 按以上三种方法中的任意一种，激活点命令；

⑥ 在绘图区任意一点，单击一下；

⑦ 回车或空格一次，完成操作。

小提示

在点样式对话框中图案的选择是非常直观的，软件给出了20种不同的点样式，我们可以根据实际需要直接在图案上点选，选中的样式成黑色，点大小中的数值设定则决定了未来点在图纸中的大小，数值越大则点越大，反之则越小。

12. 填充命令

(1) 激活方法

方法一：点击图标

方法二：输入快捷键“H”

方法三：点击下拉菜单“绘图”—“图案填充”

(2) 操作步骤

填充一个400mm×400mm的正方形，步骤如下：

① 绘制一个400mm×400mm的正方形；

② 按以上三种方法中的任意一种，激活图案填充命令；

③ 在弹出的边界图案填充对话框中选择图案填充；

④ 点选样例栏中的图案；

⑤ 在弹出的填充图案选项板对话框中选择名称为AR－B186的图案；

⑥ 回到绘图区，在绘制的正方形中单击一下，如正方形成虚线形态，则表示范围已被选中；

⑦ 按下空格键，完成操作。

小提示

在边界图案填充对话框中对图案大小和角度修改是非常直观和方便的，我们可以根据实际需要在边界图案填充对话框中的角度和比例栏中进行精确的数值设定，可以在这个实例的基础上将角度设置为45°，比例设置为0.5，做完后对比一下两种不同设置出现的不同效果。

13. 多行文字命令

（1）激活方法

方法一：点击图标 A

方法二：输入快捷键“T”

方法三：点击下拉菜单“绘图”—“文字”—“多行文字”

（2）操作步骤

输入名为“AUTOCAD2004”一段文字，步骤如下：

① 按以上三种方法中的任意一种，激活多行文字命令；

② 在绘图区单击左键一下，确定文字的起始位置；

③ 再次点击左键一下，确定文字的结束位置；

④ 在弹出的文字格式对话框中设置字高，输入50；

⑤ 设好数值后，在下面的操作栏中输入“AUTOCAD2004”；

⑥ 点击“确定”，完成操作。

7.1.2 CAD常用修改命令

1. 删除命令

（1）激活方法

方法一：点击图标

方法二：输入快捷键“E”

方法三：点击下拉菜单“修改”—“删除”

（2）操作步骤

删除一个图形，步骤如下：

① 在绘图区绘制一个任意大小形状的图形；

② 按以上三种方法中的任意一种，激活删除命令；

③ 用变成方块的指针选中图形（图形变成虚线表示已选中，反之，则未被选中）；

④ 回车或空格一次，完成操作。

2. 复制命令

(1) 激活方法

方法一：点击图标

方法二：输入快捷键“CO”

方法三：点击下拉菜单“修改”—“复制”

(2) 操作步骤

复制一个图形，步骤如下：

① 在绘图区绘制一个任意大小形状的图形；

② 按以上三种方法中的任意一种，激活复制命令；

③ 用变成方块的指针点中或框中刚才绘制的图形（图形变成虚线表示已选中，反之，则未被选中）；

④ 回车或空格一次，完成操作。

3. 镜像命令

(1) 激活方法

方法一：点击图标

方法二：输入快捷键“MI”

方法三：点击下拉菜单“修改”—“镜像”

(2) 操作步骤

镜像一个图形，步骤如下：

① 在绘图区绘制一个任意大小形状的图形；

② 按以上三种方法中的任意一种，激活镜像命令；

③ 用变成方块的指针点中或框中刚才绘制的图形（图形变成虚线表示已选中，反之，则未被选中）；

④ 回车或空格一次；

⑤ 用变成十字光标的鼠标点第一个点（这个点决定了原物体与镜象物体间的距离）；

⑥ 用变成十字光标的鼠标点第二个点（这个点决定了原物体与镜象物体间的方向）；

⑦ 完成操作。

小提示

如果复制的物体形状相似，方向相反那么就可以使用镜像命令，镜像命令经常用来做对称的图形。

4. 偏移命令

（1）激活方法

方法一：点击图标

方法二：输入快捷键“O”

方法三：点击下拉菜单“修改”—“偏移”

（2）操作步骤

绘制一个内径为300mm，外径为400mm的圆环，步骤如下：

① 在绘图区绘制一个半径为200mm的图形；

② 按以上三种方法中的任意一种，激活偏移命令；

③ 输入偏移数值50，空格一次；

④ 用变成方块的鼠标点击做好的外径为400mm的圆环（图形变成虚线表示已选中，反之，则未被选中）；

⑤ 用变成十字光标的鼠标在圆内点一下（这一步用来控制偏移出的新物体的方向，圆内点一下，则新偏移出来的物体在400mm圆内，新圆的大小为300mm，如果在圆外点一下，则新偏移出来的物体在400mm圆外，新圆的大小为500mm）；

⑥ 空格一次，完成操作。

小提示

偏移命令多用来进行精确定位，例如做好轴线后，可以分别向两边进行偏移120，就可以精确地做出240的墙体。

5. 阵列命令

（1）激活方法

方法一：点击图标

方法二：输入快捷键“AR”

方法三：点击下拉菜单“修改”—“阵列”

（2）操作步骤

矩形阵列：绘制一个400mm×400mm的矩形，将其阵列为4行5列，行间距为

500mm，列间距为600mm 的矩阵。

① 在绘图区绘制一个400×400mm 的矩形；

② 按以上三种方法中的任意一种，激活阵列命令；

③ 在弹出的阵列对话框中，勾选“矩形阵列”；

④ 根据题目要求，将行设为4，列设为5（右侧的图形栏中可以预览将来的排列图形）；

⑤ 在行偏移栏中输入900，列偏移栏中输入100（在CAD 中，行列间距是由自身的距离加上物体之间的间距，行向上或列向右，输入正值，反之则输入负值）；

⑥ 点击选择对象图标，进入绘图区，选中绘好的图形（图形变成虚线表示已选中，反之，则未被选中）按空格键，回到阵列对话框；

⑦ 点击“确定”，完成操作。

环形阵列：绘制一个半径为400mm 的圆，一个半径为200mm 的圆，将4 个小圆围绕大圆进行环形阵列。

① 在绘图区绘制一个半径为400mm 的圆，一个半径为200mm 的圆，将小圆放在大圆外12 点钟的位置；

② 按住Shift 键，点击鼠标右键，在弹出的菜单栏中选择“对象捕捉设置”；

③ 在弹出的“草图设置”对话框中选中“对象捕捉”设置栏，勾选“启用对象捕捉”；

④ 在对象捕捉模式栏中点选“全部选择”；

⑤ 点击“确定”，完成捕捉设置；

⑥ 按以上三种方法中的任意一种，激活阵列命令；

⑦ 在弹出的阵列对话框中，勾选“环形阵列”；

⑧ 点击选择对象图标，进入绘图区，将绘制的小圆选中（图形变成虚线表示已选中，反之，则未被选中），按空格键，回到阵列对话框；

⑨ 点击拾取中点击图标，进入绘图区，选中大圆的圆心，将其设置为环形阵列的中心点；

⑩ 在项目总数栏中填入数值4，填充角度输入栏360；

⑪ 点击“确定”，完成操作。

6. 移动命令

（1）激活方法

方法一：点击图标 ✥

方法二：输入快捷键“M”

方法三：点击下拉菜单“修改”—“移动”

（2）操作步骤

移动一个400mm×400mm的矩形，步骤如下：

① 绘制一个400mm×400mm的矩形；

② 按以上三种方法中的任意一种，激活移动命令；

③ 选中刚才绘制好的图形（图形变成虚线表示已选中，反之，则未被选中）；

④ 空格一次，变成十字光标；

⑤ 左键单击绘图区一下，给出移动的起始点；

⑥ 再用左键单击绘图区一下，给出移动的终点（也可以用鼠标确定方向，给出要移动的精确数值），完成操作。

7. 旋转命令

（1）激活方法

方法一：点击图标

方法二：输入快捷键“RO”

方法三：点击下拉菜单“修改”—“旋转”

（2）操作步骤

将一个400mm×400mm的矩形旋转45°，步骤如下：

① 绘制一个400mm×400mm的矩形；

② 按以上三种方法中的任意一种，激活旋转命令；

③ 选中要旋转的图形（图形变成虚线表示已选中，反之，则未被选中）；

④ 空格一次，变成十字光标；

⑤ 左键单击绘图区一下，给出旋转的中心点；

⑥ 指定旋转角度，输入45；

⑦ 空格一次，完成操作。

8. 缩放命令

（1）激活方法

方法一：点击图标

方法二：输入快捷键“SC”

方法三：点击下拉菜单“修改”—“缩放”

(2) 操作步骤

将一个 400mm × 400mm 的矩形放大 2 倍，步骤如下：

① 绘制一个 400mm × 400mm 的矩形；

② 按以上三种方法中的任意一种，激活缩放命令；

③ 选中刚才绘制好的图形（图形变成虚线表示已选中，反之，则未被选中）；

④ 空格一次，变成十字光标；

⑤ 左键单击绘图区一下，给出缩放的中心点；

⑥ 指定比例因子，输入 2；

⑦ 空格一次，完成操作。

在缩放命令中，放大原物体，输入大于 1 的数值；缩小原物体，则输入大于 0 小于 1 的数值。如要将本例中的物体缩小 1 倍，不能输入 -2，正确的输入数值为 0.5，同学们可以在实际的操作中多体会下。

9. 修剪命令

(1) 激活方法

方法一：点击图标 -/--

方法二：输入快捷键“TR”

方法三：点击下拉菜单“修改”—“修剪”

(2) 操作步骤

将两根成十字交叉的直线修剪成 7 字形，步骤如下：

① 绘制一根水平直线和一根垂直直线，将两根线进行十字交叉；

② 按以上三种方法中的任意一种，激活修剪命令；

③ 用鼠标从左向右框选中刚才绘制好的图形（图形变成虚线表示已选中，反之，则未被选中），将两根线都选中；

④ 空格一次；

⑤ 左键点击十字线的上面冒头部分；

⑥ 左键点击十字线的右面冒头部分；

⑦ 空格一次，完成操作。

10. 延伸命令

（1）激活方法

方法一：点击图标

方法二：输入快捷键“EX”

方法三：点击下拉菜单“修改”—“延伸”

（2）操作步骤

将一根水平线延伸到垂直线上，步骤如下：

① 绘制一根水平直线和一根垂直直线，两根线不相交；

② 按以上三种方法中的任意一种，激活延伸命令；

③ 用鼠标选中刚才绘制好的垂直直线（图形变成虚线表示已选中，反之，则未被选中）；

④ 空格一次；

⑤ 左键点击水平线靠近垂直线的部分，将水平线延伸到垂直线上；

⑥ 空格一次，完成操作。

11. 圆角命令

（1）激活方法

方法一：点击图标

方法二：输入快捷键“F”

方法三：点击下拉菜单“修改”—“圆角”

（2）操作步骤

将两根成十字交叉的直线倒圆角，步骤如下：

① 绘制一根水平直线和一根垂直直线，将两根线进行十字交叉；

② 按以上三种方法中的任意一种，激活圆角命令；

③ 输入字母 R，空格一次；

④ 输入数值 10，空格一次；

⑤ 左键点击十字线的左面冒头部分；

⑥ 左键点击十字线的下面冒头部分，完成操作。

12. 分解命令

（1）激活方法

方法一：点击图标

方法二：输入快捷键“X”

方法三：点击下拉菜单“修改”—“分解”

（2）操作步骤

将一个矩形分解成四根直线，步骤如下：

① 绘制一个任意大小的矩形；

② 按以上三种方法中的任意一种，激活分解命令；

③ 鼠标左键选中绘制好的矩形（图形变成虚线表示已选中，反之，则未被选中）；

④ 空格一次，完成操作。

在分解命令中，被分解的物体在分解后还是以原轮廓的形式存在，这时可以用删除命令点击分解后的物体，同学们应该能够看到只能选原来物体的一部分了，而不是分解前的全部。

7.2 实例操作：室内设计

7.2.1 设计任务

通过前面常用基础命令和修改命令的学习，我们对 CAD 这个软件有了初步的认识，在这个基础上，我们进行工程实例的学习，将这些命令进行有机的结合，完成某小区两室一厅户型的室内设计。

7.2.2 操作步骤

1. 图层的设置

图层就是一张透明的图纸，在这张图纸上进行绘图。

① 输入字母“LA”，激活图层命令，如图 7-1 所示。

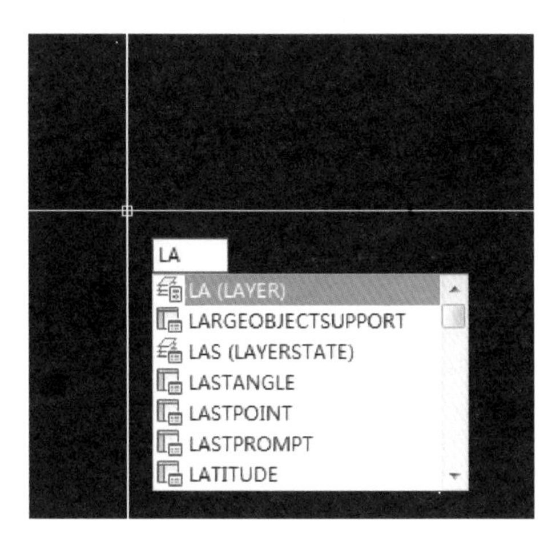

图 7-1　激活图层命令

② 在图层特性管理器对话框中，点选新建图层图标，创建一个新图层，如图 7-2 所示。

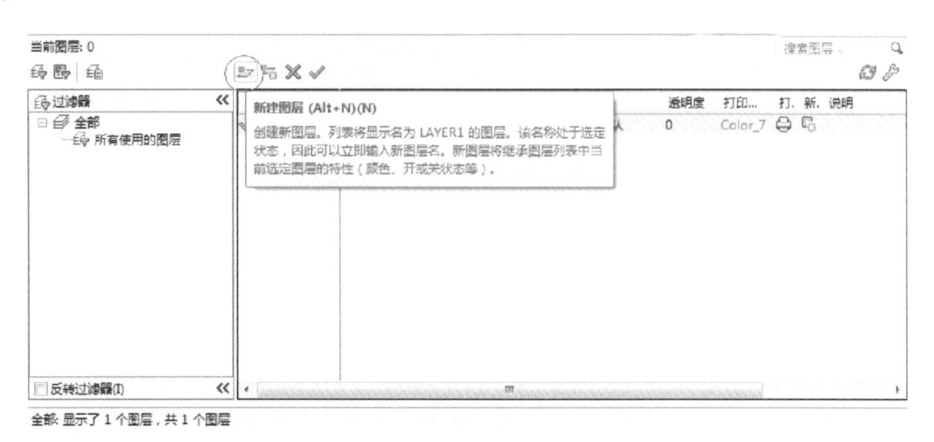

图 7-2　创建一个新图层

③ 在图层特性管理器对话框中，点击新建图层的名称进行名称的修改，将新建图层名称改为“墙”，如图 7-3 所示。

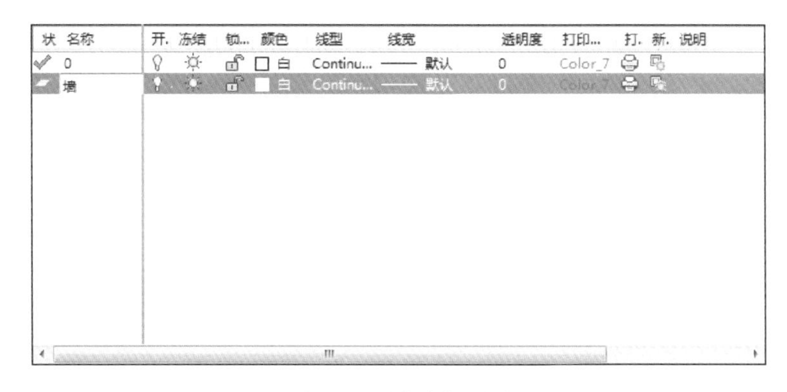

图 7-3　重命名新图层

④ 在图层特性管理器对话框中，点击新建图层的颜色进行颜色的修改，将默认的白色改为蓝色（146），如图 7-4 所示。

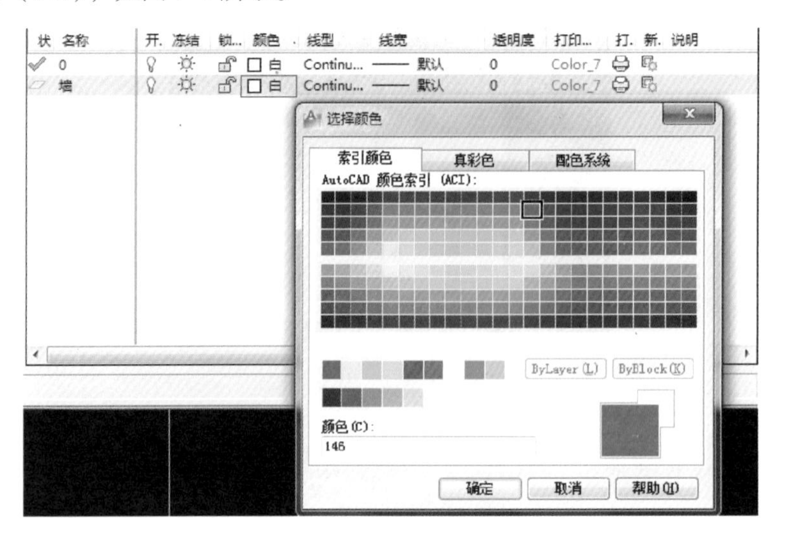

图 7-4　修改新建图层的颜色

⑤ 在图层特性管理器对话框中，点击新建图层的线宽进行线宽的修改，将默认的线宽改为 0.4mm，如图 7-5 所示。

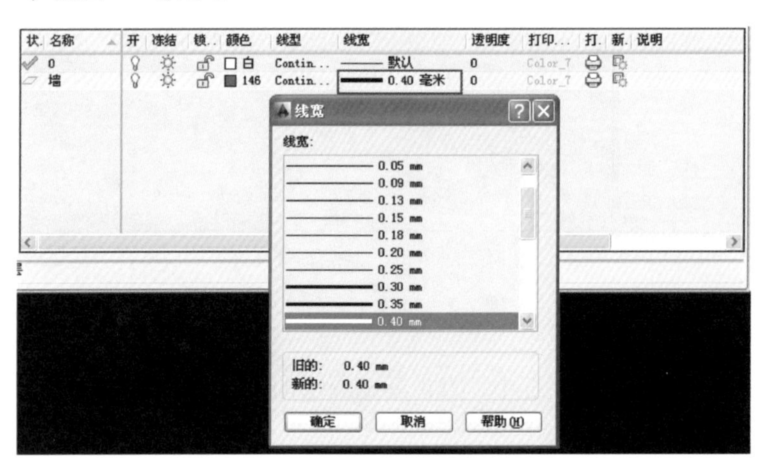

图 7-5　修改新建图层的线宽

⑥ 在图层特性管理器对话框中，新建一个名为轴线的图层，并将轴线层的颜色改为红色，线型改为名为 ACAD_IS004W100 的点画线，如图 7-6 所示。

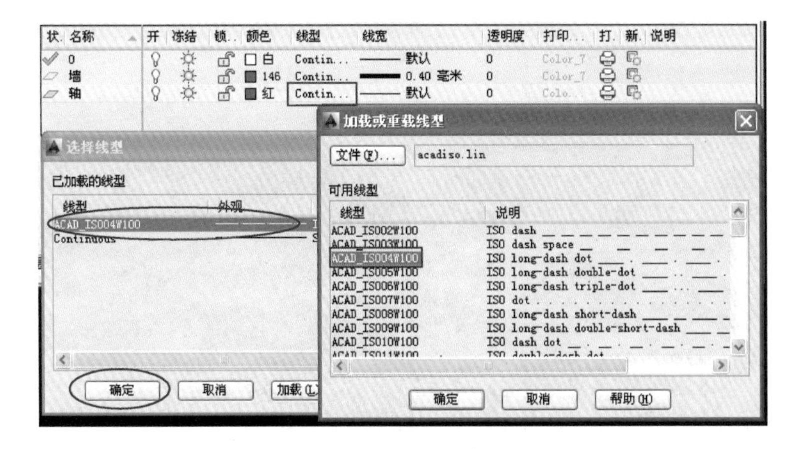

图 7-6　新建一个轴线图层

⑦ 在图层特性管理器对话框中，将新建的轴线图层置为当前层，如图 7-7 所示。

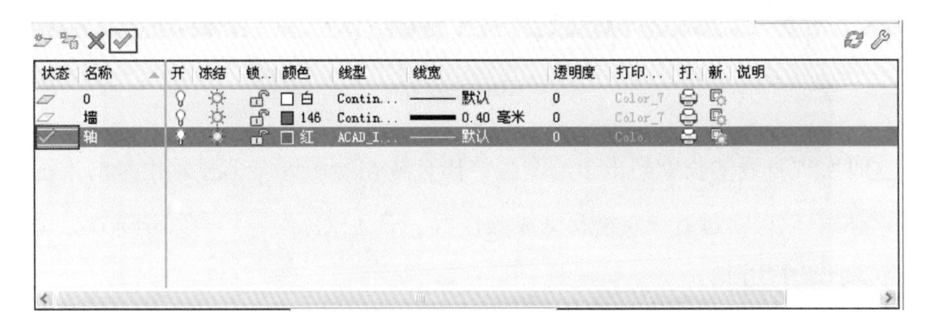

图 7-7　将新建的轴线图层置为当前层

⑧ 全部设置完成后，如图 7-8 所示。

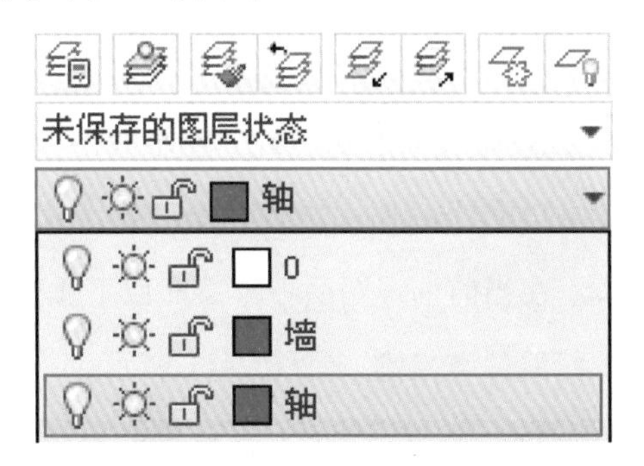

图 7-8　完成后效果图

2. 轴线及墙体的绘制

① 绘制一条长度为 10400mm 的直线，如图 7-9 所示。

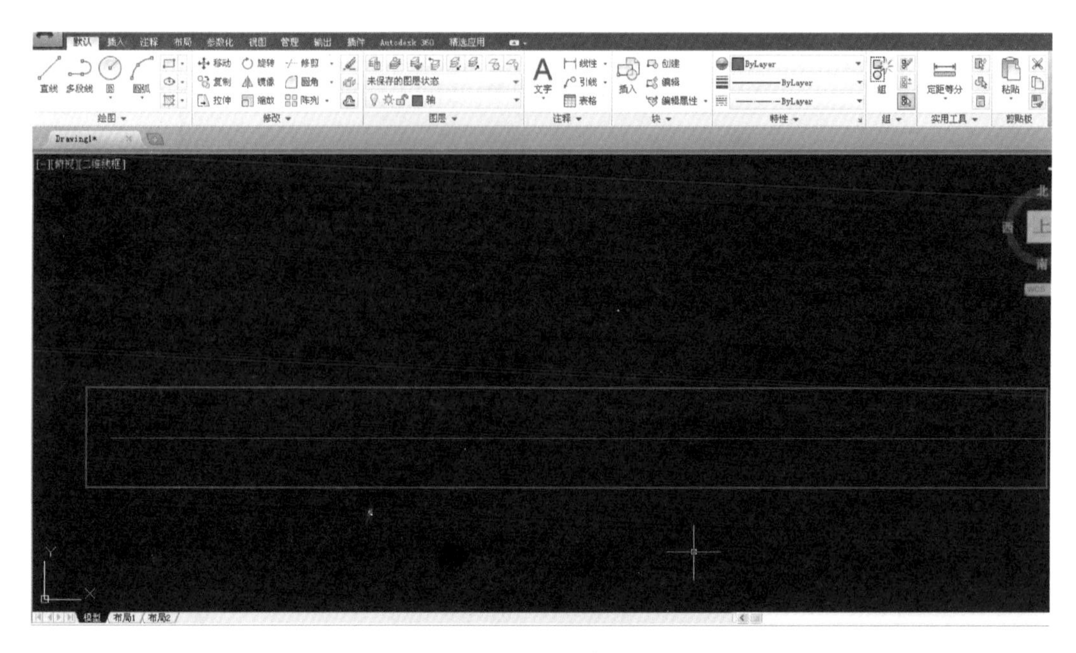

图 7-9　绘制直线

② 这时发现直线的长度超出了绘图区，让直线在绘图区全部显示出来的方法：输入字母 Z→空格→输入字母 A→空格，完成操作后，滚动鼠标滚轮，直线全部在绘图区显示出来。命令如图 7-10 所示。

```
命令: *取消*
命令: *取消*
命令: Z ZOOM
指定窗口的角点，输入比例因子 (nX 或 nXP)，或者
[全部(A)/中心(C)/动态(D)/范围(E)/上一个(P)/比例(S)/窗口(W)/对象(O)] <实时>: A 正在重生成模型。
```

图 7-10　显示全部直线

③ 在制图规范中轴线是以点画线的形式出现，在轴线图层中，我们已将该层的线型设为点画线，而此时直线还是以实线的形式出现在绘图区，这是因为比例的问题，调节一下比例，问题就能解决了。在当前轴线图层下，按照以下操作即可解决。

a. 输入“LTS”命令，然后按空格键，如图 7-11 所示。

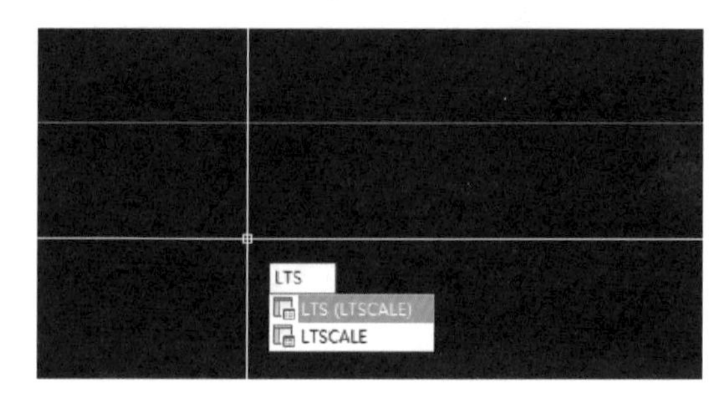

图 7-11　输入“LTS”命令

b. 输入“15”，如图 7-12 所示，按空格键设置完成。

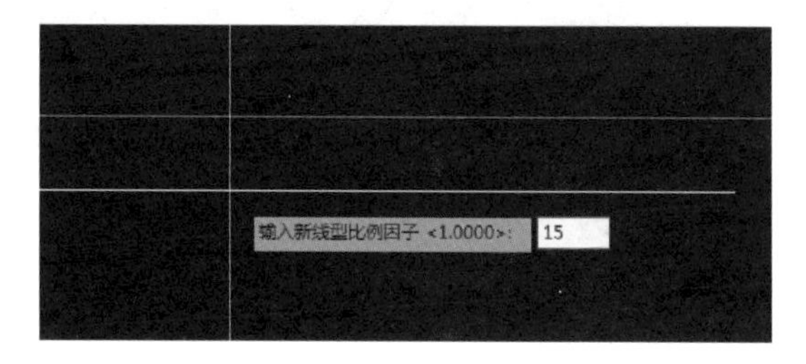

图 7-12　输入“15”

④ 使用偏移命令（快捷键“O”）将轴线移至绘图区的上方，再使用偏移命令，依次将轴线向下偏移 3600mm，600，4000mm，1500mm，如图 7-13～图 7-16 所示。

a. 输入快捷键“O”，如图 7-13 所示。

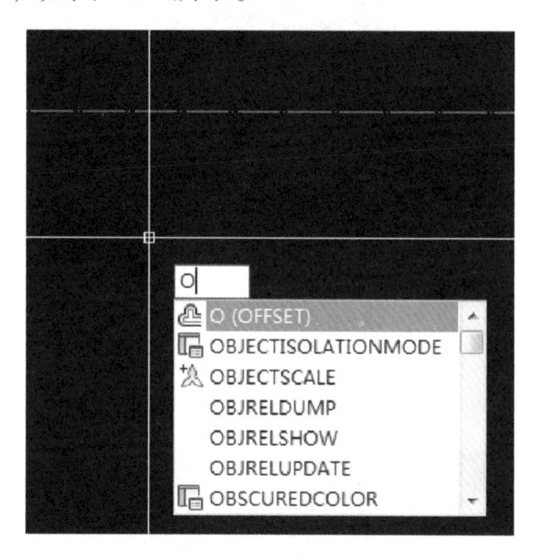

图 7-13　输入快捷键“O”

b. 按空格键确定，然后输入“3600”，如图 7-14 所示，再按一次空格。

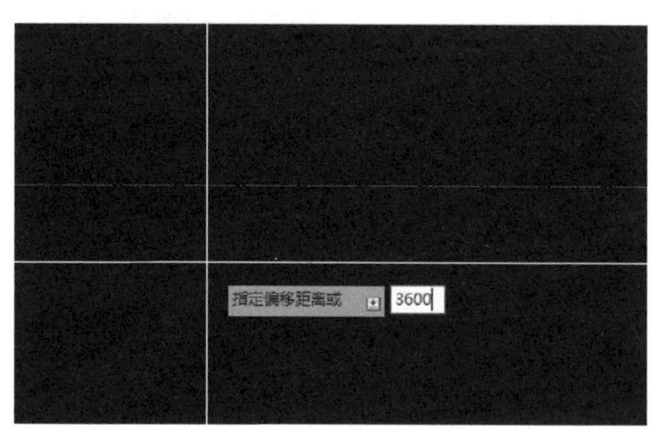

图 7-14　指定偏移距离

c. 选定偏移的轴线，然后指定偏移的一侧，如图 7-15 所示，这里向下偏移，所以鼠标点击轴线下方空白处。

图 7-15　指定偏移方向

d. 重复以上命令，改变偏移距离，得到如图 7-16 所示结果。

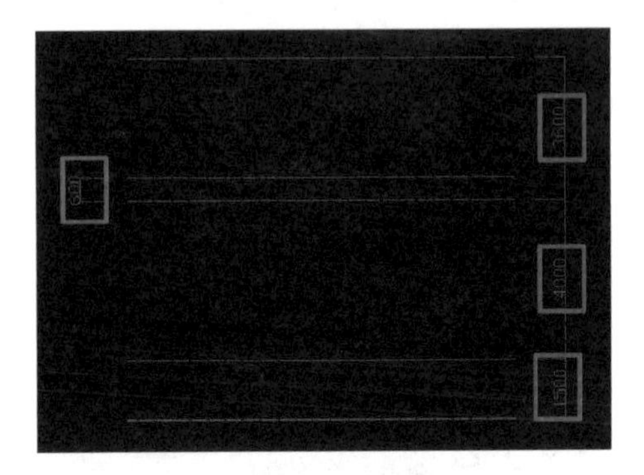

图 7-16　改变偏移距离

⑤ 使用直线命令绘制一条连接第一条水平轴线和最后一条水平轴线的垂直轴线，再使用偏移命令，依次将轴线向右偏移 3200mm，3600mm，3600mm，结果如图 7-17 所示。

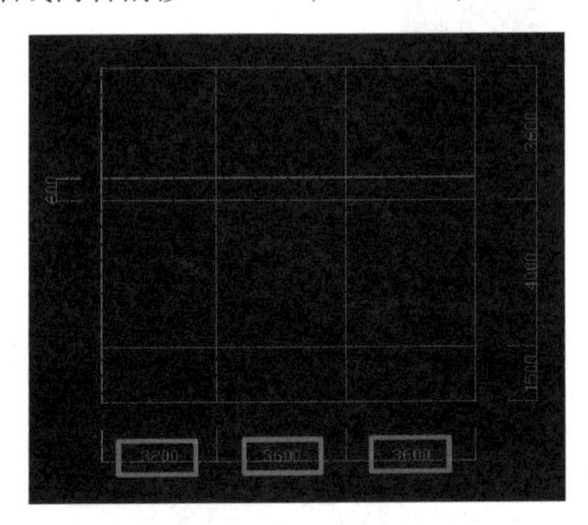

图 7-17　依次将轴线向右偏移

⑥ 在图层栏将墙图层设为当前层，如图 7-18 所示。

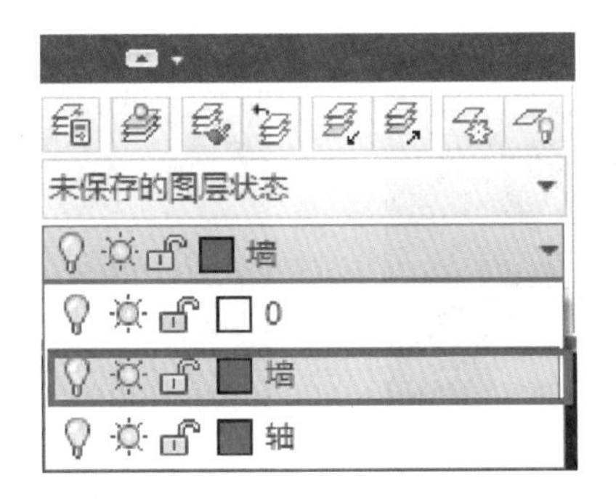

图 7-18　将墙图层设为当前层

⑦ 输入字母“TR”，然后按空格键两次，激活修剪命令，将轴线进行修剪，并补充其他线条，得到如图 7-19 所示。

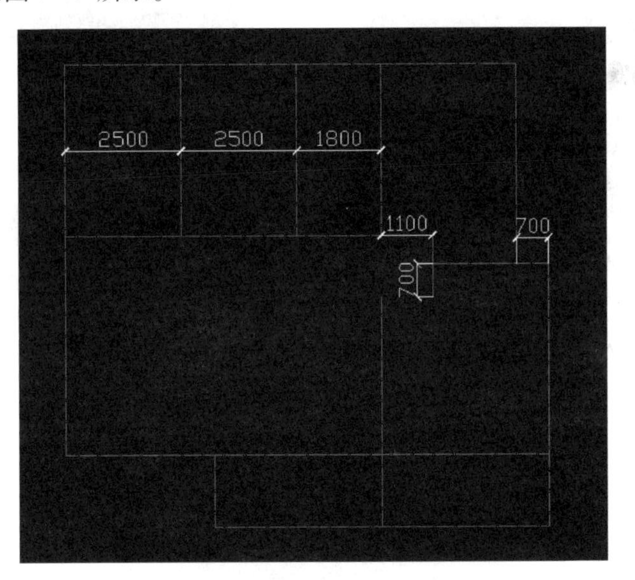

图 7-19　完成后的户型图轴线

⑧ 输入字母“ML”，激活多线命令→输入字母“S”，按空格键→输入数值“240”（墙厚），按空格键→输入字母“J”，按空格键→输入字母“Z”（设为居中模式），如图 7-20 所示。

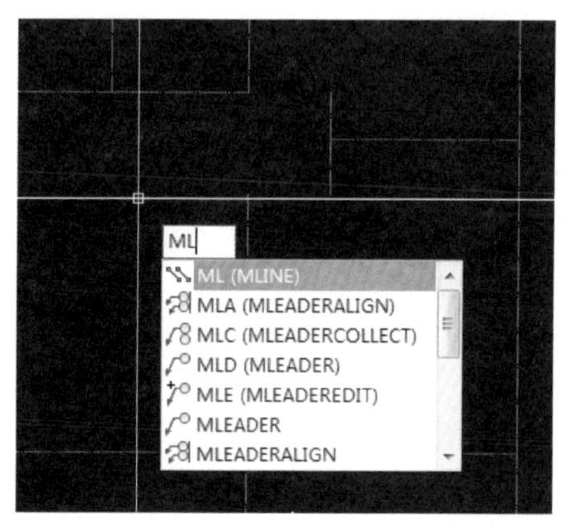

(a) 激活多线命令

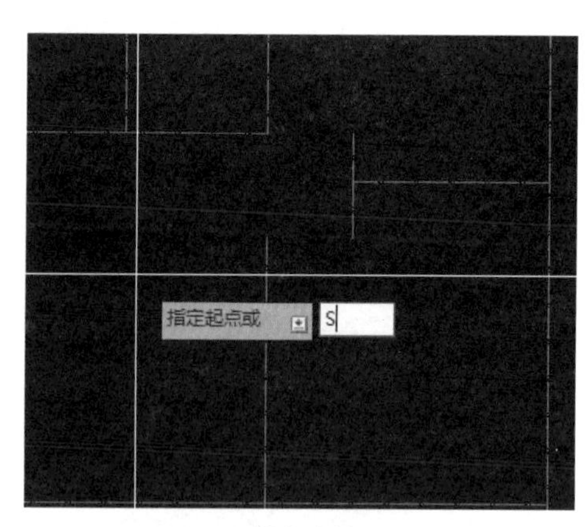

(b) 输入字母S

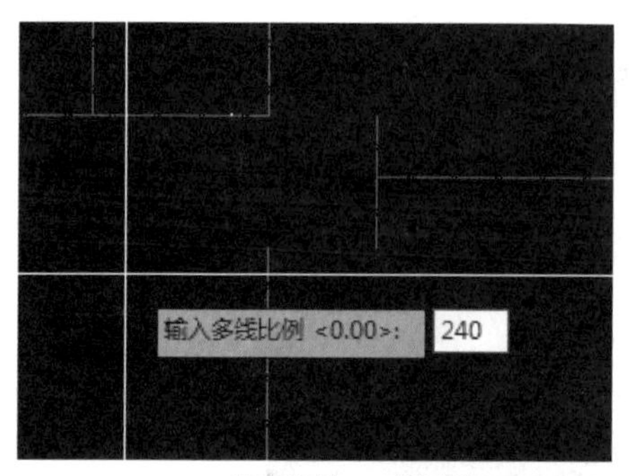

(c) 输入数值240(墙厚)

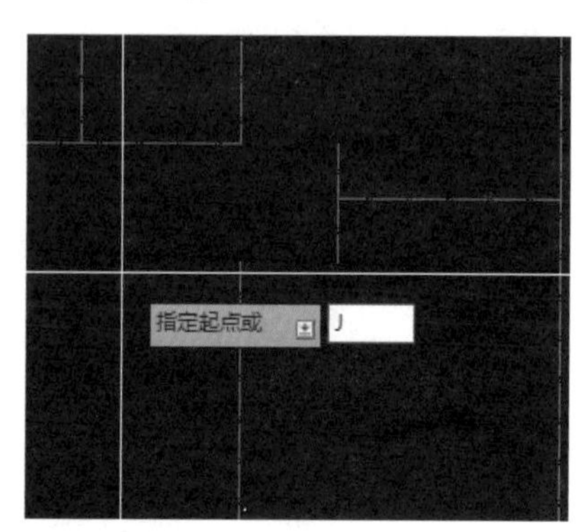

(d) 输入字母J

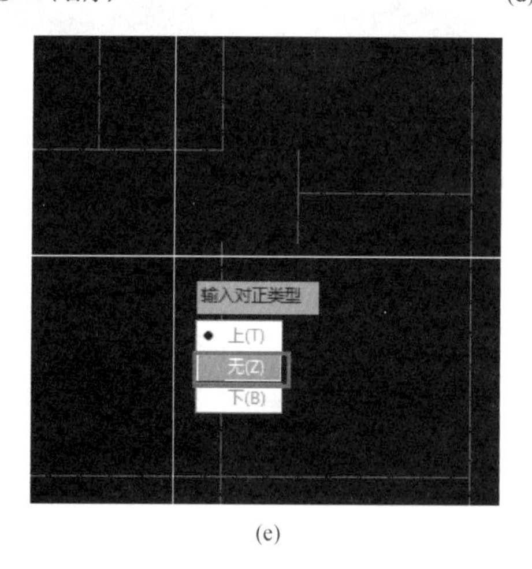

(e)

图 7-20　设置居中格式

⑨ 将设置好的多线，沿着绘好的轴线描一遍，结果如图 7-21 所示。

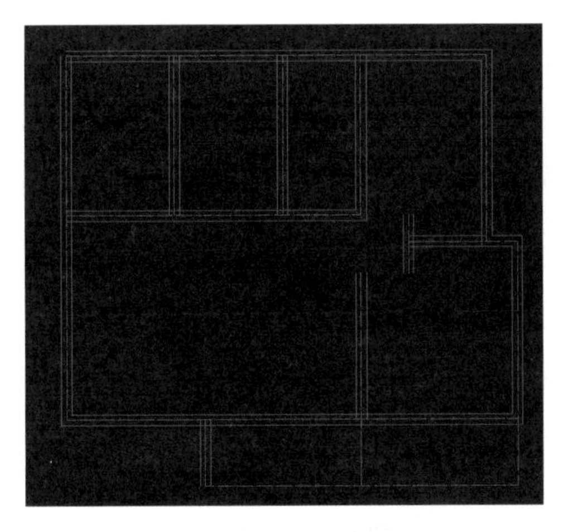

图 7-21　描线

⑩ 使用分解命令将墙体多线炸开，再使用修剪命令将冒头的线修剪掉，至此墙体绘制完毕，将轴线层隐藏，结果如图 7-22 所示。

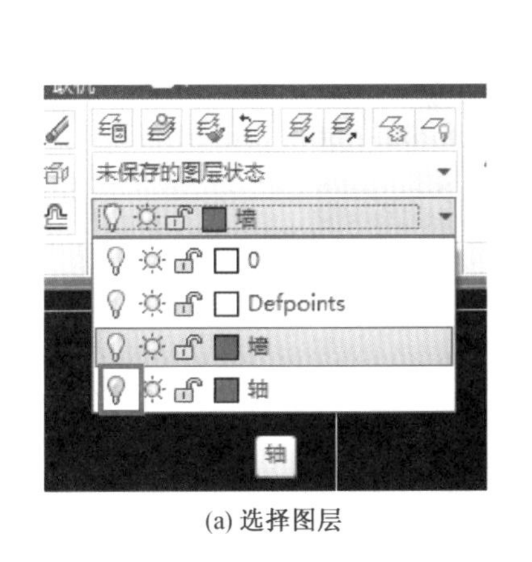

(a) 选择图层

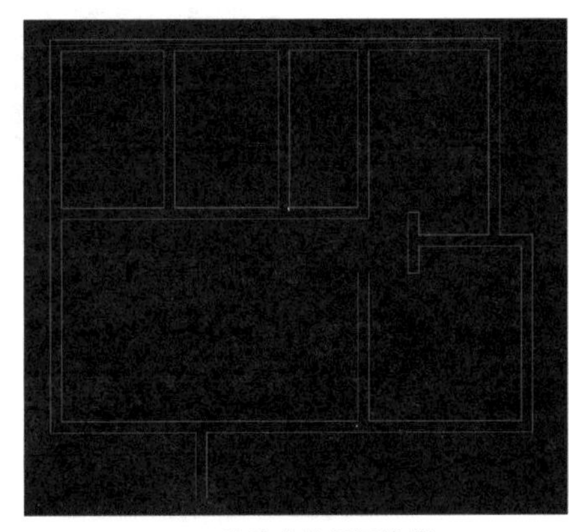

(b) 将选中的图层隐藏

图 7-22　隐藏轴线层

3. 平面布置图的绘制

① 绘制一个宽为 900mm 的门洞。先将内侧墙向内偏移 80mm，再将偏移的线向内偏移 900mm，再使用延伸命令，将偏移出的两根线延伸到外墙，使用修剪命令，修剪出门洞，结果如图 7-23 所示。

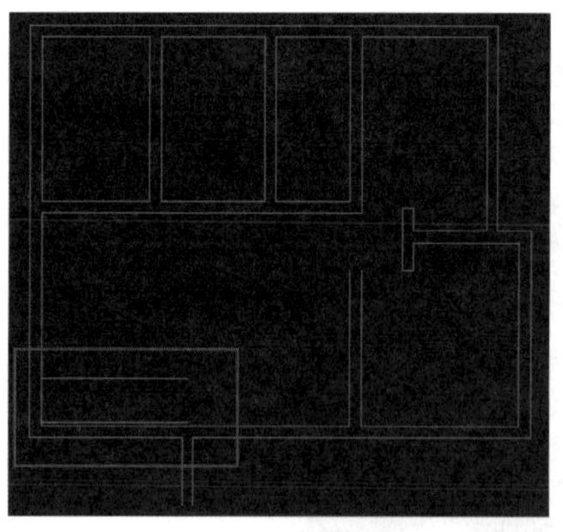

(a) 偏移内侧墙线

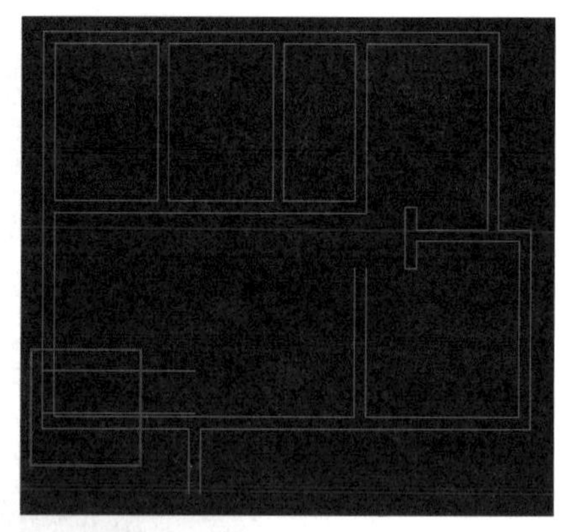

(b) 延伸到外墙

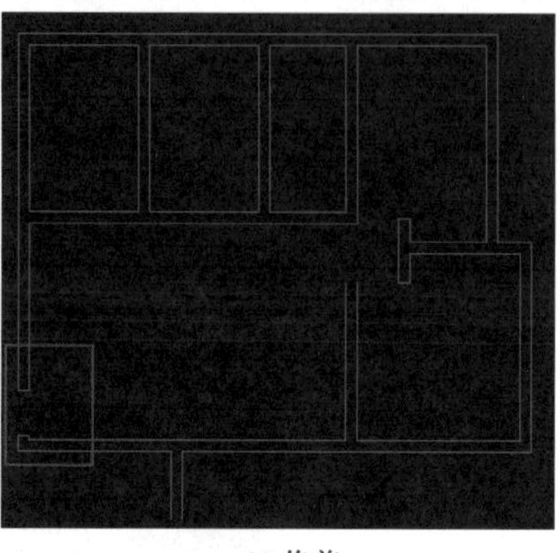

(c) 修剪

图 7-23　修剪门洞线

② 绘制门。新建图层“门窗”，输入字母“REC”，激活矩形命令，做出一个长为 900mm，宽为 40mm 的门扇，使用移动命令，将门移至内墙中心，结果如图 7-24 所示。

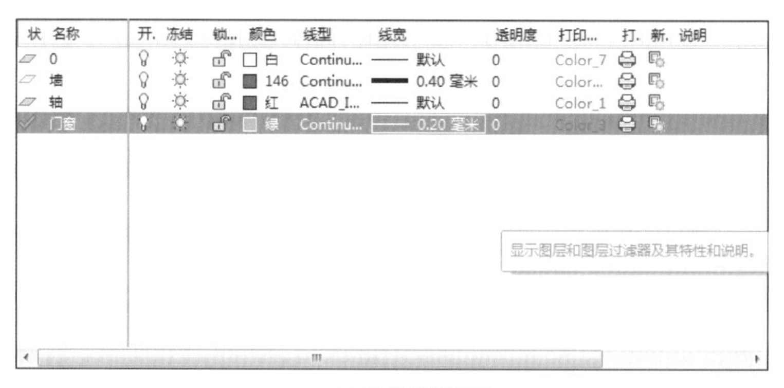

(a) 新建门窗图层

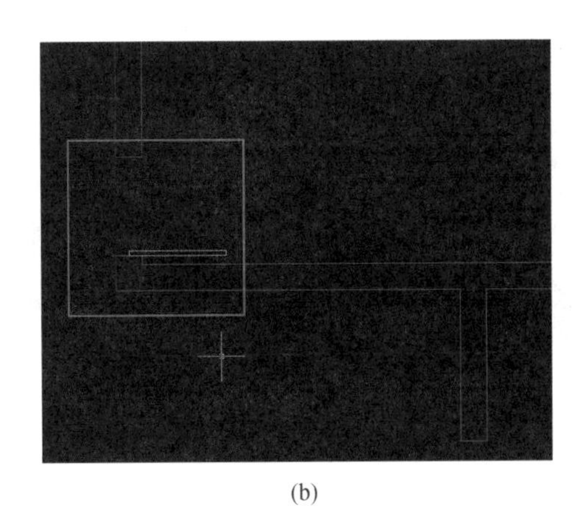

(b)

图 7-24　输入 REC 激活矩形命令

③ 绘制门轨迹。输入字母“A”，激活圆弧命令，如图 7-25a 所示，按空格键；输入“C”，再按空格键，如图 7-25b 所示；以门与内墙的交点为圆心，门的另一端为起点做弧线，用十字光标点击圆心，如图 7-25c 所示，用十字光标点击圆弧起点（弧的方向为顺势针），如图 7-25d 所示，点击画弧方向，得到圆弧，如图 7-25e，f 所示。

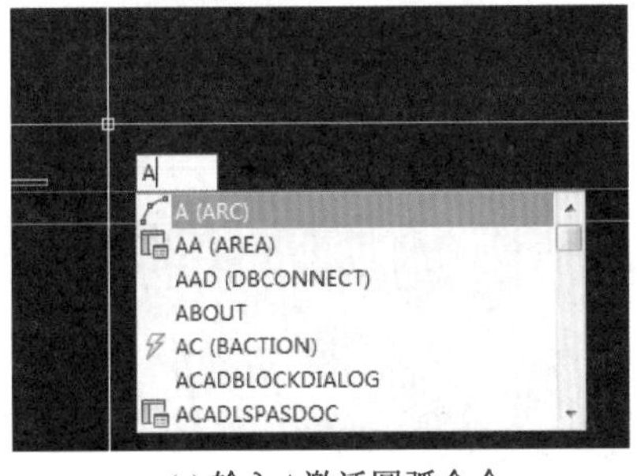

(a) 输入A激活圆弧命令

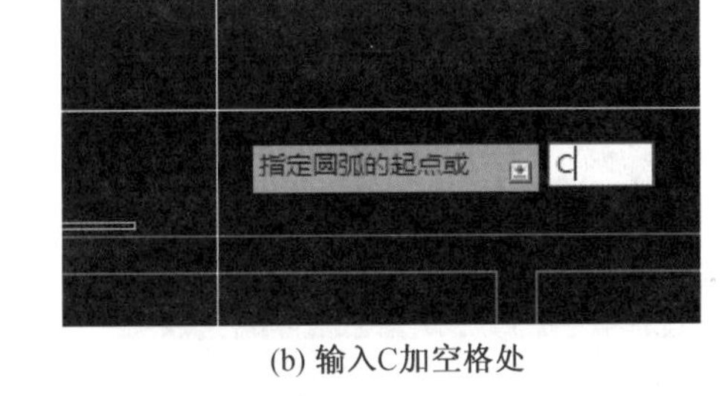

(b) 输入C加空格处

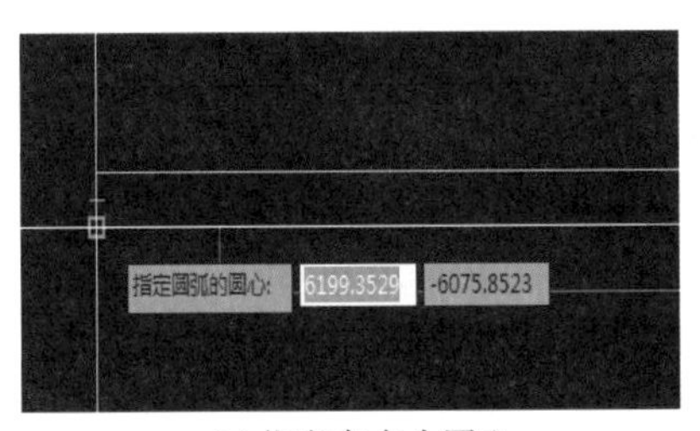

(c) 指定交点为圆心

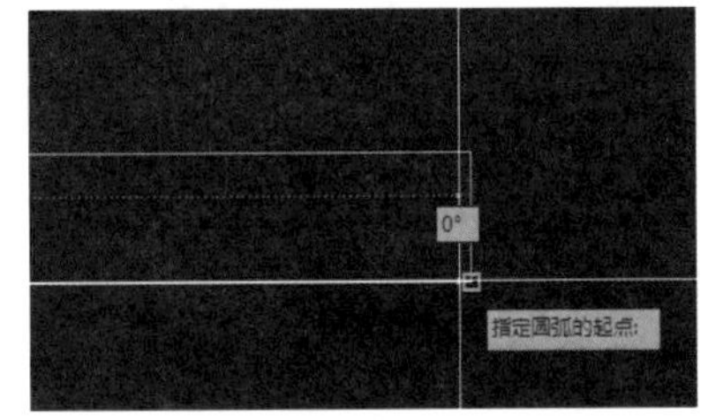

(d) 点击圆弧方向

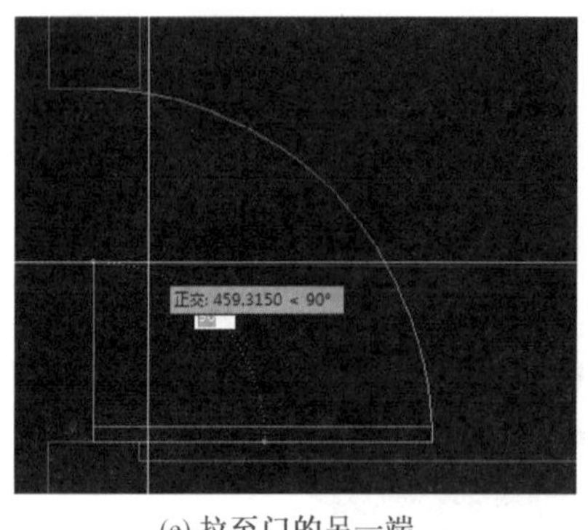

(e) 拉至门的另一端

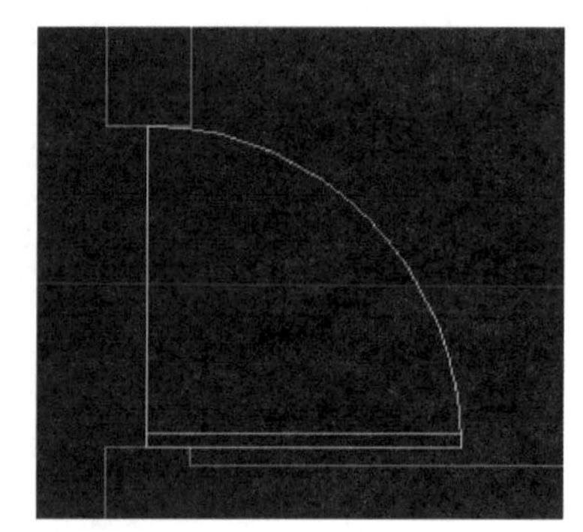

(f) 完成稿

图 7-25　绘制门轨迹

④ 绘制窗。窗洞的绘制参考门洞的绘制方法，窗的正投影是四根水平或垂直的直线，先绘出窗洞的中心线，再以中心线为起始线，向两边依次偏移 60mm 和 120mm，最后用删除命令，删除掉窗洞的中心线，结果如图 7-26 所示。

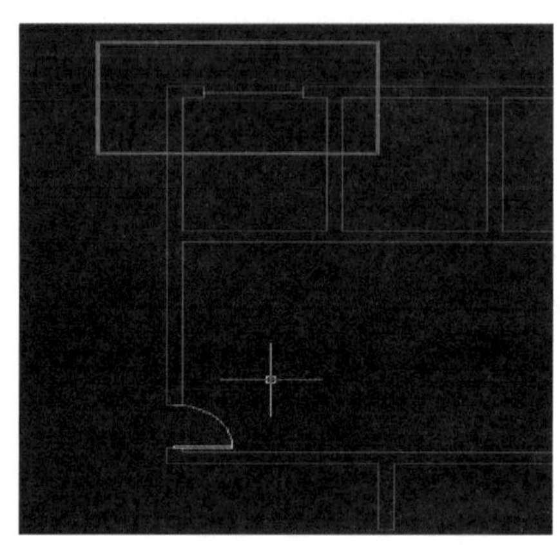

(a) 绘制窗中线

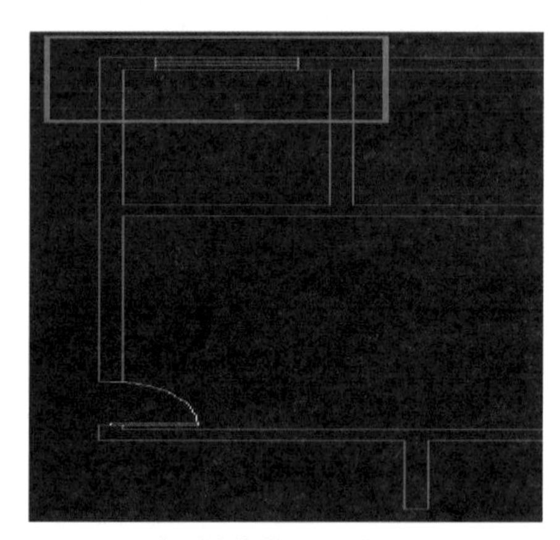

(b) 向两边偏移60 mm和120 mm

图 7-26　绘制窗

⑤ 运用以上方法，绘出所有的门窗，结果如图 7-27 所示。

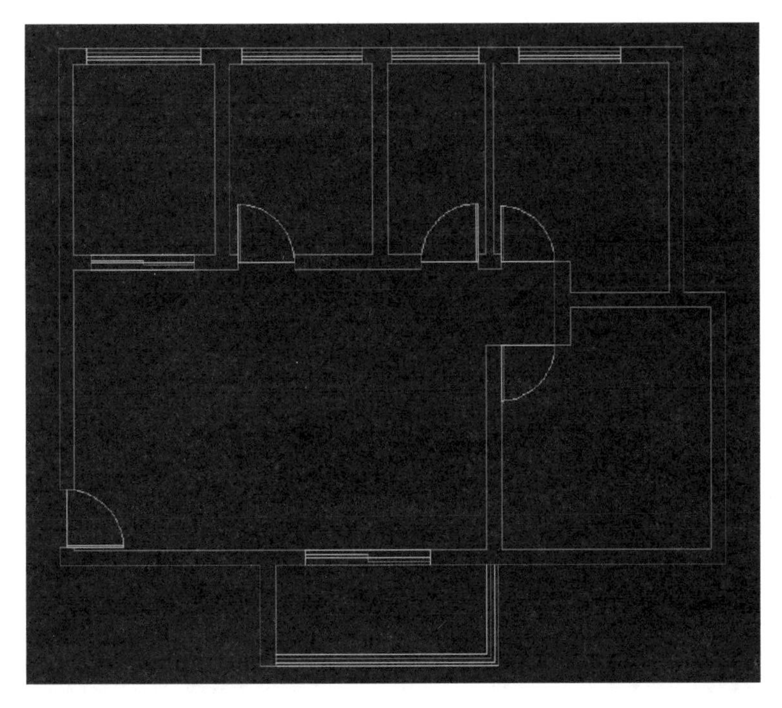

图 7-27　门窗绘制完成图

⑥ 放置家具。从网上下载 CAD 图库后，打开所下的 CAD 图库，用左键选中所要调用的 CAD 图形（选中后会有蓝色的夹点），使用键盘 CTRL + C（复制物体）命令，对图形进行复制，再切回到本操作界面，使用键盘 CTRL + V（粘贴物体）命令，结果如图 7-28 所示。

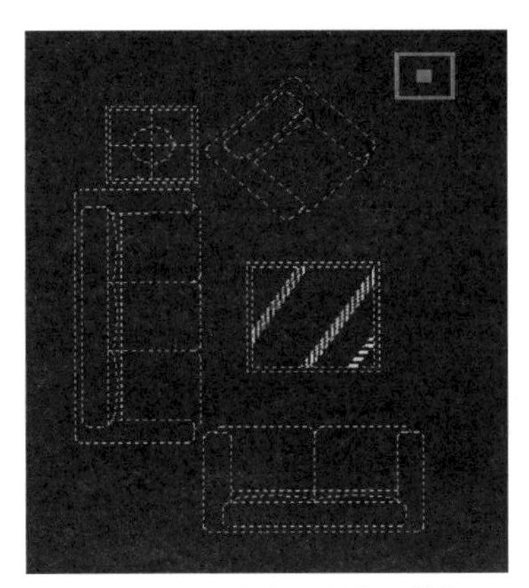

(a) 在CAD图库中复制家具模版

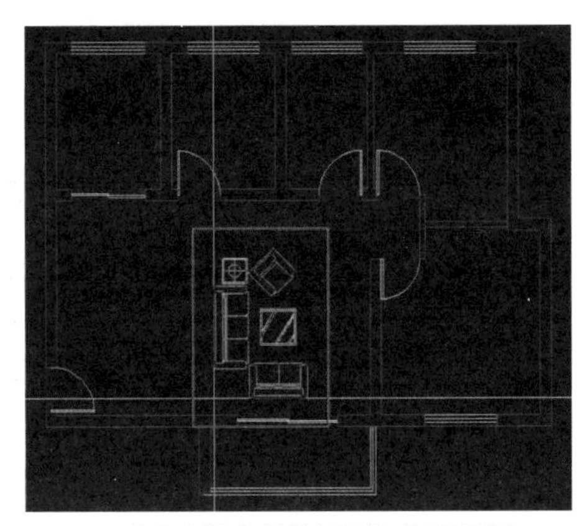

(b) 将复制的家具模版粘贴到平面图中

图 7-28　粘贴到平面图中

⑦ 根据需要，运用上步所学到的方法，对家具依次进行布置，完成平面图的布置，结果如图 7-29 所示。

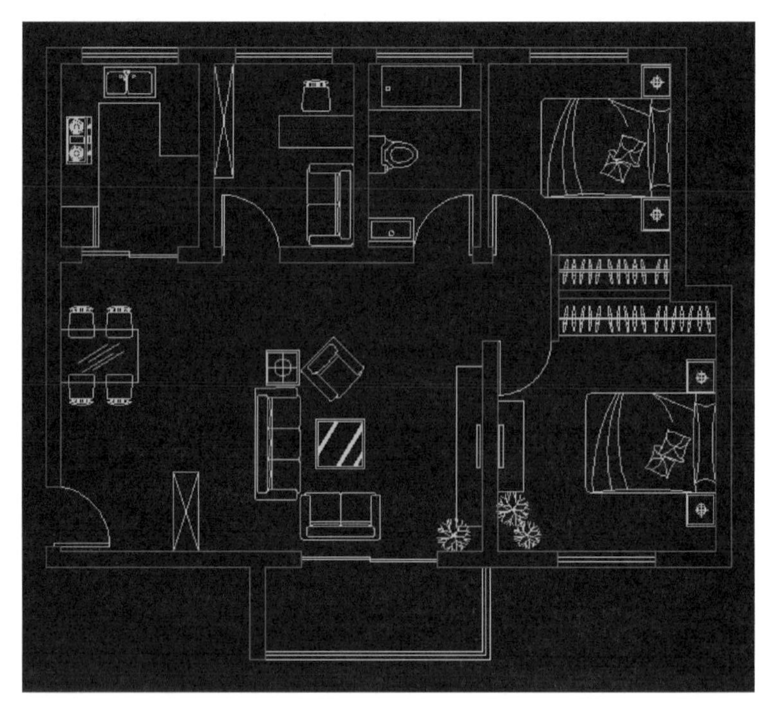

图 7-29　平面布置图完成稿

4. 尺寸线的设置及绘制

在建筑制图中尺寸标注由 4 部分组成，分别是尺寸线、尺寸界线、尺寸起止点和尺寸数字，在进行最终的尺寸线绘制前，先对尺寸线进行设置。

① 输入字母“D”，激活“标注样式管理器”，点击“修改”命令，如图 7-30 所示。

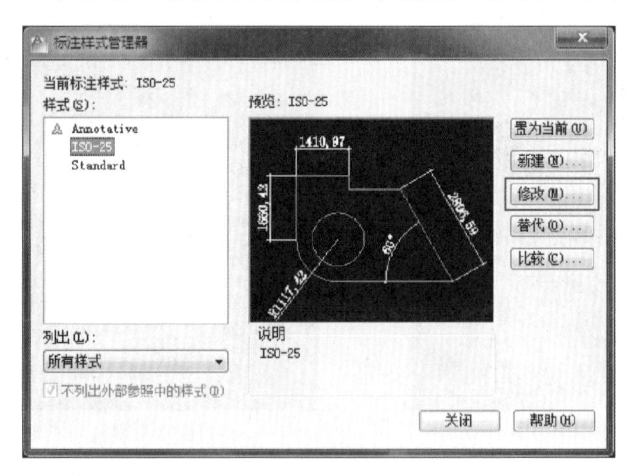

图 7-30　标注样式编辑器界面

② 在弹出的“修改标注样式”对话框中，选择“主单位”选项卡，单位格式设为小数，精度设为零（即最小单位为 mm），如图 7-31 所示。

图 7-31　设置精度

③ 在“修改标注样式”对话框中，分别选择“线”选项卡和“符号和箭头”选项卡，设置尺寸线、尺寸界线及箭头，具体参数如图 7-32 所示。

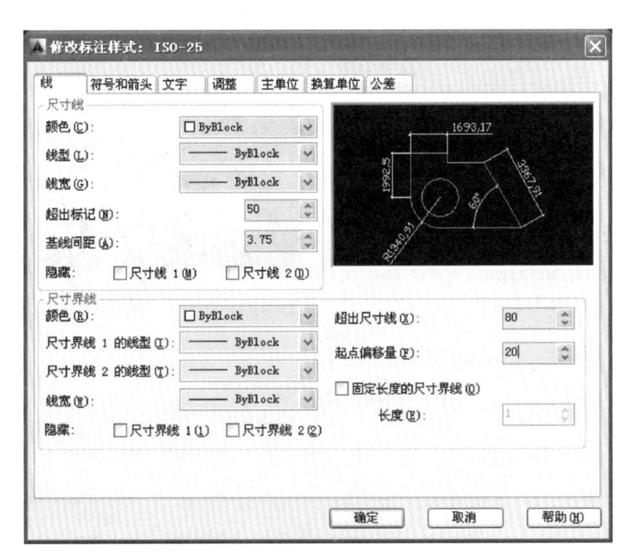

(a) 设置线

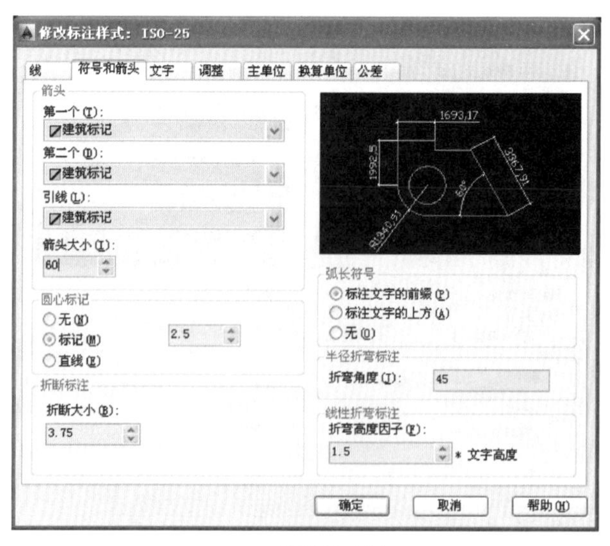

(b) 设置箭头栏

图 7-32　设置符号和箭头

④ 在“修改标注样式”对话框中，选择文字栏，将文字高度进行设置，具体参数如图 7-33 所示。

图 7-33　设置文字

⑤ 点击“确定”，关闭标注样式管理器对话框，完成尺寸线的设置。

⑥ 绘制标注前的辅助线。将最外面的墙线依次偏移 200mm，300mm，300mm，结果如图 7-34 所示。

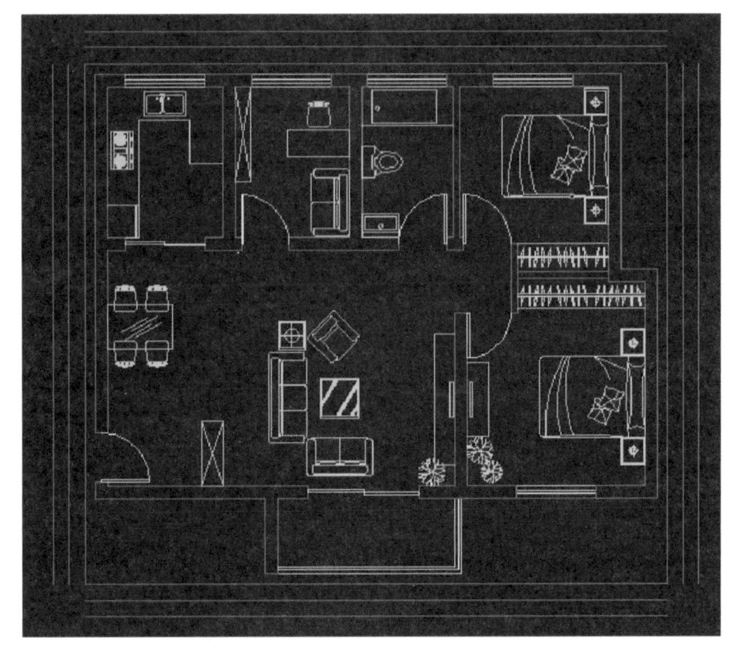

图 7-34　绘制标注辅助线

⑦ 绘制标注前的辅助线。以门窗为界限，引出门窗界限的辅助线，结果如图 7-35 所示。

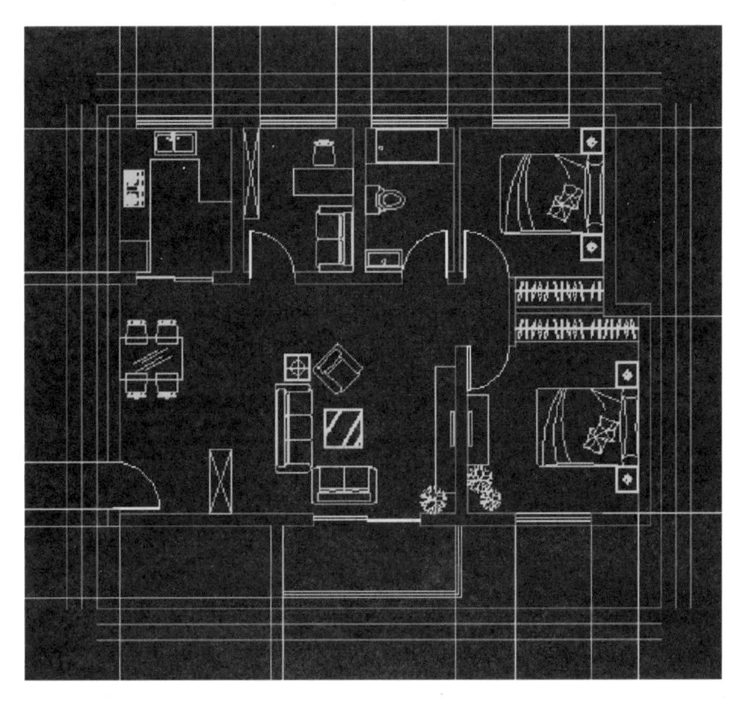

图 7-35　引出门窗界线

⑧ 输入字母“DLI”，激活直线标注命令，以左边的标注为例，点选左上角第一行的第一个点，再点选左上角第一行的第二个点，最后再点选左上角第二行的第二个点，完

成直线标注，结果如图 7-36 所示。

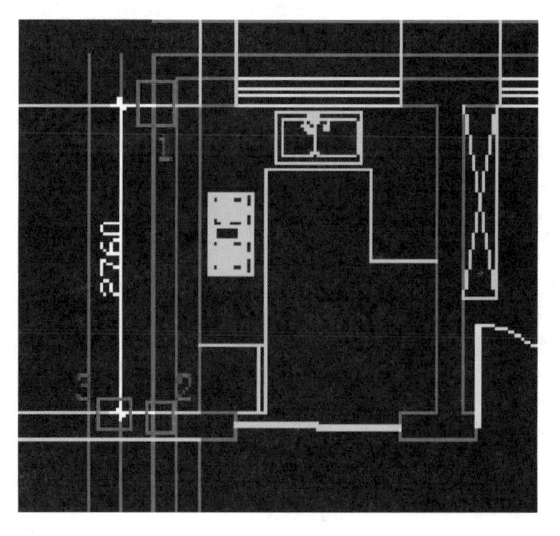

图 7-36　直线标注

⑨ 输入字母“DCO”，激活连续标注命令，点选左上角第一行的第三个点，完成第二个尺寸的标注，选择第一行的第四个点，完成第三个尺寸的标注，如图 7-31 所示。

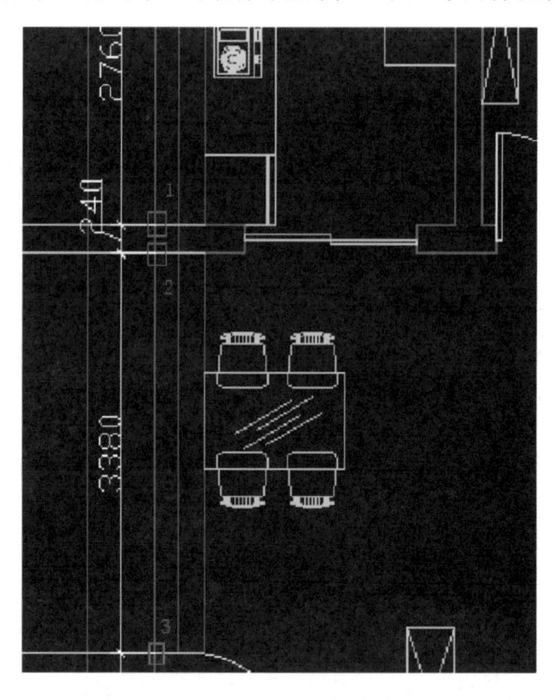

图 7-37　多段标注

⑩ 按如上方法依次完成剩余尺寸的标注，用删除命令删除掉辅助线，完成平面布置图的绘制，结果如图 7-38 所示。

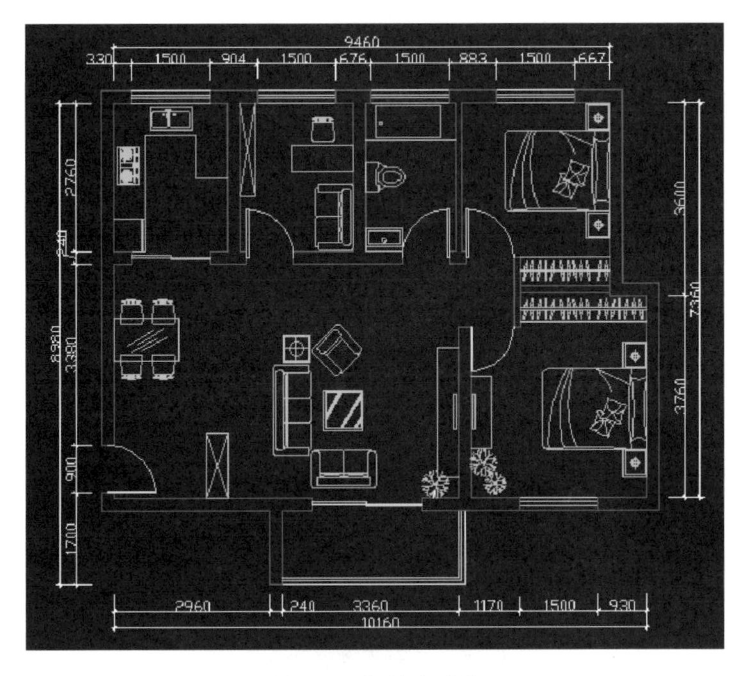

图 7-38　标注完成稿

5. 立面布置图的绘制

以客厅电视背景墙为例，绘制电视墙的立面图。

① 将平面图中的客厅电视背景墙进行复制，移至平面布置图外合适位置，结果如图 7-39 所示。

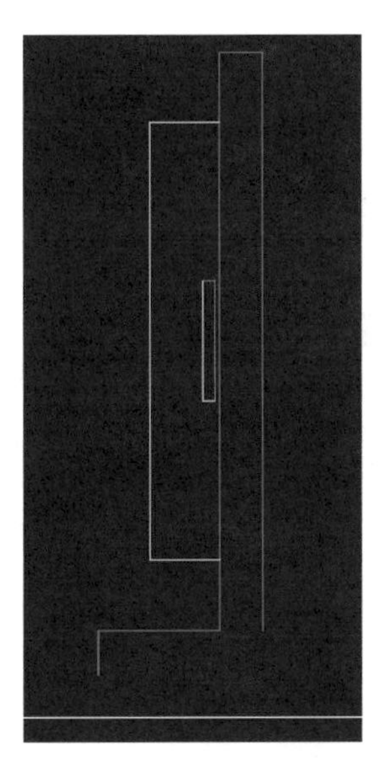
图 7-39　电视背景墙平面图

② 做辅助线。拉出电视墙的宽度，接着画出一条垂线，并将其向左偏移 3000mm，定出电视墙的高度，结果如图 7-40 所示。

图 7-40　偏移辅助线

③ 修剪并旋转交叉线，定好电视墙的外轮廓结果如图 7-41 所示。

图 7-41　旋转辅助线

④ 布置立面图，具体尺寸，见第⑦步，结果如图 7-42 所示。

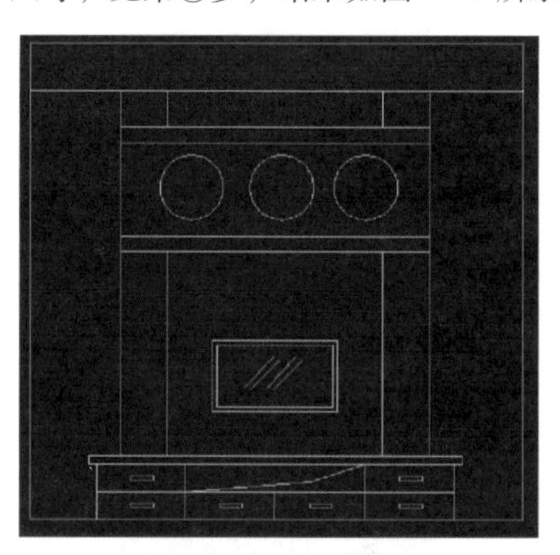

图 7-42　完成立面图布置

⑤ 填充立面图，结果如图 7-43 所示。

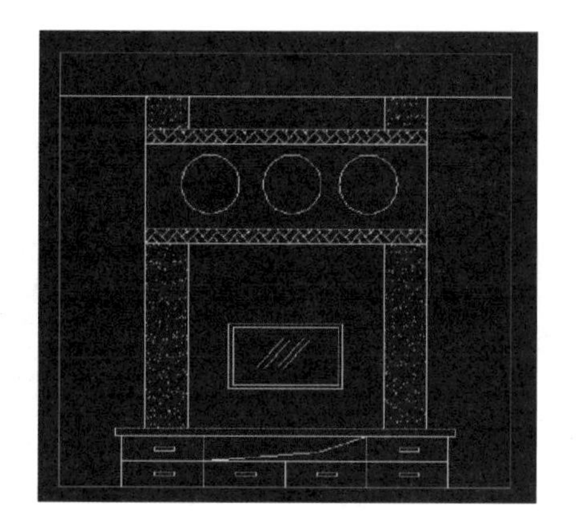

图 7-43　填充材质

⑥ 标注线性尺寸，结果如图 7-44 所示。

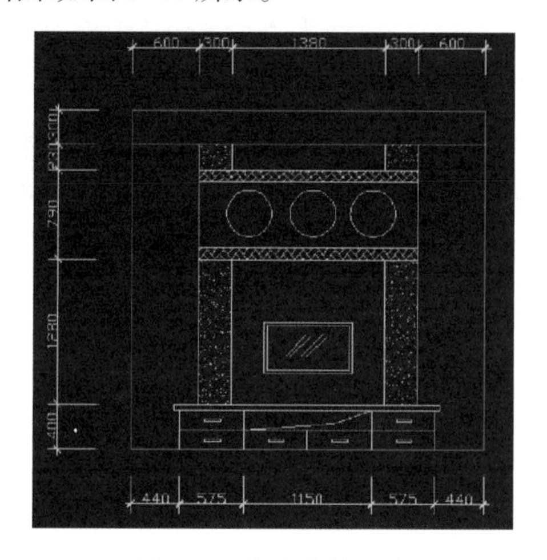

图 7-44　标注线性尺寸

⑦ 标注圆半径尺寸，输入字母“DRA”，按空格键后，选中圆，结果如图 7-45 所示。

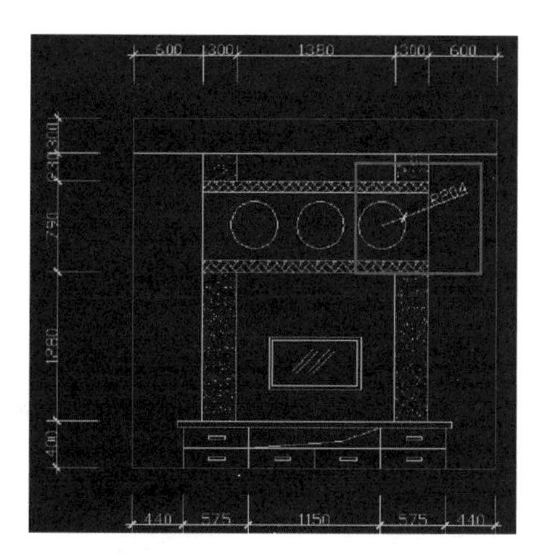

图 7-45　标注圆形尺寸

⑧ 进行文字标注，对所用材料进行说明，输入字母“T”，按空格键，拉出文字书写区域，如图 7-46 所示。字体改为“宋体”，字高设为“230”，如图 7-47 所示。输入所需的说明，完成立面图的绘制。

图 7-46　文字标注

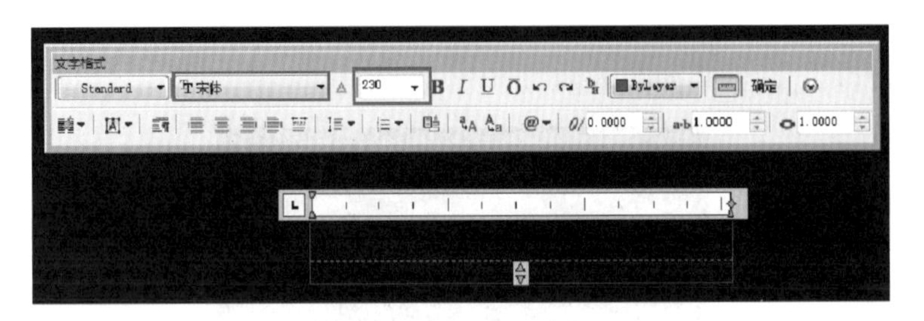

图 7-47　文字数据调整

7.3　实例操作：家具设计

7.3.1　设计任务

在二维绘图基础上，以一张椅子为例，进行三维图即轴测图的绘制，初步了解在 CAD 中进行三维建模的方法。

7.3.2　操作步骤

1. 视图的设置

① 点选下拉菜单中的“视图”—“视口”—“四个视口”，如图 7-48 所示。

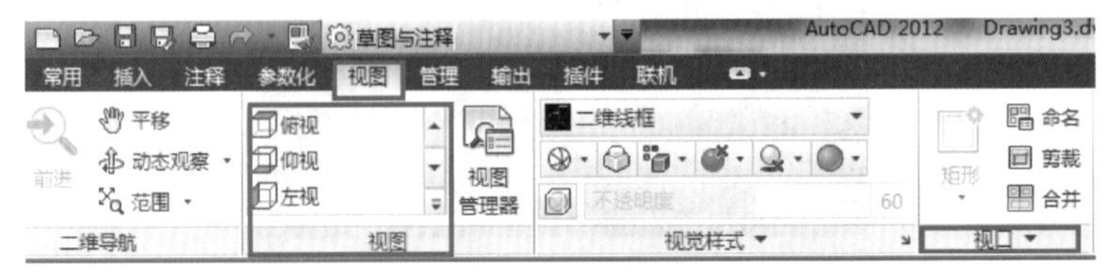

(a) 视图设置

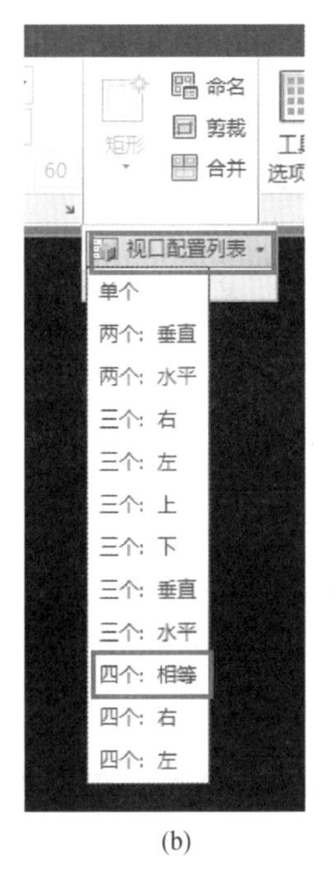

(b)

图 7-48 等分视图

② 点选左上角的视口（选中的视口边框呈白色），再点选菜单中的“视图”—“俯视”，如图 7-49 所示。

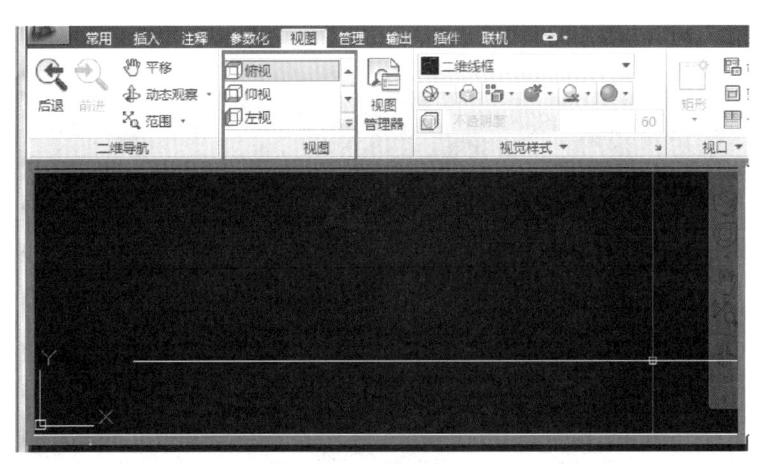

图 7-49 选择视图

③ 参考第二步的方法，依次将右上角的视口设为左视，左下角的视口设为前视，右下角的视口设为西南等轴测，如图 7-50 所示。

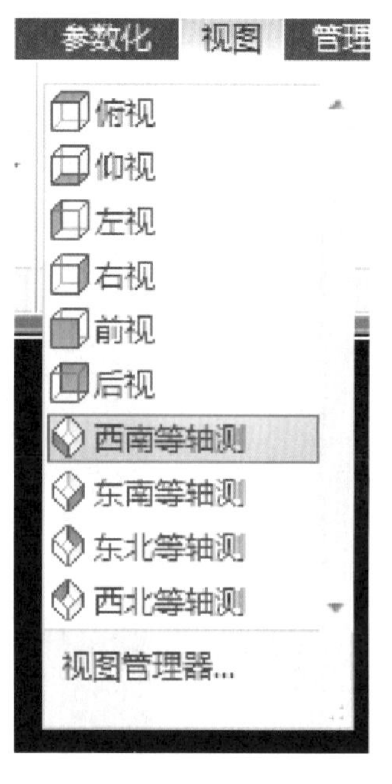

图 7-50　设置视图轴测方向

2. 家具的绘制

① 绘制椅子的测轴图。激活俯视图，绘制一个 50mm × 40mm 的矩形，输入字母 EXT，激活挤出命令，选中矩形，按空格键，输入高度值 400mm，按空格两次，挤出长高为 400mm 的椅腿，结果如图 7-51 所示。

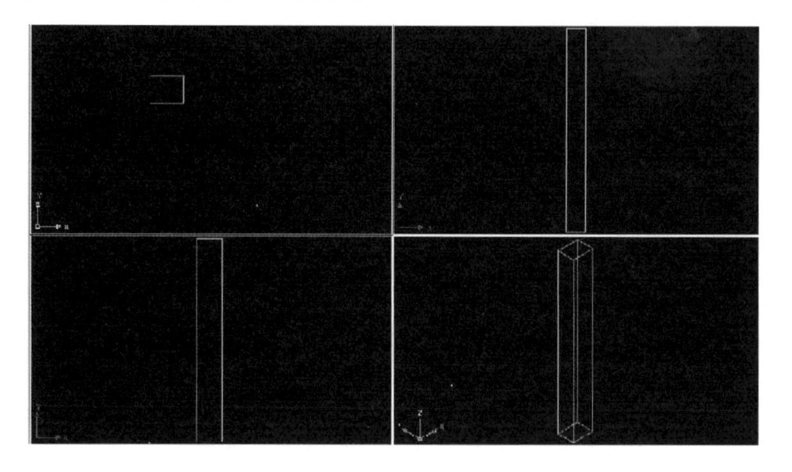

图 7-51　绘制矩形并拉开

② 绘制椅面。绘制一个 400mm ×400mm 的矩形，在挤出前，先将上步做好的椅腿复制三个，并移到合适位置，结果如图 7-52 所示。

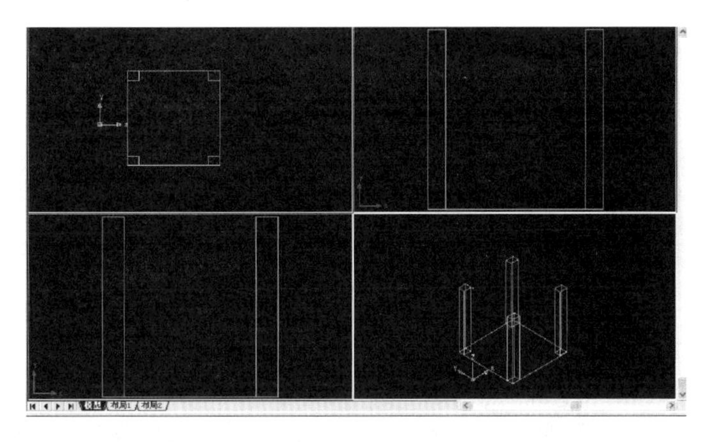

图 7-52　绘制椅面

③ 将上步做好的矩形挤出 20mm，使用移动命令，激活矩形，点中矩形四个端点中的任意一个，再输入“@0，0，400”，将其移到准确位置，结果如图 7-53 所示。

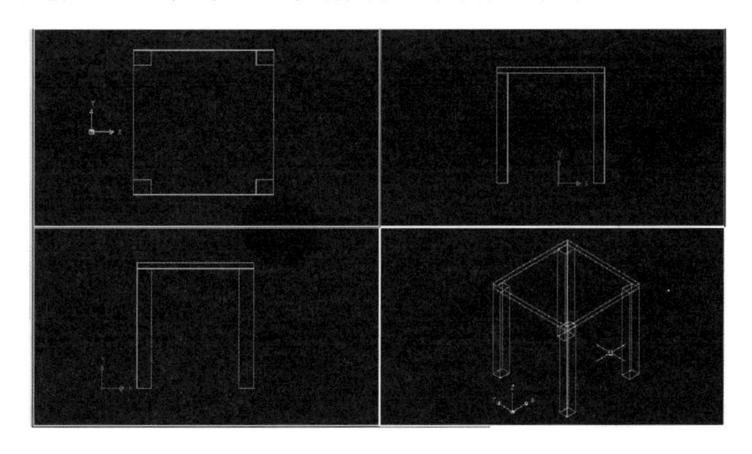

图 7-53　拉开椅面

④ 绘制椅背。在俯视图绘出 30mm×30mm 的矩形，挤出 100mm，复制后参考第③步的方法，移动到准确位置，结果如图 7-54 所示。

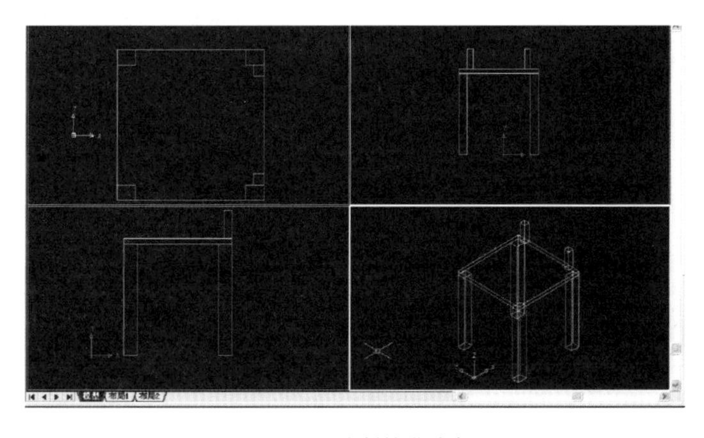

图 7-54　绘制椅背支架

⑤ 在俯视图绘出 40mm×400mm 的矩形，挤出 200mm，复制后参考第③步的方法，移动到准确位置，完成椅子轴测图的制作，结果如图 7-55 所示。

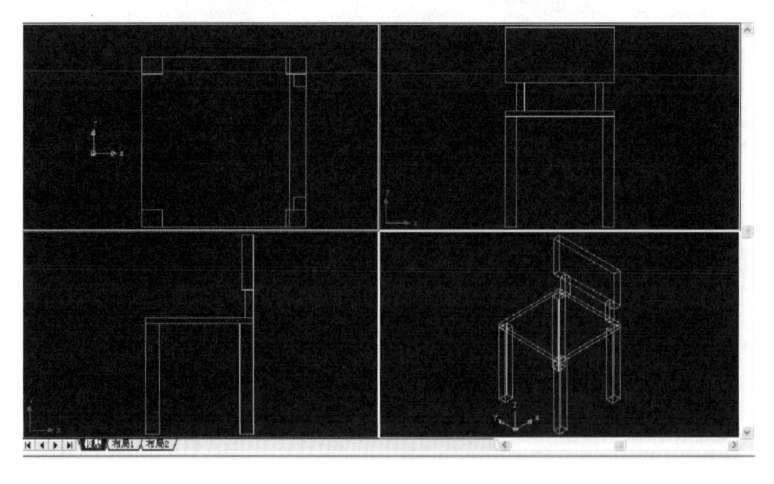

图 7-55　绘制椅背板

7.4　实例操作：园林设计

7.4.1　设计任务

在前面对二维绘图、三维绘图学习的基础上，使用已掌握的绘图技能，完成某小区入口景观的设计。

7.4.2　操作步骤

1. 标注的设置

① 输入快捷键“D”，按空格键，打开如图 7-56 所示对话框。

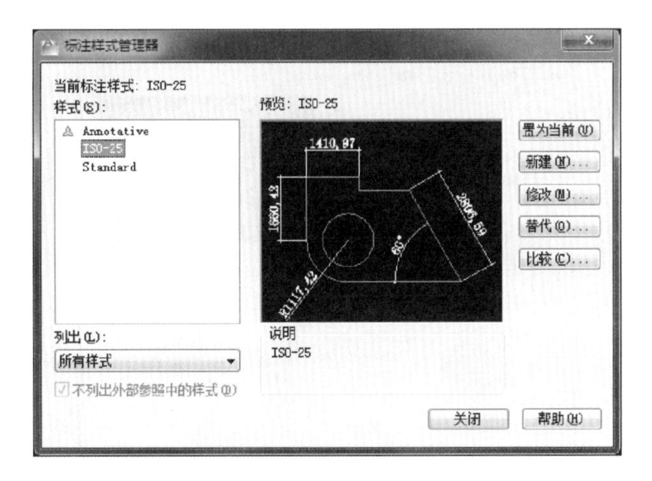

图 7-56　标注设置面板

② 在“标注样式管理器”对话框中点击“新建”图标，如图 7-57 所示。

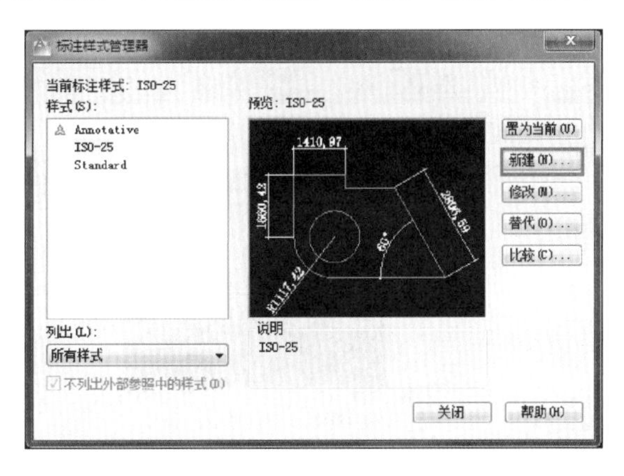

图 7-57　修改样式

③ 在弹出的“创建新标注样式”对话框中输入新样式名，如图 7-58 所示。

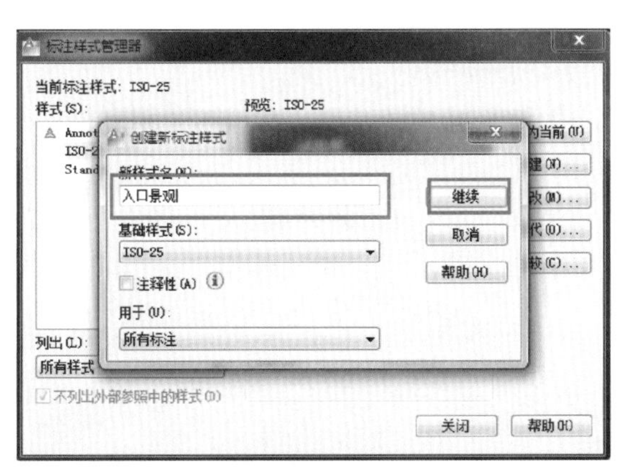

图 7-58　备注新样式名称

④ 在“新建标注样式”对话框中的主单位选项卡下调整精度，如图 7-59 所示。

图 7-59　精度调整

⑤ 把入口景观样式置为当前，然后关闭，如图 7-60 所示。

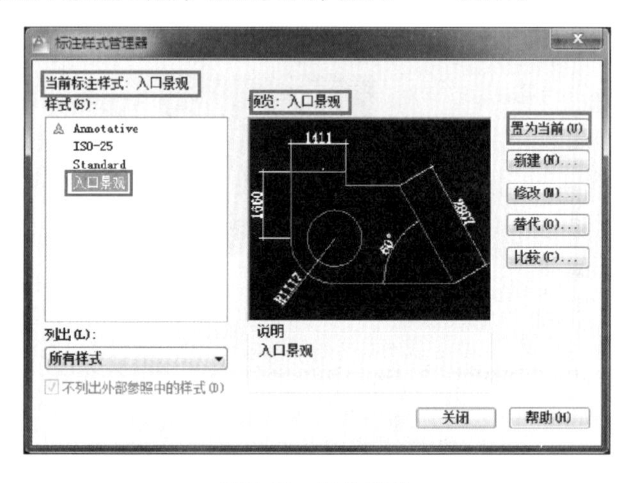

图 7-60　置为当前

2. 绘制建筑轮廓及景观轮廓线

① 用直线工具“L”绘制出建筑轮廓线，然后倒圆角，设置半径为 20m，如图 7-61 所示。

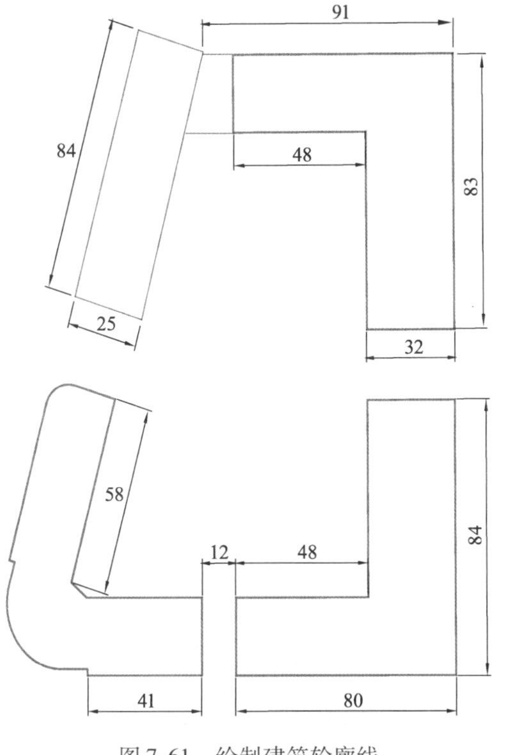

图 7-61　绘制建筑轮廓线

② 用命令偏移“O”偏移建筑轮廓线，上部偏移距离建筑 16m，其余设置 12m，然后标注，如图 7-62 所示。

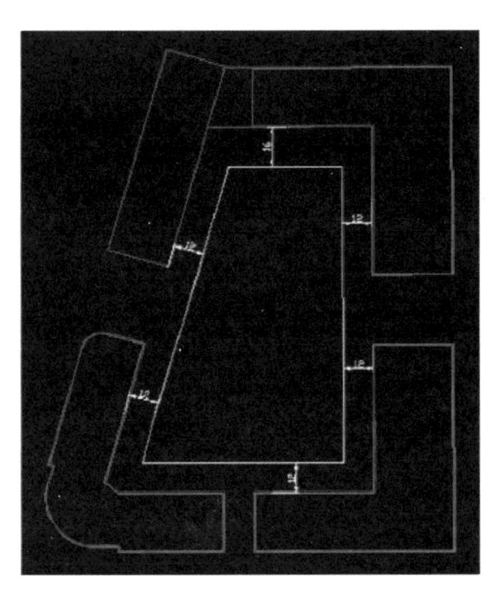

图 7-62　偏移并标注

3. 主景观及道路的绘制

① 中间建筑绘制一条直线，找到中点，用构造线工具命令“XL”水平绘制一条构造线，如图 7-63 所示。

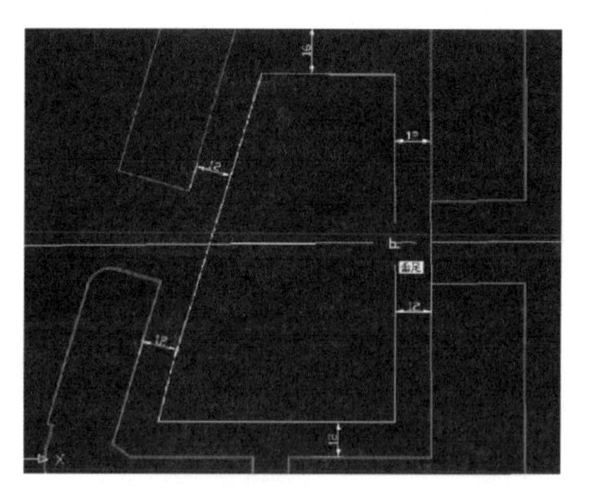

图 7-63　绘制中线

② 用偏移命令绘制主干道，上下各偏移 4m，如图 7-64 所示。

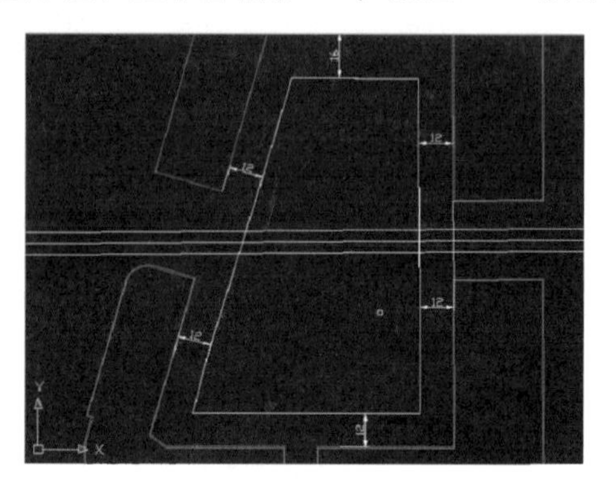

图 7-64　偏移绘制主干道

③ 输入剪切命令“T”，按空格键两次，去除多余的线条。然后输入圆角命令“F”，按空格键，键盘输入“R”，再按空格键，键盘输入“3”，按空格键，点击成角的两条线，如图 7-65 所示。

```
命令: *取消*
命令: F
FILLET
当前设置: 模式 = 修剪, 半径 = 0.0000
选择第一个对象或 [放弃(U)/多段线(P)/半径(R)/修剪(T)/多个(M)]: R
指定圆角半径 <0.0000>: 3
选择第一个对象或 [放弃(U)/多段线(P)/半径(R)/修剪(T)/多个(M)]:
选择第二个对象, 或按住 Shift 键选择对象以应用角点或 [半径(R)]:

命令:
```

(a)

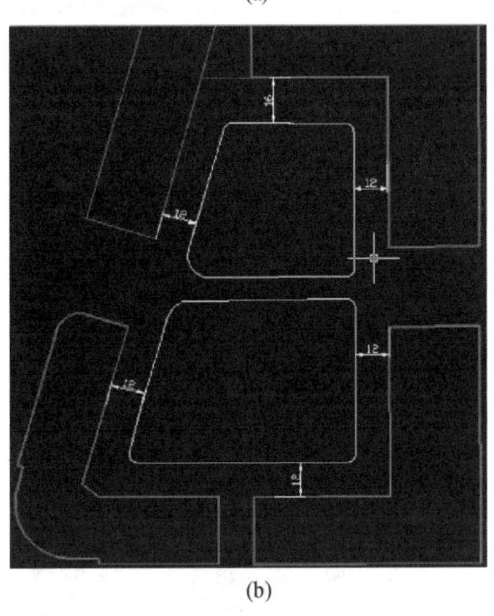

(b)

图 7-65　导圆后效果

④ 用圆工具“C”在道路中间绘制一个半径 16m 的圆。然后用剪切工具去除多余的线，如图 7-66 所示。

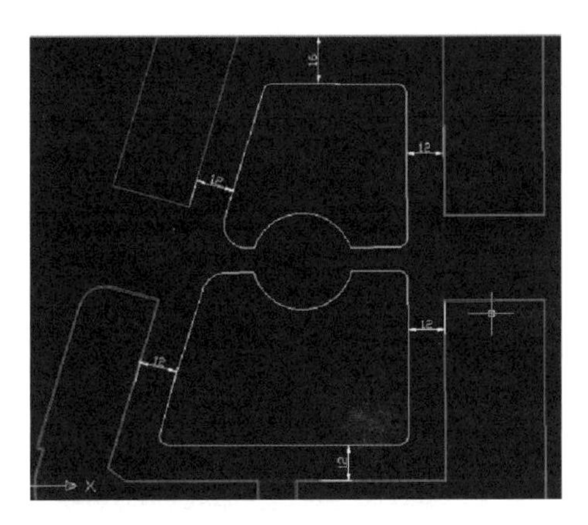

图 7-66　绘制中心圆

4．停车位及水体，等高线的绘制

① 用弧线工具“A”绘制出停车的边界，用矩形工具绘制出长 5m、宽 3m 的停车位，如图 7-67 所示。

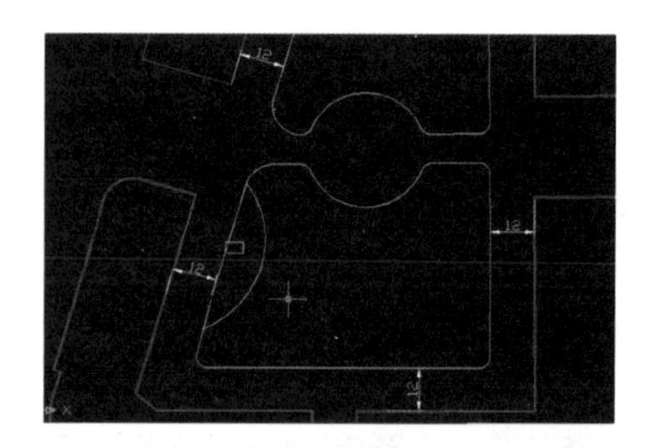

图 7-67　绘制停车位

② 用旋转命令把停车位调整到适当角度进行复制，效果如图 7-68 所示。

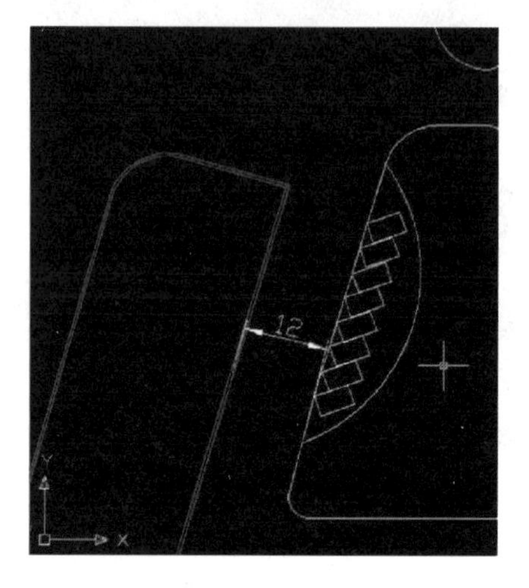

图 7-68　复制并调整停车位

③ 用样条曲线工具绘制出水体和等高线，如图 7-69 所示。

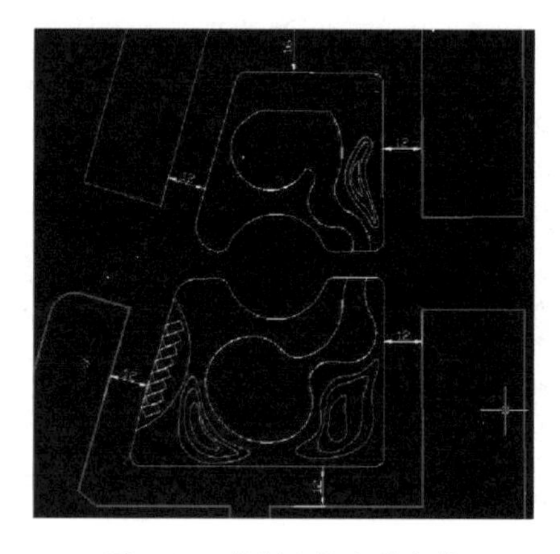

图 7-69　绘制水体和等高线

5．道路及广场的设置

用右边的绘图工具绘制出景观中的道路和广场，如图 7-70 所示。

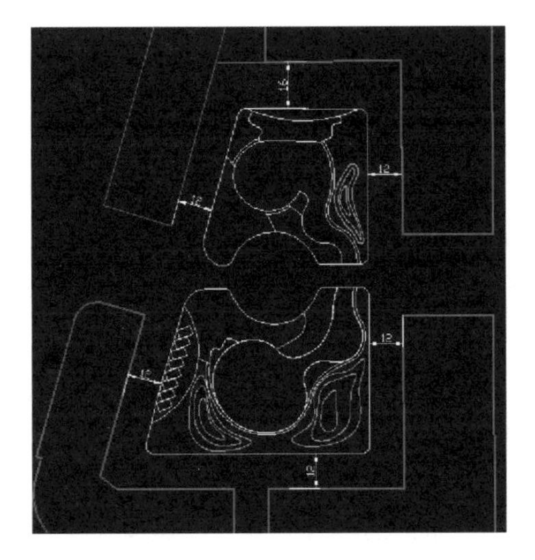

图 7-70　绘制道路和广场

6. 广场的铺装填充

① 用图案填充工具填充硬质铺装。选择适当的图案，点击右边的拾取点。返回界面，点击广场中的任意一处，然后右击确定。同样的方法绘制其他铺装。如图 7-71 所示。

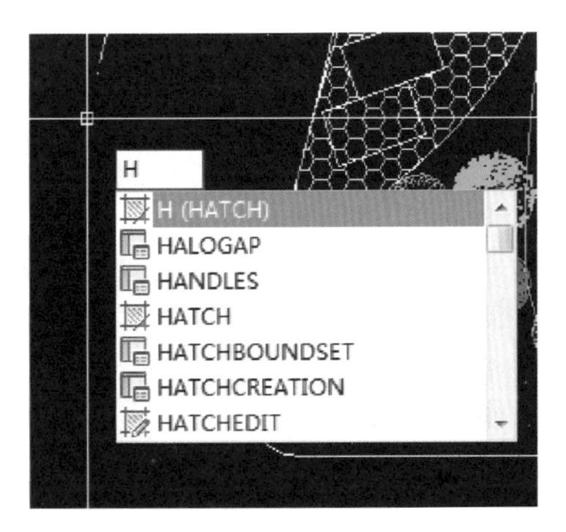

图 7-71　填充材质

② 按空格键，选择图案类型，改变填充图案比例为 0.25，然后按回车键确定比例。点选所要填充区域，如图 7-72 所示。

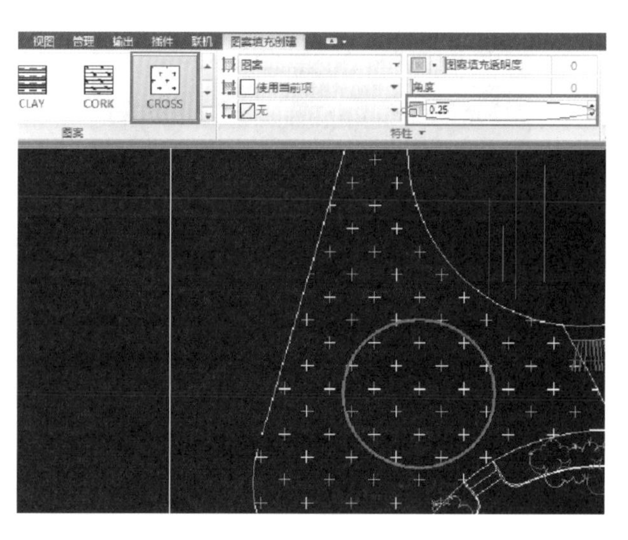

图 7-72　调整填充材质比例

7. 入口景观造型的绘制

用圆工具绘制出半径为 6m 的圆，再画 3m 的圆，入口的景观造型，用构造线切分圆，然后用剪切工具修剪成满意的形状。切除多余的线条，倒圆角。同样方法绘制出入口景观的周边景观带，如图 7-73 所示。

图 7-73　绘制景观造型

8. 建筑小品的绘制

① 用矩形工具和弧线工具绘制花架，用复制和旋转工具调整弧度，效果如图 7-74 所示。

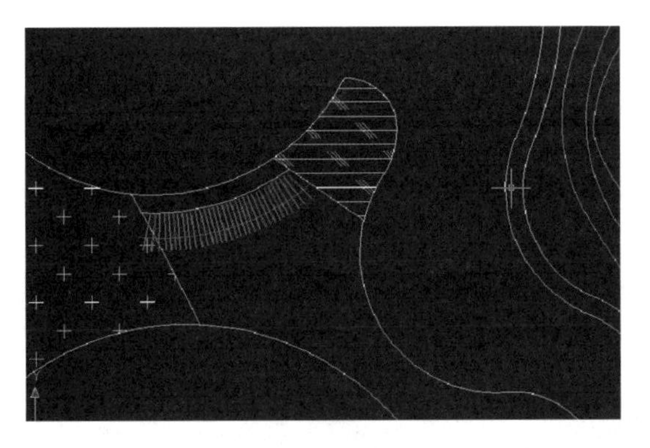

图 7-74　绘制景观小品

② 花架绘制完毕后创建成块。选中花架，输入快捷键“B”，定义块，如图 7-75 所示。

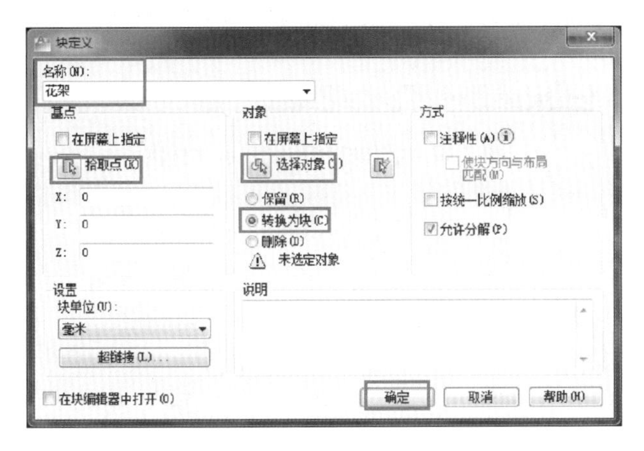

图 7-75　创建构件模块

③ 用同样的方法绘制出亭子、桥和汀步，如图 7-76 所示。

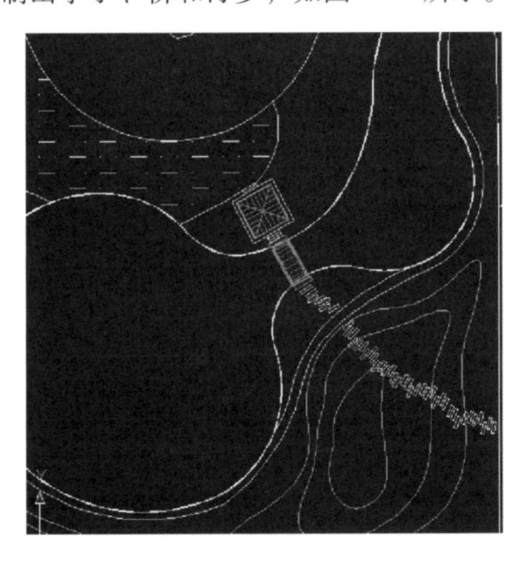

图 7-76　绘制亭子、桥和汀步

9. 植物配置及水体纹理

从素材库调用植物，用直线绘制水体纹理，如图 7-77 所示。

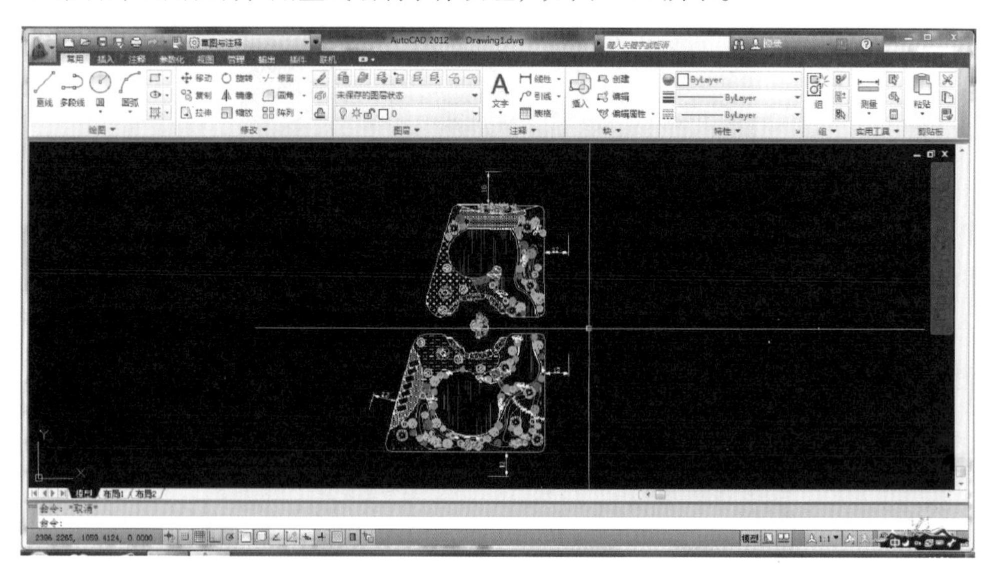

图 7-77　添加植物和填充水体材质